电子线路分析

(第2版)

主　编　张晓娟　单丽清　马莹莹
副主编　刘　伟　崔景森　刘　爽　王佰红
参　编　孙　驰　滕文隆　赵芳谊

北京理工大学出版社
BEIJING INSTITUTE OF TECHNOLOGY PRESS

内容简介

本书在编写过程中以促进职业教育高质量发展为背景，以课程相关专业教学标准为引领，以培养高素质复合型技术技能人才为目标，对教材内容进行模块化设计，并通过知识目标、能力目标、素养目标引导学生完成任务，从而实现“知、能、德、技”一体化培养，以适应新时代职业教育人才培养目标。

全书包含数字电路和模拟电路两部分，共设 6 个教学情境，即声光控制照明电路的设计与制作、手机充电器的设计与制作、智能循迹小车的设计与制作、病房呼叫系统的设计与制作、红外倒车雷达的设计与制作、数字信号与模拟信号的转换。各情境中包含一个电路设计与制作项目，情境最后还设置了拓展阅读、情境小结及练习与提高部分，帮助学生梳理知识框图、检验理论学习，通过技能锻炼成效、开阔视野以提高创新意识。

本书可作为高职高专院校电力技术类、自动化类以及铁道运输类等相关专业教材，也可供相关工程技术人员参考。

图书在版编目(CIP)数据

电子线路分析 / 张晓娟，单丽清，马莹莹主编. —
2 版. -- 北京：北京理工大学出版社，2023. 10
ISBN 978-7-5763-3038-0

Ⅰ. ①电…　Ⅱ. ①张…　②单…　③马…　Ⅲ. ①电子电路-电路分析　Ⅳ. ①TN702

中国国家版本馆 CIP 数据核字(2023)第 195538 号

责任编辑：陈莉华　　**文案编辑**：陈莉华
责任校对：周瑞红　　**责任印制**：施胜娟

出版发行 / 北京理工大学出版社有限责任公司
社　　址 / 北京市丰台区四合庄路 6 号
邮　　编 / 100070
电　　话 / (010) 68914026 (教材售后服务热线)
(010) 68944437 (课件资源服务热线)
网　　址 / http://www.bitpress.com.cn

版 印 次 / 2023 年 10 月第 2 版第 1 次印刷
印　　刷 / 涿州市新华印刷有限公司
开　　本 / 787 mm×1092 mm　1/16
印　　张 / 16
字　　数 / 361 千字
定　　价 / 72.00 元

前言

“电子线路分析”是一门自动化类、电子信息类、发电技术类等相关专业开设的一门重要专业基础课程。本书根据高等职业教育高素质技术技能人才的培养目标，秉持着“标准引领、双元参与、工学结合、任务驱动、能力本位”的编写理念，依据国家教学标准，结合电子技术的应用特点紧密对接职业标准和岗位能力编写。

本书全面贯彻党的二十大精神，坚持以立德树人为根本任务，突出体现“以学生为中心”的教育理念。坚持以培养德技并修的高素质技能人才为培养目标，将工匠精神、劳模精神等有机融入，着力提升学生的核心素养，强化劳动教育、安全意识和标准意识，为学生终身发展奠定基础。通过项目任务的实施，实现知识、能力、素质的一体化成长。

本书包括模拟电子技术和数字电子技术两部分。以典型电子线路产品的设计与制作为主线设计了6个教学情境，分别为声光控制照明电路的设计与制作、手机充电器的设计与制作、智能循迹小车的设计与制作、病房呼叫系统的设计与制作、红外倒车雷达的设计与制作、数字信号与模拟信号的转换。每个教学情境均包含情景引入、项目、任务、情境小结、练习与提高等部分，通过任务的递进实施，实现“教学做考评”一体化。情境小结部分配有知识框图，有利于学习者回顾梳理各部分主要内容及知识点之间的联系；练习与提高则帮助学习者检验并强化学习成果。此外，各项目中还设置了多种难度的技能任务，满足不同学生的学习需求。

本书为“纸质教材+在线开放课程”相结合的新形态教材，全书配有教材编写团队自主开发的视频讲解、动画、操作演示、文稿与测试等资源，学生可以扫描二维码进行深入学习。

本书由吉林电子信息职业技术学院张晓娟、单丽清、马莹莹担任主编，由刘伟、崔景淼、刘爽、王佰红担任副主编，滕文隆和吉林铁道职业技术学院赵芳谊协助参与教材资料的整理以及习题的编写，吉林省中拓自动化有限责任公司孙驰总经理深度参与本书编写，并提出宝贵意见。全书由张晓娟统稿。

本书的参考学时为90学时，使用时可根据具体情况酌情删减学时。

由于时间仓促及编者水平有限，书中难免存在错误与疏漏之处，希望读者批评指正。

编　者

目录

情境一

声光控制照明电路的设计与制作

情境引入

声控灯作为一种能够实现自动控制的照明装置，已经广泛应用于居民楼宇及室内照明系统之中，它除了能够自动关闭而有效节约能源外，还能帮助人们免于在黑暗中摸索开关，为生活提供了极大的方便。楼宇内的声控灯还有一种有趣的现象：当光线充足时，任你发出多大的声音都不亮；但在黑夜，很小的声音即可使它发出亮光，这是为什么呢？这是由于其内部设有光感控制功能，即光线充足的时候电路不工作。所以声控灯的控制盒实际上是由声、光信号共同控制的，只有光照强度不足时，电路才能接收声音信号而发光。请跟随我们一起制作一款能够实现声光控制的简易照明电路，来探索其中的奥秘吧。

通过完成声光控制 LED 灯的设计与制作，我们将了解声音控制及光感控制电路的主要组成部分与基本工作原理，熟悉常用电子元件的种类及功能，并学习对微弱电信号进行放大的基本方法。最后，通过所学内容完成声光控制照明电路的设计与制作。

情境目标

知识目标：

1. 了解半导体与 PN 结的形成及特性；
2. 掌握常用半导体元件的工作原理及主要功能；
3. 熟悉二极管与三极管的主要特性及常用参数；
4. 掌握放大电路的组成及工作原理；
5. 熟练掌握放大电路的基本分析方法；
6. 熟悉放大电路的特性及多级放大电路的耦合形式；
7. 熟悉反馈的类型及判别方法。

能力目标：

1. 能够正确使用不同类型的半导体元件；
2. 能够识别半导体元件并检测其性能；
3. 会分析三极管放大电路并判断其工作状态；
4. 会使用电子元件的数据手册；
5. 能够对放大电路进行正确分析；
6. 会分析电路中反馈并判断其类型。

素质目标：

1. 培养学生的安全用电意识；
2. 培养学生的标准操作能力与意识；
3. 培养学生的团队合作能力。

项目1　感应小夜灯的制作

感应小夜灯（见图1.1）是现代智能家居的必备装置之一，它能够识别环境光线的改变而自动开启或关闭，为人们的生活提供了极大的便利，已广泛应用于家居照明的各个场景。其中，冰箱、橱柜、抽屉等场景设置的灯光，会在柜门开启时点亮，并随柜门的关闭而自动熄灭，这都是半导体特殊性能的使用。本次项目我们就将使用半导体常用器件来制作一款简单的光感照明装置。

图1.1　感应小夜灯

任务1　认识半导体

任务导入

随着自动化、智能化、信息化变革的不断推进，我们的生活和生产活动已经与电子科技、电子产品密不可分，大部分电子产品的核心单元都和半导体有着极为密切的关联，半导体材料及产品就是这些领先技术得以实现的硬件支撑。可以说，半导体技术无论对科技或是经济的发展都起着至关重要的作用。那么到底什么是半导体呢？它又为何如此重要呢？

一、初识半导体

根据物质的导电能力不同，我们将易于导电的金、银、铜、铝等金属材料称为**导体**；很难导电的塑料、橡胶等称为**绝缘体**。而常温下导电能力介于导体与绝缘体之间的物质即为**半导体**，现代电子技术中常用的半导体材料主要有硅（Si）、锗（Ge）和砷化镓（GaAs）及其他金属氧化物和硫化物。

认识半导体

半导体在不同条件下的导电性能有如下显著特性：

（1）**热敏特性**。某些半导体电阻率随温度的升高而显著降低，利用这种特性可以制作各种热敏元件。

（2）**光敏特性**。某些半导体在受到光照时导电能力很强，而无光照时导电能力像绝缘体一样弱，利用这种特性可以制作各种光敏元件。

（3）**掺杂特性**。在纯净半导体材料中，掺入微量杂质，其导电能力会显著增加。掺杂特性是半导体最显著的特征，利用这一特性可制作二极管、三极管、场效应晶体管等半导体器件。

二、本征半导体与杂质半导体

半导体一般分为本征半导体和杂质半导体两种类型。

（一）本征半导体

目前，最常用的半导体材料为硅和锗。高纯度的硅和锗都是单晶结构，原子排列整齐、且原子间保持相等的很小的距离。这种纯净、不含任何杂质、结构完整的半导体材料称为**本征半导体**。

硅和锗的原子结构示意图分别如图 1.2（a）、（b）所示，它们最外层都具有 4 个价电子，这些价电子不仅受到自身原子核的束缚，而且受周围相邻原子核的束缚，两个相邻原子之间共有 1 对价电子组成**共价键**，如图 1.3 所示。

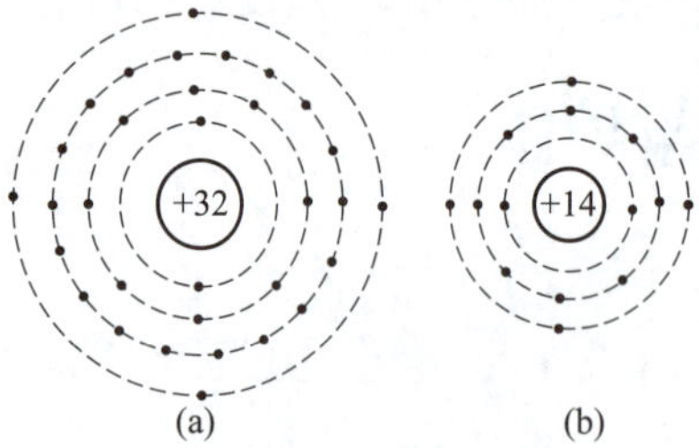

图 1.2　硅和锗的原子结构

（a）锗；（b）硅

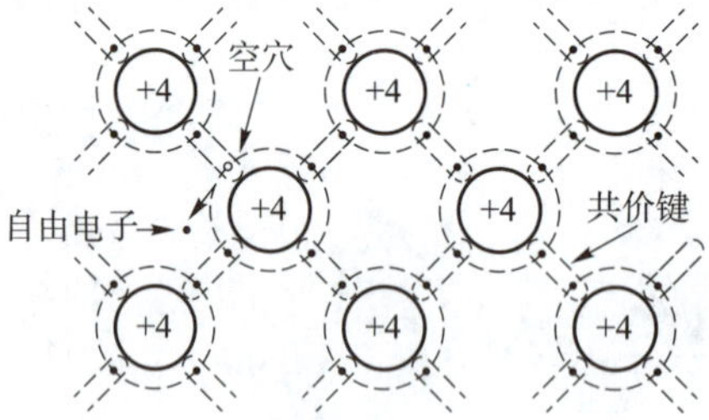

图 1.3　共价键与自由电子和空穴

当共价键中的电子受激发获得足够的能量时，就会挣脱共价键的束缚而成为**自由电子**，而这个电子原来所在的共价键的位置上就留下一个缺少负电荷的空位，称为空穴。由于温度的影响而产生电子-空穴对的现象称为**本征激发**。由于共价键出现了空穴，邻近价电子就可填补这个空位而形成新的空穴，使共价键中出现一定的电荷迁移。但本征半导体靠热激发的电子-空穴对很少，所以导电能力很弱。

（二）杂质半导体

本征半导体的实用价值不大，但若在本征半导体中掺入微量的杂质元素，其导电性能将发生明显变化。

1. N 型半导体

在本征半导体中掺入微量的五价元素，如磷、锑、砷等可形成 N 型半导体。杂质原子中只有 4 个价电子形成共价键，而多余的 1 个价电子很容易受激发成为自由电子，如图 1.4 所示。N 型半导体中，由杂质原子提供的自由电子为多数载流子，而空穴为少数载流子。

2. P 型半导体

在本征半导体中掺入微量的三价元素，如硼、铟等可形成 P 型半导体。杂质原子最外层只有 3 个电子，在与相邻的原子组成共价键后留下一个空穴，如图 1.5 所示。P 型半导体中空穴为多数载流子，而自由电子为少数载流子。

注意，无论是 N 型半导体还是 P 型半导体，虽然都有一种载流子占多数，但整个晶体仍然是电中性的。

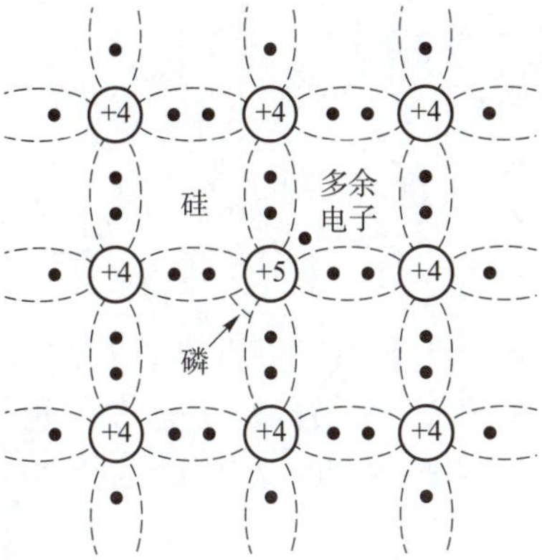

图 1.4　N 型半导体

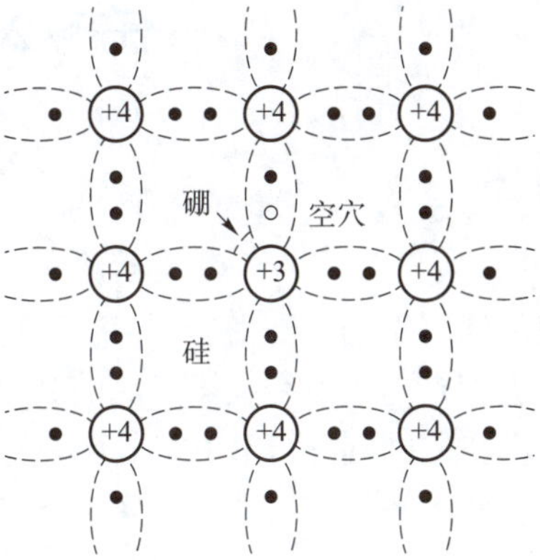

图 1.5　P 型半导体

三、PN 结的形成与特性

1. PN 结的形成

PN 结的形成及特性

用适当的工艺将 P 型半导体和 N 型半导体结合在同一基片上时，由于交界面处存在载流子浓度的差异，它们会发生扩散运动，使原来的 P 区和 N 区的电中性被破坏。N 区中的电子要向 P 区扩散而留下不能移动的正离子，P 区中的空穴要向 N 区扩散而留下不能移动的负离子，这些不能移动的带电粒子通常称为空间电荷，它们集中在 P 区和 N 区交界面附近，形成一个很薄的空间电荷区（耗尽层），即为 PN 结，如图 1.6 所示。PN 结是构成各种半导体器件的基础。

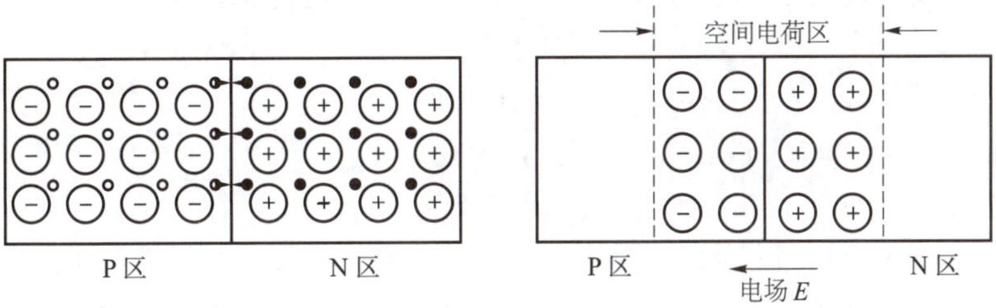

图 1.6　PN 结的形成

2. PN 结的单向导电性

在 PN 结两端加不同方向的电压，可以破坏它原来的平衡，从而使它呈现出单向导电性。若外加电压使电流从 P 区流到 N 区，PN 结将呈低阻性，电流很大；反之，PN 结呈高阻性，电流很小。

当 PN 结外加正向电压，即 P 区接电源的正极，N 区接电源的负极时，简称正向偏置或正偏。此时耗尽层变窄，有利于扩散运动的进行。多数载流子在外加电压的作用下将越过 PN 结形成较大的正向电流，这时的 PN 结处于导通状态。

当 PN 结外加反向电压，即 N 区接电源的正极，P 区接电源的负极时，简称反向偏置或反偏。此时耗尽层变宽，阻碍多数载流子的扩散运动。少数载流子仅仅形成很微弱的反向电流，由于电流很小，可忽略不计，这时的 PN 结处于截止状态。

任务 2　认识二极管

任务导入

街上随处可见的广告牌、数字式钟表、万用表、扩音器它们都离不开二极管的支撑，可以说二极管是构成所有电子产品的基础，几乎遍布我们生活的每个角落。那么，它和我们刚刚学习的 PN 结有何关系呢？它有哪些功能？又为何如此重要？本次任务我们就共同来了解一下二极管。

二极管的结构及伏安特性

一、二极管的结构和分类

半导体二极管是由一个 PN 结加上电极引线，并用外壳封装而成的。从 P 区接出的引线称为二极管的**阳极**或正极，从 N 区接出的引线称为二极管的**阴极**或负极，其内部结构示意图及电路符号分别如图 1.7（a）、（b）所示，图 1.7（b）中的三角箭头表示二极管正向导通时电流的方向。

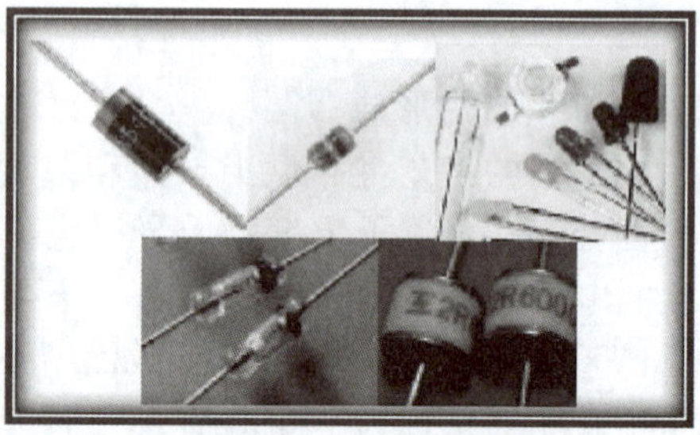

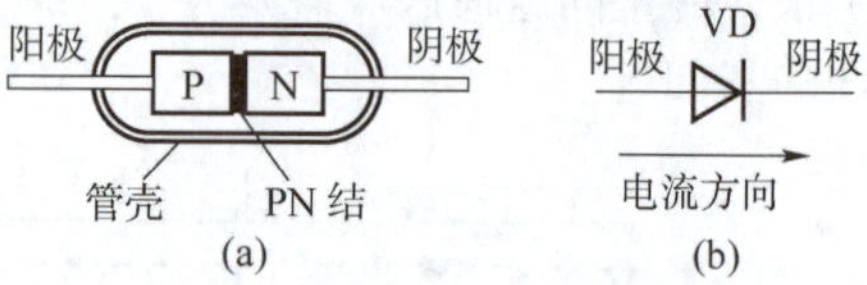

图 1.7　二极管的结构和符号

（a）结构示意图；（b）符号

二极管按所用材料不同可分为硅管和锗管，按制造工艺不同可分为点接触型、面接触型和平面型二极管，其外部结构如图 1.8 所示。点接触型二极管由于金属细丝与 N 型半导体接触面很小，允许通过的电流也很小（几十毫安以下），适用于高频检波、变频等场合；而面接触型二极管 PN 结面积大，允许通过的电流也较大，适用于整流等工频较低的场合。而平面型二极管是一种特制的硅二极管，它不仅能通过较大的电流，而且性能稳定可靠，多用于开关、脉冲及低频电路中。此外，按照用途不同还可以将二极管分为整流二极管、稳压二极管、开关二极管、检波二极管、发光二极管等。

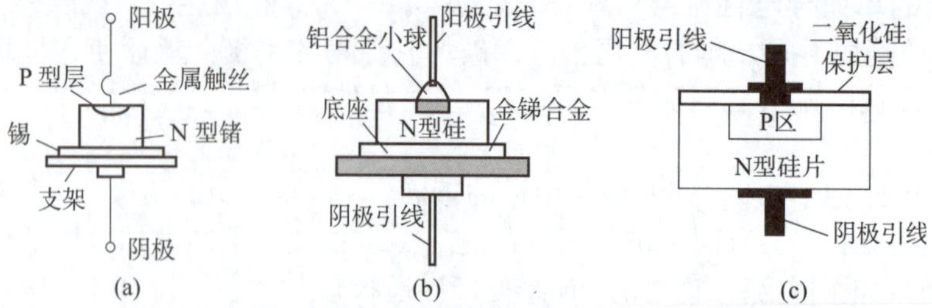

图 1.8　二极管的分类

（a）点接触型；（b）面接触型；（c）平面型

二、二极管的伏安特性

二极管的伏安特性

二极管的单向导电性

伏安特性是指二极管两端的电压与流过二极管电流的关系曲线，如图 1.9 所示。

1. 正向特性

当二极管处于正向偏置但电压低于某一数值时，正向电流很小，这个区域称为**死区**，硅管死区电压为 0.5 V，锗管死区电压为 0.1 V。只有当正向电压高于某一值时，二极管才有明显的正向电流，这个电压称为**导通电压**。在室温下，硅管的导通电压约为 0.7 V，锗管的导通电压约为 0.2 V，一般认为当正向电压大于导通电压时，二极管才导通，否则仍为截止。

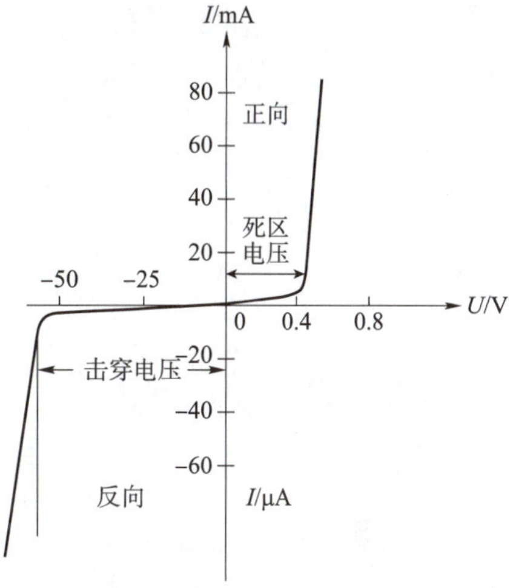

图 1.9　二极管的特性曲线

2. 反向特性

二极管的反向电压很小时，反向电流很小且变化不大，该电流称为反向漏电流或**反向饱和电流**，如图 1.9 中第三象限所示，此时二极管处于截止状态。

当反向电压增大到某一数值时，反向电流随反向电压的增加而急剧增大，这种现象叫作**反向击穿**，发生击穿时的电压称为反向击穿电压 U_{BR}。反向击穿后，只要反向电流和反向电压的乘积不超过 PN 结允许的耗散功率，二极管一般不会损坏，且当反向电压下降到击穿电压以下后，其性能可恢复到原有情况，这种可逆击穿称为**电击穿**；若反向击穿电流过高，则会导致 PN 结结温过高而烧坏，这种不可逆击穿称为**热击穿**。普通二极管不允许反向击穿现象的发生。

3. 温度对伏安特性的影响

半导体二极管的导电特性与温度有关，通常温度每升高 1 ℃，硅和锗二极管导通时的正向压降将减小 2.5 mV 左右。从反向特性看，硅二极管温度每增加 8 ℃，反向电流大约增加一倍；锗二极管温度每增加 12 ℃，反向电流大约增加一倍。

三、二极管的主要参数

二极管的主要参数

二极管的参数是反映二极管性能质量的指标，在选用二极管时，必须根据二极管参数合理使用二极管。

最大整流电流 I_{FM}：二极管长期工作时允许通过的最大正向平均电流，它与 PN 结的材料、面积及散热条件有关。工作时，二极管的最大平均电流不应超过这个数值，否则二极管会因过热而损坏。

最高反向工作电压 U_{RM}：二极管不击穿时所允许加的最高反向电压，其值通常取二极管反向击穿电压的 1/2 或 2/3 左右。

最大反向电流 I_{RM}：二极管在常温下承受最高反向工作电压 U_{RM} 时的反向电流。反向电流越大，说明管子的单向导电性能越差，且其数值会随温度升高而显著增大。

二极管的参数很多，其他参数如最高工作频率、最大整流电压下的管压降、结电容等，可在使用时查阅手册。

四、特殊二极管

特殊二极管的种类与应用

1. 稳压二极管

稳压二极管又称齐纳二极管，是由硅材料制造的面接触型硅二极管，通常工作在反向击穿状态。它利用 PN 结反向击穿时电压基本上不随电流的变化而变化的特点来达到稳压的目的，其电路符号及伏安特性曲线如图 1. 10 所示。

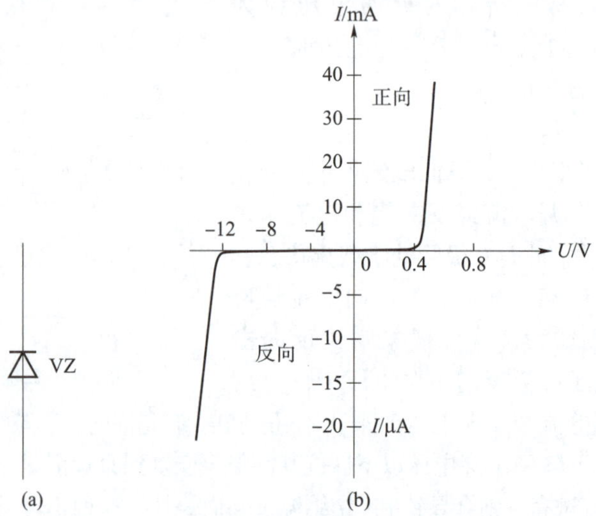

图 1. 10　稳压二极管的图形符号与伏安特性曲线

（a）符号；（b）伏安特性曲线

描述稳压二极管特性的参数主要有以下几个：

二极管的识别

稳定电压U_Z：稳压二极管正常工作时管子两端的电压值。注意，由于半导体器件性能参数的离散性，同一型号的稳压二极管的 U_Z 值也不一定相同，手册中只会提供一个电压范围。

稳定电流I_Z：也称最小稳压电流，是指保证稳压二极管具有正常稳压性能的最小工作电流值。稳压二极管的工作电流低于此值时，稳压效果差或不能稳压。

最大工作电流I_{ZM}：稳压二极管允许流过的最大工作电流值，使用时实际电流不得超过此值，否则稳压二极管将出现热击穿而损坏。

最大耗散功率P_{ZM}：保证管子不被热击穿所允许的最大功耗。$P_{ZM}=U_ZI_{ZM}$ 是由管子的最高结温决定的。

动态电阻r_Z：稳压二极管在稳压范围内，管子两端电压变化量与对应电流变化量之比，即 $r_Z=\Delta U_Z/\Delta I_Z$。其值一般为几欧到几十欧，其值越小，说明稳压性能越好。

电压温度系数α_U：稳压二极管中流过的电流为 I_Z 时，环境温度每增加 1 ℃，稳压值的相对变化量。它表示温度变化对稳定电压的影响程度。可见，其值越小，说明管子性能越好。

2. 发光二极管

二极管的检测

发光二极管是一种将电能直接转化成光能的固体器件，简称 LED，其电路符号如图 1.11 所示。发光二极管与普通二极管相似，也是由一个 PN 结组成的，具有单相导电性。当发光二极管接正向电压时，由于空穴和电子的复合而放出能量，发出一定波长的可见光，光的波长不同，颜色也不同，常见的有红、绿、黄等颜色。

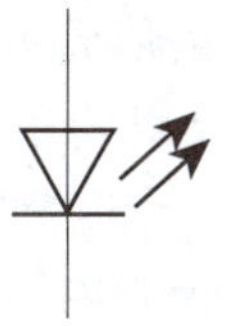

图 1.11　发光二极管的图形符号

发光二极管的伏安特性也与普通二极管相似，当所施加的电压未达到开启电压时，正向电流几乎为零；但电压一旦超过开启电压时，电流急剧上升。发光二极管的开启电压通常称为正向电压，它取决于制作材料的禁带宽度。

由于发光二极管的驱动电压低、工作电流小，且具有很强的抗振动和抗冲击能力、体积小、可靠性高、耗电量低和寿命长等特点而得到广泛应用。它可用作数字电路的数码及图形显示的七段式或阵列式器件；还可用作电子设备的通断指示灯或快速光源以及光电耦合器中的发光器件等。发光二极管的供电电源既可以是直流，也可以是交流，其工作电流一般为几毫安至几十毫安，应用中只要保证其正向工作电流在所规定的范围之内就可以正常发光。

3. 光电二极管

二极管的检测

光电二极管与普通二极管一样，管芯由 PN 结构成，具有单向导电性。光电二极管的管壳上有一个能射入光线的“窗口”，这个“窗口”用有机玻璃进行封闭，入射光通过透镜正好射在管芯上。

光电二极管工作在反向偏置状态，当 PN 结上加反向电压时，用光照射 PN 结，就能形成反向的光电流，光电流的大小与光强度成正比。光电二极管用途很广，一般常用作传感器的光敏元件，或将光电二极管制成二极管阵列，用于光电编码、光电读出器件等。

任务 3　认识三极管

任务导入

在电子线路中除二极管外还有另一种元件占据着重要地位，那就是素有“三条腿的魔术师”之称的三极管（见图 1.12），是各类芯片的重要组成单元。三极管不仅具有电流放大作用可用于各式各样的放大电路，还能作为开关组成各种门电路，它到底是如何工作的呢？我们一起来认识一下吧。

图 1.12　常见的三极管

三极管按其结构不同可分为双极型和单极型两种。双极型半导体三极管（简称 BJT）因为有空穴和自由电子两种载流子参与导电，因此称为**双极型晶体管**；单极型半导体三极管又称为场效应晶体管（简称 FET），是一种利用电场效应控制输出电流的半导体晶体管，它工作时只有一种载流子（多数载流子）参与导电，故称为**单极型晶体管**。本次任务我们先来了解一下双极型晶体管。

一、三极管的结构和分类

三极管的
结构与分类

三极管由形成两个 PN 结的三块杂质半导体及其引出的三个电极组成，这两个 PN 结靠得很近，工作时相互联系、相互影响，表现出两个单独的 PN 结完全不同的特性，从而使其功能发生了质的变化。

根据三极管内两个 PN 结结构的不同，有 NPN 和 PNP 两种类型，三极管内部结构和符号如图 1.13 所示。

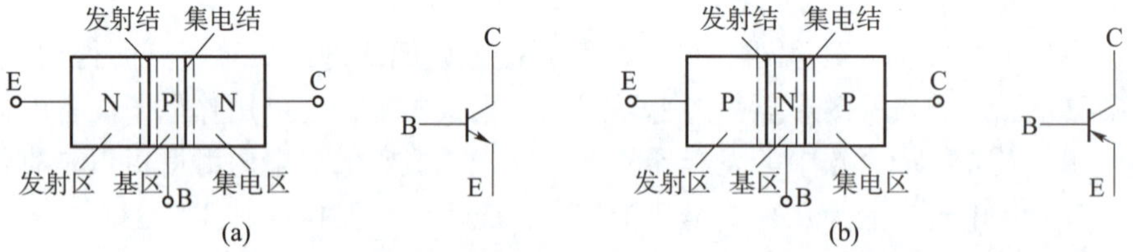

图 1.13　三极管内部结构及图形符号

（a）NPN 型三极管的结构及图形符号；（b）PNP 型三极管的结构及图形符号

无论是 NPN 型还是 PNP 型三极管，它们均包含三个区：发射区、基区、集电区，对应的三个电极为发射极、基极、集电极，两交界区形成的 PN 结分别为发射结、集电结。三级管的发射区的掺杂浓度最高；集电区掺杂浓度低于发射区，且面积大；基区很薄，一般为几微米至几十微米，且掺杂浓度最低。

需要说明的是，PNP 型 NPN 型三极管的基本工作原理类似，但使用时电源极性连接不同、各极电流方向不同，呈现在图形符号中的区别是发射结的箭头指向不同，它表示发射结加正向偏置时的电流方向。使用中需注意电源的极性，确保发射结加正向偏置电压，三极管才能正常工作。

三极管根据基片的材料不同，可分为锗管和硅管两大类，目前国内生产的硅管多为 NPN 型（3D 系列），锗管多为 PNP 型（3A 系列）；根据频率特性不同，可分为高频管和低频管；根据功率大小不同，可分为大功率管、中功率管和小功率管等。

实际应用中采用 NPN 型三极管较多，所以下面以 NPN 型三极管为例加以讨论，所得结论同样适用于 PNP 型三极管。

二、三极管的电流分配与放大原理

三级管的
电流分配关系

为了定量地分析三极管的电流分配关系和放大原理，下面先介绍一个实验，其实验电路如图 1.14 所示。

加电源电压 U_{BB} 时发射结承受正向偏置电压，而电源 $U_{CC} > U_{BB}$，使集电结承受反向偏置电压，这样可以使三极管具有正常的电流放大作用。

通过改变电位器 R_{P1}，基极电流 I_B、集电极电流 I_C 和发射极电流 I_E 都会发生变化，表 1.1 为实验所得的几组数据。

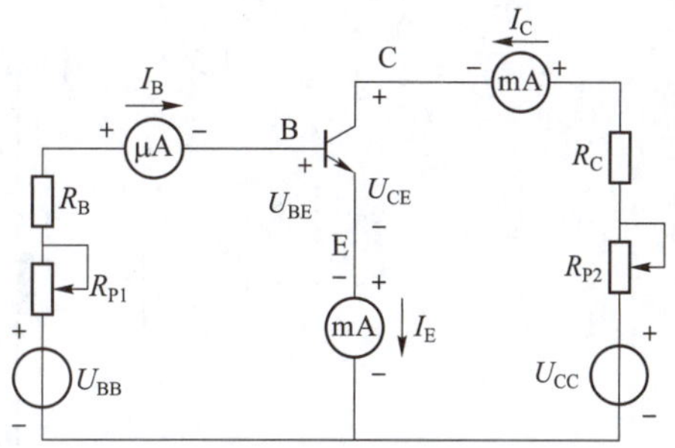

图 1.14　三极管电流分配实验电路

表 1.1　三极管各极电流实验数据

I_B/μA	0	20	30	40	50	60
I_C/mA	≈0	1.4	2.3	3.2	4	4.7
I_E/mA	≈0	1.42	2.33	3.24	4.05	4.76
I_C/I_B	0	70	76	80	80	78

分析表 1.1 中数据，可得如下结论：

(1) $I_E = I_B + I_C$，三个电流之间的关系符合基尔霍夫电流定律，事实上，三极管本身可以看成是一个扩大了的节点。

(2) $I_C \approx I_E$，I_B 虽然很小，但对 I_C 有控制作用，在三极管基极输入一个比较小的电流 I_B，就可以在集电极输出一个比较大的电流 I_C，且 I_C 随 I_B 的改变而改变。例如，I_B 由 40 μA 增加至 50 μA 时，I_C 从 3.2 mA 增加至 4 mA，即

$$\beta = \frac{\Delta I_C}{\Delta I_B} = \frac{(4-3.2)\times10^{-3}}{(50-40)\times10^{-6}} = 80$$

式中，β 称为三极管**电流放大系数**，它反映三极管电流放大能力，也可以说是电流 I_B 对 I_C 的控制能力。

需要说明的是，所谓三极管具有电流放大作用，是指在基极输入小电流 I_B，在集电极电路会获得较大的放大了的电流 I_C，这并不说明三极管起到了能量放大的作用，放大所需要的能量是由集电极电源 U_{CC} 提供的，不可理解为三极管自身可以生成能量，能量是不能凭空产生的。也可以说三极管具有用小信号控制大信号的能量控制功能。因此，三极管是一种**电流控制**器件。

三极管电流之间为什么具有这样的关系呢？可以通过三极管内部载流子的传输过程来解释。三极管内部的各电流分配如图 1.15 所示。

（1）发射区向基区发射电子。

由图 1.15 可知，电源 U_{BB} 经过电阻 R_B 加在发射结上，发射结正偏，发射区的多数载流子（自由电子）不断地扩散到基区，并从电源补充进电子，形成电子电流；同时基区多数载流子（空穴）也会向发射区扩散，形成空穴电流，这两部分电流方向相同，共同形成了发射极电流 I_E。但由于基区多数载流子浓度远远低于发射区载流子浓度，所以可以不考虑这个电流。因此，可以认为三极管发射结电流主要是电子电流。

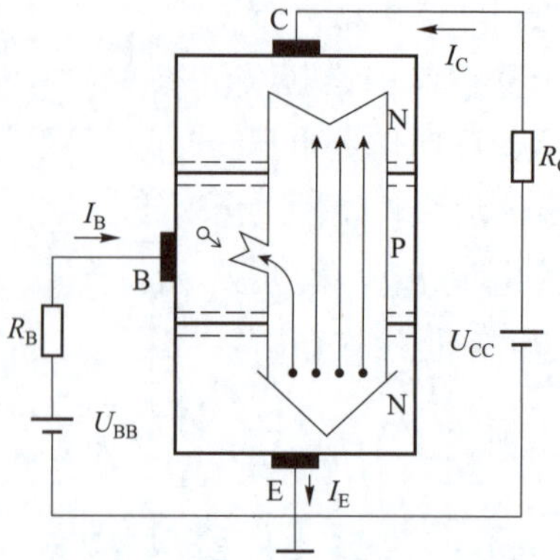

图 1.15　NPN 型三极管内部电流分配图

（2）基区中电子的扩散与复合。

从发射区进入基区的电子，在靠近发射结的附近密集而浓度不断升高，会促使电子流在基区中向集电结扩散，扩散途中，有些电子与基区的空穴复合，同时接在基区的电源不断从基区拉走电子而形成新的空穴，从而保持基区空穴浓度基本不变，形成基极电流 I_B。但由于基区很窄，掺杂浓度又低，所以在基区复合掉的电子数量很少，大部分电子被集电结电场拉入集电区，形成集电极电流 I_C。扩散的电子流与复合电子流之比的值决定了三极管的放大能力。

（3）集电区收集电子。

由于集电结外加反向电压很大，会阻止集电区电子向基区扩散，同时将扩散到集电结附近的电子拉入集电区而形成集电极主电流 I_{CN}。另外，集电区的少数载流子——空穴也会产生漂移运动，流向基区形成反向饱和电流，用 I_{CBO} 来表示，其数值很小，但对温度却非常敏感。

由以上分析可以看出，发射区发射载流子，集电区收集载流子，基区传送和控制载流子。上述内容分析是 NPN 型三极管的电流放大原理，对于 PNP 型三极管只是三极管各极所接电源极性相反，发射区发射的载流子是空穴而不是电子。

三、三极管的特性曲线

三极管的特性曲线

描绘三极管的极间电压和各极电流之间关系的曲线称为三极管的伏安特性曲线或**特性曲线**。它是三极管内部特性的外部表现，是分析三极管各种电路和选择管子参数的重要依据。由于三极管有三个电极，输入、输出各占一个电极，一个公共电极，因此要用两种特性曲线来表示，即输入特性曲线和输出特性曲线。它们可以通过三极管特性图示仪测得，也可以用实验的方法测绘。测试三极管特性的电路如图 1.16 所示。

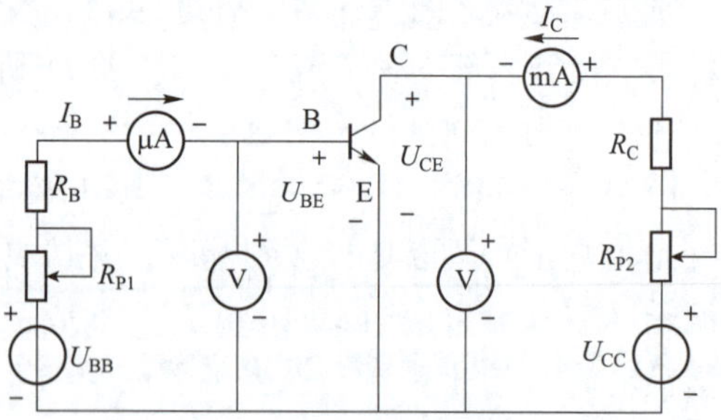

图 1.16　三极管特性曲线测试电路

（一）输入特性曲线

输入特性是指三极管的集电极-发射极间

电压 U_{CE} 一定时，基极电流 I_B 与基极和发射极间电压 U_{BE} 之间的关系曲线，其表达式为

$$I_B = f(U_{BE})\big|_{U_{CE}=常数} \tag{1.1}$$

测量输入特性时，先固定 $U_{CE} \geqslant 0$ V，调节 R_{P2}，测出相应的 I_B 和 U_{BE} 值，便可得到一条输入特性曲线，如图 1.17 所示。

当 $U_{CE}=0$ V 时，集电极与发射极间相当于短路，三极管相当于两个二极管并联，加在发射结上的电压即为加在两个并联二极管上的电压，所以三极管的输入特性曲线与二极管的伏安特性曲线的正向特性相似，U_{BE} 与 I_B 也为非线性关系，同样存在着死区，硅管死区电压约为 0.5 V，锗管约为 0.1 V。

当 $U_{CE}=1$ V 时，就能保证集电结处于反向偏置，电场足以把从发射区扩散到基区的绝大部分电子吸收到集电区。如果再增加 U_{CE}，则其对 I_B 影响很小，也就是说当 $U_{CE}>1$ V 时的输入特性曲线与 $U_{CE}=1$ V 时的输入特性曲线非常接近。由于实际管子放大时，U_{CE} 总是大于 1 V，通常就用 $U_{CE}=1$ V 这条曲线来代表输入特性曲线。在正常工作时，发射结上的正偏电压 U_{BE} 基本上为定值，硅管为 0.7 V 左右，锗管为 0.2 V 左右。

（二）输出特性曲线

输出特性曲线是指当三极管基极电流 I_B 为常数时，集电极电流 I_C 与集电极、发射极间电压 U_{CE} 之间的关系，即

$$I_C = f(U_{CE})\big|_{I_B=常数} \tag{1.2}$$

在图 1.16 所示的电路中，先调节 R_{P1} 为一定值，例如 $I_B = 40$ μA，然后调节 R_{P2} 使 U_{CE} 由零开始逐渐增大，就可作出 $I_B = 40$ μA 时的输出特性曲线。同样，把 I_B 调到 0 μA、20 μA、60 μA 就可以得到一族输出特性曲线。

从图 1.18 中可以看出，当 I_B 一定时，随 U_{CE} 的增加，I_C 没有明显变化，说明三极管具有恒流特性；而当 I_B 增加时 I_C 则增加，且 I_C 增加幅度远大于 I_B 增加的幅度，说明三极管具有放大特性。和输入特性一样，三极管的输出特性也不是直线，说明三极管是一种典型的非线性元件。根据三极管的工作状态不同，可将其输出特性曲线分为三个区：放大区、饱和区、截止区。

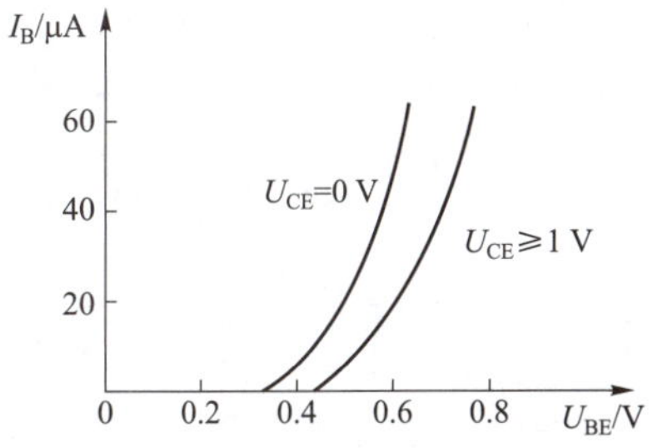

图 1.17　三极管输入特性曲线

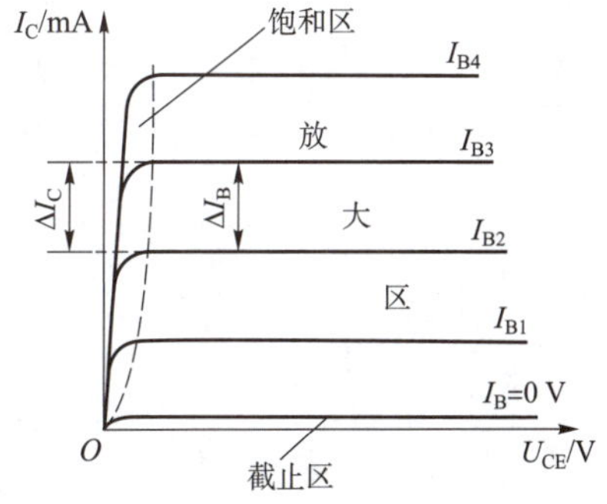

图 1.18　三极管输出特性曲线

1. 放大区

输出特性曲线接近于水平的部分是放大区。在此区域内，I_C 的大小随 I_B 而变化，即 $I_C = \beta I_B$，而几乎不随 U_{CE} 变化，呈现恒流特性。此时发射结处于正向偏置，集电结处于反向偏

置，三极管处于放大状态。

2. 截止区

三级管的判别

在 $I_B = 0$ V 曲线以下的区域称为截止区，这时 $I_C = I_{CEO} \approx 0$ V。三极管集电极与发射极之间接近开路，类似开关断开状态。此时，发射结和集电结都处于反向偏置，U_{BE} 低于死区电压，对于 NPN 型硅管而言，U_{BE}<0.5 V 时即已经开始截止，但为了截止可靠，常使 $U_{BE} \leqslant 0$ V。

3. 饱和区

三级管极性判别

输出特性曲线中近似直线上升的部分称为饱和区，在此区域内，I_C 几乎不受 I_B 控制，三极管失去放大作用。三极管饱和时 U_{CE} 值称为饱和压降，用 U_{CES} 来表示。因 U_{CES} 值很小，三极管的集电极、发射极之间接近短路，此时发射结和集电结都处于正偏。

综上所述，三极管工作在放大区时具有电流放大作用，常用来构成各种放大电路；三极管工作在截止区和饱和区时，相当于开关的断开和接通，常用于开关控制和数字电路中。

例 1.1 用直流电压表测得某放大电路中某个三极管各极对地的电位分别为 $V_1 = 2$ V，$V_2 = 6$ V，$V_3 = 2.7$ V，试判断三极管各对应电极与三极管类型。

解 三极管能正常实现电流放大的电位关系式为：NPN 型管，$V_C > V_B > V_E$，且硅管放大时 U_{BE} 约为 0.7 V，锗管 U_{BE} 约为 0.2 V；而 PNP 型管，$V_C < V_B < V_E$，且硅管放大时 U_{BE} 为 −0.7 V，锗管 U_{BE} 为 −0.2 V。所以先找电位差绝对值为 0.7 V 或 0.2 V 的两个电极，若 $V_B > V_E$ 则为 NPN 型，若 $V_B < V_E$ 则为 PNP 型管。本例中 V_3 大于 V_1 0.7 V，所以此管为 NPN 型硅管，3 脚是基极，2 脚是集电极，1 脚是发射极。

四、三极管的主要参数

三极管的主要参数

三极管的参数是表征管子性能和适用范围的一组数据，是设计电路和选用三极管的主要依据。其主要参数如下。

1. 电流放大系数

（1）直流电流放大系数 $\bar{\beta}$。当三极管接成共发射极电路时，在静态（无交流信号输入）时，三极管集电极电流 I_C 与基极电流 I_B 的比值，称为直流（静态）电流放大系数，用 $\bar{\beta}$ 表示，即

$$\bar{\beta} = \frac{I_C}{I_B} \tag{1.3}$$

（2）交流电流放大系数 β（h_{FE}）。当集电极电压 U_{CE} 为定值时，集电极电流变化量 ΔI_C 与基极电流变化量 ΔI_B 之比，即

$$\beta = \left.\frac{\Delta I_C}{\Delta I_B}\right|_{U_{CE}=\text{常数}} \tag{1.4}$$

$\bar{\beta}$ 和 β 含义不同，但通常在输出特性线性较好的情况下，两个数值差别很小，一般近似认为 $\bar{\beta} = \beta$。注意，三极管是非线性器件，在 I_C 较大或者较小时 β 值都会减小，只有在特性曲线等距、平行部分，β 值才基本不变。此外，由于制造工艺等原因，即使是同一型号的管

子，β 值相差也很大，常用的小功率三极管，β 的取值范围为 20~150，大功率三极管的 β 值一般较小（10~30）。

三极管 β 值的大小会受温度的影响，温度升高，β 增大。选用三极管时要注意既要考虑 β 大小，又要考虑三极管的稳定性。

2. 极间反向电流

极间反向电流是由少数载流子形成的，而少数载流子是受热激发而产生的，故极间反向电流的大小表征了管子的温度特性。

温度对三级管参数及曲线的影响

集电极和基极间反向饱和电流 I_{CBO} 是指发射极开路时，集电极和基极间的反向电流。I_{CBO} 的测试电路如图 1.19（a）所示。

集电极、发射极间反向电流 I_{CEO} 也称为穿透电流。它是指在基极开路时，集电极与发射极间产生的电流。I_{CEO} 的测试电路如图 1.19（b）所示。一般情况下有：

$$I_{CEO} = (1+\bar{\beta})I_{CBO} \tag{1.5}$$

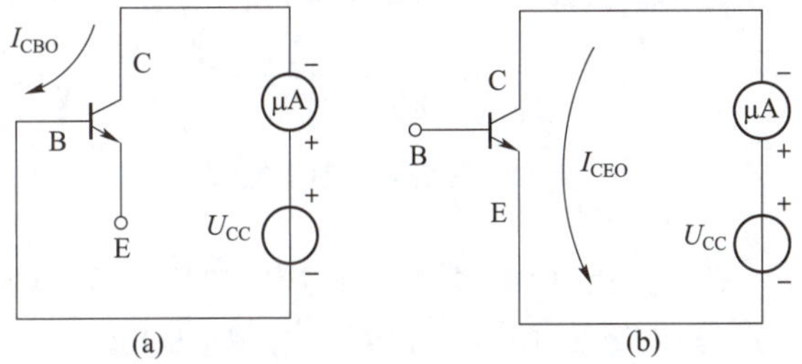

图 1.19　极间反向电流的测量

（a）I_{CBO} 测量电路；（b）I_{CEO} 测量电路

I_{CBO} 和 I_{CEO} 都随温度升高而增大，而通常情况下二者取值越小越好。硅材料三极管的 I_{CBO} 是锗材料三极管的几分之一到几十分之一，所以在温度较高时，一般选用硅材料三极管。

3. 极限参数

（1）集电极最大允许电流 I_{CM}。

当集电极电流 I_C 超过一定数值时，β 值将明显下降，β 下降到正常值的 2/3 时所对应的 I_C 称为集电极最大允许电流 I_{CM}。$I_C > I_{CM}$ 时，长时间工作可导致三极管损坏。

（2）反向击穿电压（共有三个参数）。

①集电极-发射极反向击穿电压 $U_{(BR)CEO}$。指基极开路时，集电极与发射极之间所能承受的最高反向电压。接成共发射极电路时若超过此值，集电结将发生反向击穿。为可靠工作，使用中取

$$U_{CC} \leqslant \left(\frac{1}{2} \sim \frac{2}{3}\right) U_{(BR)CEO} \tag{1.6}$$

②集电极-基极反向击穿电压 $U_{(BR)CBO}$。指发射极开路时，集电极与基极之间允许施加的最高反向电压，其值通常为几十伏，有的管子高达几百伏以上。超过此值，集电结将发生反向击穿。

③发射极-基极反向击穿电压 $U_{(BR)EBO}$。指集电极开路时，发射极与基极之间允许施加的最高反向电压，一般为几伏，超过此值，发射结将反向击穿。

（3）集电极最大允许耗散功率 P_{CM}。

集电极最大允许耗散功率是指集电结允许功率损耗的最大值。其值一般取决于允许的集电结结温，显然，P_{CM} 的大小与管子的散热条件及环境温度有关。一般规定，$P_C = I_C U_{CE} \leqslant P_{CM}$。

综上所述，由 P_{CM}、I_{CM}、$U_{(BR)CEO}$ 的要求，可以画出管子的安全工作区如图 1.20 所示。使用中，不允许超出安全工作区。

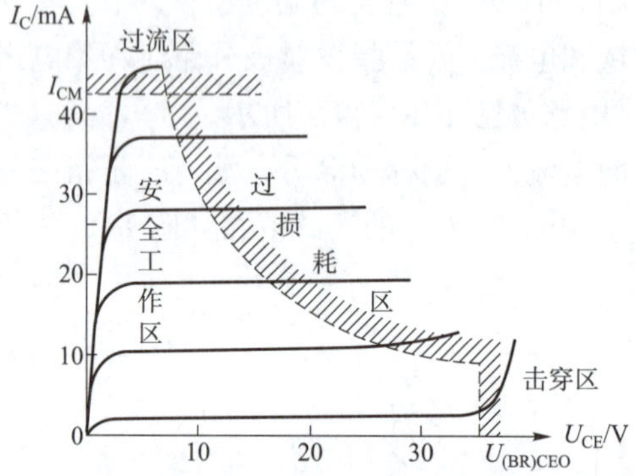

图 1.20　三极管的安全工作区

三极管除上述主要参数外，还有其他参数，使用中可以查阅有关手册。

例 1.2　在三极管的实验电路图 1.14 中，若选用 3DG6D 型号的三极管，问：①电源电压 U_{CC} 最大不得超过多少伏？②根据 $I_C \leqslant I_{CM}$ 的要求，R_C 电阻最小不得小于多少？

解　查表得 3DG6D 参数是 $I_{CM} = 20$ mA，$U_{(BR)CEO} = 30$ V，$P_{CM} = 100$ mW。

① $U_{CC} < \frac{2}{3}U_{(BR)CEO} = \frac{2}{3} \times 30\ \text{V} = 20\ \text{V}$；

② $U_{CE} = U_{CC} - I_C R_C$

$$I_C = \frac{U_{CC} - U_{CE}}{R_C} \approx \frac{U_{CC}}{R_C}$$

U_{CE} 一般为 0.5 V，又 $I_C < I_{CM}$，即 $\frac{U_{CC}}{R_C} < I_{CM}$，因此，可得 $R_C > \frac{U_{CC}}{I_{CM}} = \frac{20\ \text{V}}{20\ \text{mA}} = 1\ \text{k}\Omega$。

任务 4　认识场效应管

任务导入

在电子线路中有一种外形与三极管相似，并兼有普通三极管体积小、耗电省等特点的元件，但其内部只有多数载流子参与导电，且控制特性却与三极管完全不同。它就是我们之前向大家介绍过的单极型晶体管——场效应晶体管，如图 1.21 所示。

图 1.21　场效应晶体管

一、场效应晶体管的结构与原理

场效应晶体管的结构与工作原理

（一）场效应晶体管

场效应晶体管是利用电场效应控制多数载流子运动的一种半导体器件。它的导电途径为沟道，由电场控制沟道的厚度和形状，以改变沟道的电阻，从而改变电流的大小，是电压控制器件。场效应晶体管分为结型和绝缘栅型两大类。绝缘栅型场效应晶体管以二氧化硅（SiO_2）为绝缘层，一般由金属、氧化物和半导体组成，因而又称为金属氧化物半导体场效应晶体管，简称 MOS 管，因其性能优越、制造工艺简单且便于大规模集成而应用尤为广泛。MOS 管有 N 沟道和 P 沟道两种，每种又分为增强型和耗尽型，这里主要介绍 N 沟道 MOS 管。

（二）场效应晶体管的结构

1. N 沟道增强型 MOS 管

N 沟道增强型 MOS 管的结构和符号如图 1.22（a）、（b）所示。它是以一块掺杂浓度较低的 P 型硅片为衬底，其上扩散两个相距很近的高掺杂浓度的 N 型半导体，并引出两个电极，一个为源极（S），另一个为漏极（D），在硅片表面生成一层薄薄的 SiO_2 绝缘层，并在其上置以电极，称为栅极（G）。

由于二氧化硅是绝缘体，所以栅极和源极、漏极及衬底之间是互相绝缘的，故称为绝缘栅场效应晶体管。

2. N 沟道耗尽型 MOS 管

N 沟道耗尽型 MOS 管的结构与符号如图 1.23 所示。

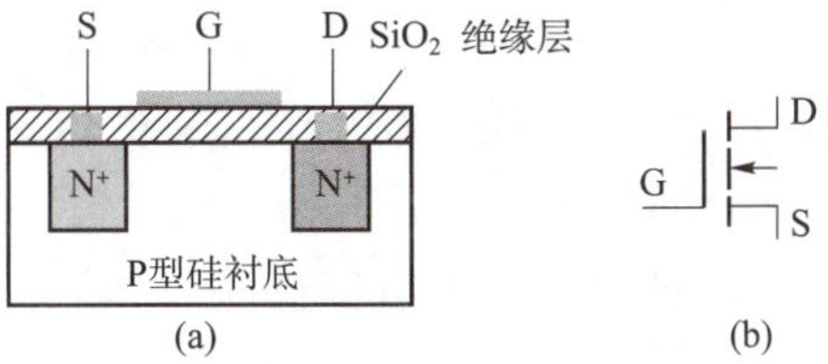

图 1.22　N 沟道增强型 MOS 管结构和符号

（a）结构图；（b）电路符号

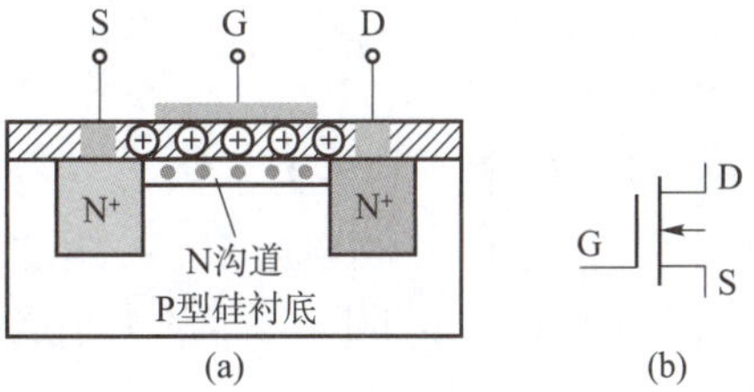

图 1.23　N 沟道耗尽型 MOS 管结构和符号

（a）结构图；（b）电路符号

N 沟道耗尽型 MOS 管在制造过程中，在 SiO_2 绝缘层中掺入金属正离子，$U_{GS}=0$ V 时，由正离子产生的电场可使栅极下 P 型硅表面感生出 N 型反型层，出现 N 型原始导电沟道。与 N 沟道增强型相比，结构相似但控制特性却有明显不同。

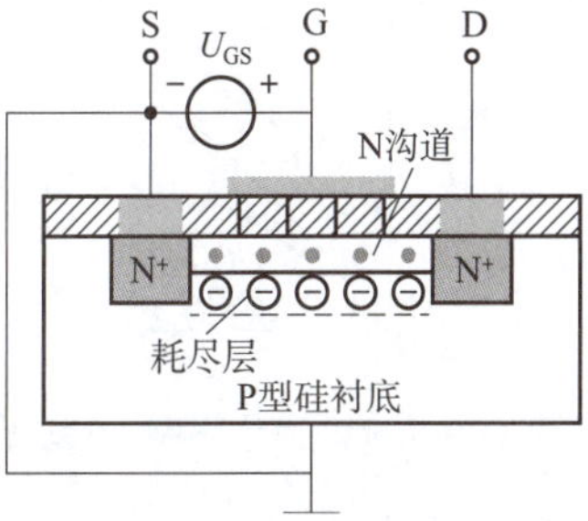

图 1.24　MOS 管 N 沟道的形成

（三）场效应晶体管的工作原理

1. N 沟道增强型 MOS 管

N 沟道增强型 MOS 管的 N 型漏区和源区之间被 P 型硅衬底隔开，形成两个 PN 结，当栅极不加电压时，S 和 D 之间不会有电流。如图 1.24 所示，在 G 和 S 之间加正向偏压

U_{GS} 时，栅极吸引电子，在绝缘层下面的 D 和 S 之间形成电子层，称为“**反型层**”，也称为“导电沟道”即 N 沟道。开始形成反型层时的电压 U_{GS} 称为开启电压 $U_{GS(th)}$。导电沟道形成后，加上 U_{DS} 就有电流 I_D 产生。改变 U_{GS} 的大小可控制导电沟道的宽度，从而有效地控制 I_D 的大小。

综上所述，$U_{GS}=0$ V 时，无导电沟道；当加正栅压时 $U_{GS}>U_{GS(th)}$，才形成导电沟道，这种场效应晶体管称为增强型 MOS 管。

2. N 沟道耗尽型 MOS 管

在 U_{DS} 为常数的情况下，当 $U_{GS}=0$ V 时，D 和 S 之间已可导通，流过的是原始导电沟道的漏极电流 I_{DSS}。当 $U_{GS}>0$ V 时，在 N 沟道内感应出更多的电子，使沟道变宽，I_D 随 U_{GS} 的增大而增大。当 $U_{GS}<0$ V 时，即加反向电压时，在沟道内感应出一些正电荷与电子复合，使沟道变窄，I_D 减小；U_{GS} 负值越高，沟道越窄，I_D 也越小。当 U_{GS} 达到一定负值时，导电沟道内的载流子（电子）因复合而耗尽，沟道被夹断，$I_D\approx0$ mA，这时的 U_{GS} 称为夹断电压，用 $U_{GS(off)}$ 表示。可见，N 沟道耗尽型 MOS 管无论 G、S 之间电压 U_{GS} 是正是负或零，都能控制漏极电流 I_D，这使它的应用具有较大的灵活性。

二、场效应晶体管的特性曲线

场效应晶体管的特性曲线

（一）N 沟道增强型 MOS 管特性曲线

N 沟道增强型 MOS 管的特性曲线分为输出特性曲线和转移特性曲线，如图 1.25、图 1.26 所示。

1. 输出特性曲线

在 U_{GS} 为常数时，表示 $I_D=f(U_{DS})$ 的关系曲线称为输出特性曲线（也称漏极特性曲线），分为三个区：

（1）可变电阻区。在此区内 I_D 几乎与 U_{DS} 呈线性关系增加，N 沟道增强型 MOS 管的 D、S 之间可视为一个由电压 U_{GS} 控制的电阻。

（2）恒流区。在此区内 I_D 的大小受 U_{GS} 控制，I_D 可视为 U_{GS} 控制的电流源。N 沟道增强型 MOS 管作放大用时工作在此区内。

（3）夹断区。$U_{GS}<U_{GS(th)}$ 时，沟道夹断，$I_D=0$ V。

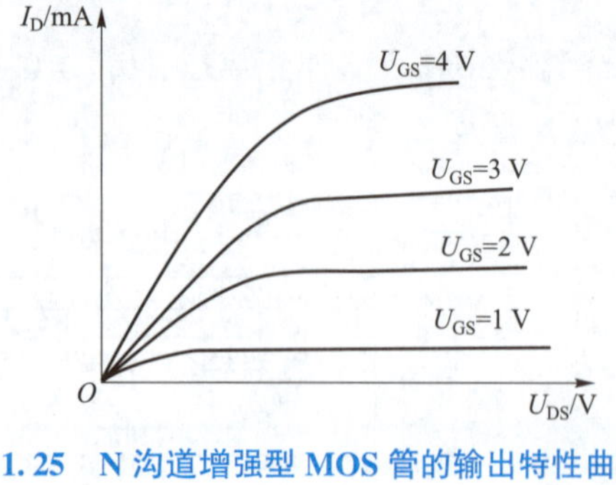

图 1.25　N 沟道增强型 MOS 管的输出特性曲线

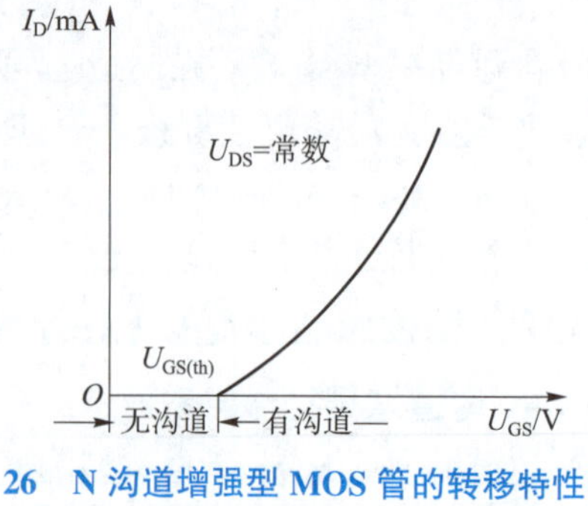

图 1.26　N 沟道增强型 MOS 管的转移特性曲线

2. 转移特性曲线

描述 $I_D = f(U_{GS})|_{U_{DS}=常数}$ 的关系曲线称为转移特性曲线。它表示 U_{GS} 对 I_D 的控制作用。

当 $U_{DS} > U_{GS} - U_{GS(th)}$ 时，MOS 管工作在恒流区，U_{DS} 对 I_D 影响很小，这时 I_D 可用下式表示，即

$$I_D = I_{D0}\left(1 - \frac{U_{GS}}{U_{GS(th)}}\right)^2 \tag{1.7}$$

式中，I_{D0} 为 $U_{GS} = 2U_{GS(th)}$ 时的 I_D 值。

（二）N 沟道耗尽型 MOS 管的特性曲线

N 沟道耗尽型 MOS 管一般工作在 $U_{GS} < 0$ V 的状态，输出特性曲线如图 1.27 所示。其在饱和区的转移特性曲线如图 1.28 所示，可以表示为

$$I_D = I_{DSS}\left(1 - \frac{U_{GS}}{U_{GS(off)}}\right)^2 \tag{1.8}$$

式中，I_{DSS} 为 $U_{GS} = 0$ V 时的 I_D 值。

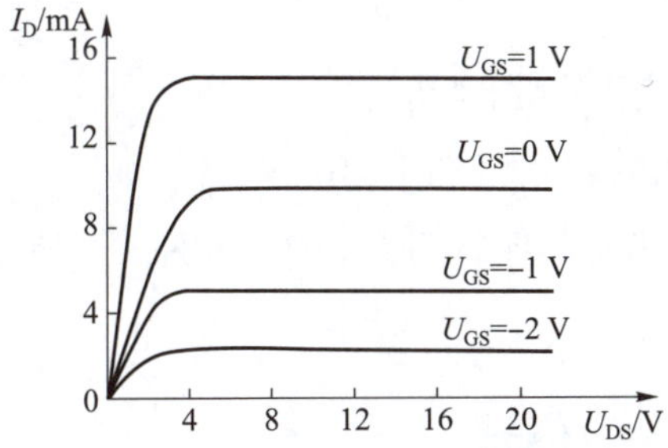

图 1.27　N 沟道耗尽型 MOS 管的输出特性曲线

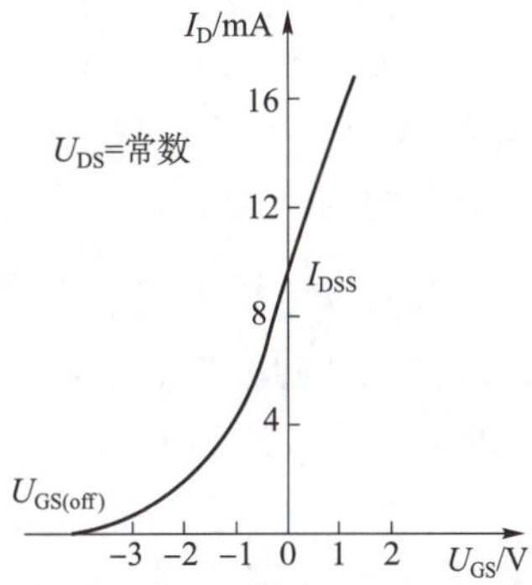

图 1.28　N 沟道耗尽型 MOS 管的转移特性曲线

三、场效应晶体管的主要参数

场效应晶体管的主要参数

1. 直流参数

（1）开启电压 $U_{GS(th)}$，指 U_{DS} 为定值时，产生 I_D 需要的最小 $|U_{GS}|$ 值。它是 N 沟道增强型 MOS 管的参数。

（2）夹断电压 $U_{GS(off)}$，指 U_{DS} 为某一固定值时，使 I_D 减小到某一微小值所对应的 U_{GS} 值。它为 N 沟道耗尽型 MOS 管的参数。

（3）饱和漏电流 I_{DSS}，指 $U_{GS} = 0$ V 时，N 沟道耗尽型 MOS 管的漏极电流。

（4）直流输入电阻 R_{GS}，指在 $U_{DS} = 0$ V 时，U_{GS} 与栅极电流的比值，即

$$R_{GS} = \left.\frac{U_{GS}}{I_G}\right|_{U_{DS}=0\ \mathrm{V}} \tag{1.9}$$

结型场效应晶体管的 $R_{GS}>10^7\ \Omega$，绝缘栅型场效应晶体管的 $R_{GS}>10^9\ \Omega$。

2. 交流参数

（1）低频跨导 g_m，指在 U_{DS} = 常数 时，I_D 的微变量与相应的 U_{GS} 的微变量之比，即

$$g_m = \left.\frac{dI_D}{dU_{GS}}\right|_{U_{DS}=\text{常数}} \tag{1.10}$$

它反映了栅压对漏极电流的控制能力，即放大能力。通过对式（1.10）求导数可得

$$g_m = -\frac{2I_{DSS}}{dU_{GS(off)}}\left(1-\frac{U_{GS}}{U_{GS(off)}}\right) \tag{1.11}$$

（2）极间电容，存在于场效应晶体管 PN 结之间，即 C_{GS} 和 C_{DS}，用于高频时应考虑极间电容的影响。

（3）交流输出电阻 r_{ds}，定义为

$$r_{ds} = \left.\frac{dU_{DS}}{dI_D}\right|_{U_{GS}=\text{常数}} \tag{1.12}$$

式中，r_{ds} 为输出特性上静态工作点处切线斜率的倒数，在恒流区内数值最大，一般在几十千欧到几百千欧之间，故在小信号模型电路中视为开路。

3. 极限参数

（1）最大漏源电压 $U_{(BR)DS}$，漏极附近发生雪崩击穿时的 U_{DS}。

（2）栅源击穿电压 $U_{(BR)GS}$，栅极与沟道间的 PN 结的反向击穿电压。

（3）最大耗散功率 P_{DSM}，$P_{DSM}=U_{DS}I_D$，与双极型晶体管的 P_{CM} 意义相同，受管子的最高工作温度和散热条件的限制。

四、场效应晶体管与双极型晶体管的比较

场效应晶体管与双极型晶体管都有三个极，所以它们的外形与封装方法基本相同，且功能相似，都可以用作放大或开关元件。但二者之间仍存在很大差异：

场效应晶体管与双极型晶体管的比较

（1）场效应晶体管是电压控制器件，而双极型晶体管是电流控制器件。

（2）场效应晶体管温度稳定性好，双极型晶体管受温度影响较大。

（3）场效应晶体管制造工艺简单，便于集成化，适合制造大规模集成电路。

（4）场效应晶体管的漏、源极一般可互换使用，而且耗尽型场效应晶体管的栅源电压可正、可负，但是双极型晶体管三个引脚不可互换且对偏置电压有明确要求。

（5）场效应晶体管存放时，各个电极要短接在一起，防止外界静电感应电压过高时击穿绝缘层使其损坏。焊接时，电烙铁应有良好的接地线，防止感应电压对管子的损坏。一般应在拔下电烙铁电源插头时快速焊接。

技能任务　制作感应小夜灯

任务描述

按照实验电路制作一款用于抽屉照明的光感 LED 照明装置，使其在无光照时 LED 灯不亮而有光线照射时 LED 灯亮。

一、实验电路

实验电路如图 1.29 所示。

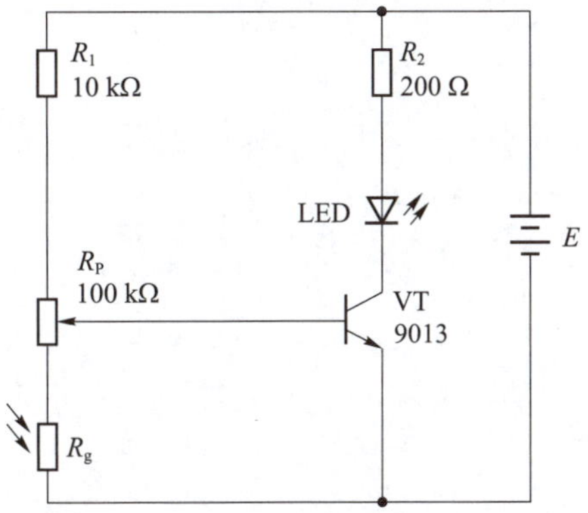

图 1.29　实验电路

二、实验设备与器件

实验设备与器件见表 1.2。

表 1.2　实验设备与器材

序号	符号	名称	规格型号	数量
1	R_g	光敏电阻	LXD5506	1
2	R_1、R_2	电阻	10 kΩ、200 Ω	各 1
3	LED	发光二极管	ϕ3 mm 绿色	1
4	VT	三极管	9013	1
5	E	干电池	1.5 V	4
数字万用表、面包板、导线若干				

三、实验步骤

1. 元件性能测试

(1) 用万用表检测电阻、LED 灯是否完好。

(2) 测量光敏电阻在有光照及无光照时的电阻值，检查其性能及参数，确认符合实验电路的参数要求。

(3) 根据三极管的极性判别方法判别三极管类型与极性，并测量其放大倍数。

2. 元件布置与连接

（1）将各元件布置在面包板的合适位置，以合理、美观、连线少、无交叉为宜。

（2）按照电路图进行连线。

3. 通电并测试

（1）检查电路无误后方可接通电源。

（2）观察光敏电阻受到不同程度遮挡时，LED 灯亮度是否变化，测量不同情况下 R_2 两端的电压值，并分析产生变化的原因。

项目 2　声控闪光电路的制作

任务 1　放大电路的认识

任务导入

放大电路又称放大器（Amplifier），在电子电路中应用十分广泛。放大电路的功能是把微弱的电信号放大成为负载（如扬声器、继电器、微电机、测量显示仪表等）所能接受和识别的信号。例如在扩音器电路中，麦克风将声音信号转换为电信号，但电信号太弱，不足以推动扬声器发声，为此，就需要借助放大电路将电信号加以放大。在收音机电路中，天线接收到的微弱电信号也必须经放大电路放大，才能推动扬声器工作。又如在温度控制系统中，温度传感器将温度转换成微弱的电信号，只有经过放大电路放大以后，才能去推动执行元件实现温度的自动调节和控制。因此“放大”是模拟电子电路学习和应用的重点。

基本放大电路的组成（微课）

一、基本放大电路的组成

基本放大电路一般是指由一个三极管或场效应晶体管组成的最简单的放大电路，按输入输出信号与三极管连接方式的不同，基本放大电路可分为三种形式：共发射极放大电路、共基极放大电路和共集电极放大电路。其中，使用最广泛的是共发射极放大电路，其电路结构如图 1.30 所示。

基本放大电路的组成（动画）

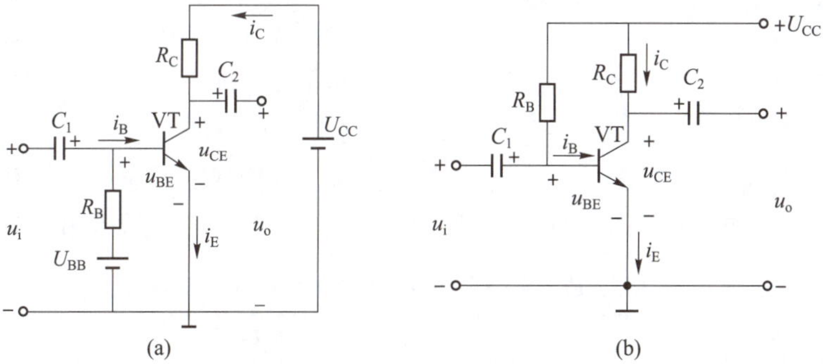

图 1.30　基本放大电路

（a）电路结构；（b）实用电路

在图 1.30（a）所示电路中，共发射极基本放大电路由 NPN 型三极管 VT、集电极直流电源 U_{CC}、基极直流电源 U_{BB}、耦合电容 C_1 及 C_2、基极电阻 R_B、集电极电阻 R_C 和负载电

阻 R_L 构成。图中，u_i 为输入交流信号电压，u_i 经 C_1 从三极管的基极输入，放大后的信号电压 u_o 经 C_2 从集电极输出，发射极是输入输出的公共端，故称为共发射极放大电路。电路中各元件的作用分述如下。

1. 三极管 VT

它是放大电路中的核心元件，利用电流放大作用，它用较小的基极电流 i_B 控制较大的集电极电流 i_C。

2. 基极电源 U_{BB} 和基极电阻 R_B

U_{BB} 和 R_B 给三极管发射结提供正向电压以及合适的静态电流 I_B（称为偏置电流或偏流），保证发射结处于正向偏置，并使放大电路获得合适的工作点。R_B 称为偏置电阻，其阻值一般为数十千欧到数百千欧。

3. 集电极电源 U_{CC}

它给三极管和整个放大电路工作提供需要的能量，同时，它还为三极管 VT 的集电结提供适当的偏置电压，以保证集电结反偏。U_{CC} 一般为几伏到数十伏。

4. 集电极电阻 R_C

它为三极管集电极电流提供回路，同时把集电极电流的变化转换成电压的变化并输出。R_C 的阻值一般为几千欧至数十千欧。

5. 耦合电容 C_1 和 C_2

电容有隔离直流的作用。C_1、C_2 分别将放大电路与信号源、负载隔离开来，以保证其直流工作状态独立，不受输入、输出的影响。电容 C_1、C_2 的另一个作用是耦合交流，使交流信号能顺利通过，即所谓的“隔直通交”，为了减小输入输出交流信号在电容上的压降，应使两电容的容抗尽可能地小，因此 C_1、C_2 的电容值取得较大，一般采用几微法到几十微法的电解电容器。这种电容器是有极性的，在电路连接时要加以注意。

在图 1.30（a）所示电路中，把 U_{BB} 用 U_{CC} 通过电阻的降压来代替，并采用单电源和点电位的画法就成了如图 1.30（b）所示的基本放大电路。

二、放大电路的工作原理

放大电路的工作原理

通过以上讨论可以看出，放大电路中既有直流电源 U_{CC} 提供的直流电压电流量，也有信号源所提供的交流电压电流量（以后分析中还要用到交、直流的合成量）。电压、电流种类很多，为了分析问题方便，避免引起混淆，有必要事先约定各电压、电流量的表示符号，如表 1.3 所示，请读者注意字母和下标的大小写。

表 1.3　放大电路中各电压和电流量的表示符号

名　称	直流分量	交流分量		合成分量
		瞬时值	有效值	
基极电流	I_B	i_b	I_b	i_B
集电极电流	I_C	i_c	I_c	i_C
发射极电流	I_E	i_e	I_e	i_E

续表

名　　称	直流分量	交流分量		合成分量
		瞬时值	有效值	
集电极-发射极间电压	U_{CE}	u_{ce}	U_{ce}	u_{CE}
基极-发射极间电压	U_{BE}	u_{be}	U_{be}	u_{BE}

在图 1.30（b）所示的基本放大电路中，只要适当选取 R_B、R_C 和 U_{CC} 的值，三级管就能够工作在放大区。因此，在输入回路中有

$$\Delta i_B = \frac{\Delta u_{BE}}{r_{be}} \tag{1.13}$$

式中，r_{be} 为三极管射-基极等效动态电阻，设未加输入信号，则 $i_B = I_B$；当加入交流信号电压 u_i时，因为 C_1 有隔直流作用，原来的 $i_B = I_B$ 不变，只是增加了交流成分，所以

$$i_B = I_B + i_b \tag{1.14}$$

i_B 和 u_i的波形如图 1.31 所示。

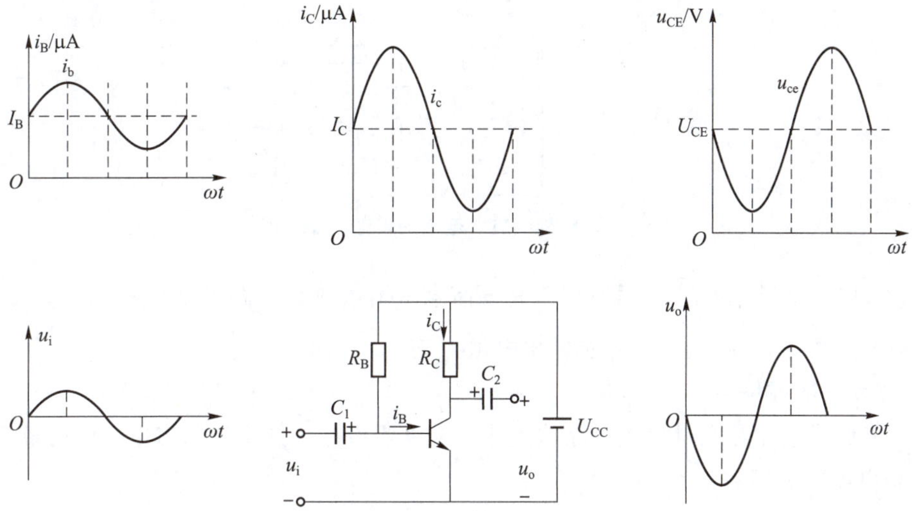

图 1.31　放大电路各电压、电流波形图

在输出回路中，因为三极管工作在放大区，所以

$$i_C \approx \beta i_B = \beta I_B + \beta i_b \tag{1.15}$$

显然，Δi_C 是 Δi_B 的 β 倍。

依据基尔霍夫电压定律（KVL），在输出回路中有

$$U_{CC} = u_{CE} + i_C R_C \tag{1.16}$$

经过电容 C_2 的输出电压为

$$u_o = u_{ce} = -\beta i_b R_C = -i_c R_C \tag{1.17}$$

u_{CE} 和 u_o 的波形如图 1.31 所示，从图中可见，u_o 与 u_i 相位相反（式中负号就说明这一点），这种现象称为放大器的反相作用，只要适当选取 R_C，u_o 就会比 u_i 大得多，得到电压放大的效果。

由以上分析（参照图 1.31）可以得到放大电路的工作原理：u_i 经过输入电容 C_1 与 u_{BE} 叠加后加到三级管的输入端，使基极电流 i_B 发生变化，i_B 又使集电极电流 i_C 发生变化，i_B 在 R_C 的压降使三极管输出端电压发生变化，最后经过电容 C_2 输出交流电压 u_o，所以放大电路的放大原理实质是用微弱的信号电压 u_i 通过三极管的控制作用，去控制三极管集电极的电流 i_C，i_C 又在 R_C 的作用下转换成电压 u_o 输出。I_C 是直流电源提供的，因此三极管的输出功率实际上是利用三极管的控制作用，把直流电能转化成交流电能。这里，输入信号是控制源，三极管是控制元件，直流电为受控对象。

三、放大电路的主要性能指标

放大电路的性能指标

由于三极管是非线性元件，因此，基本放大电路实际上是个非线性电路，分析起来比较复杂。但从宏观看，无论内部电压、电流间的关系如何，都可将放大电路看成一个双端口网络，其与输入、输出回路之间的连接可简化为如图 1.32 所示的等效网络。

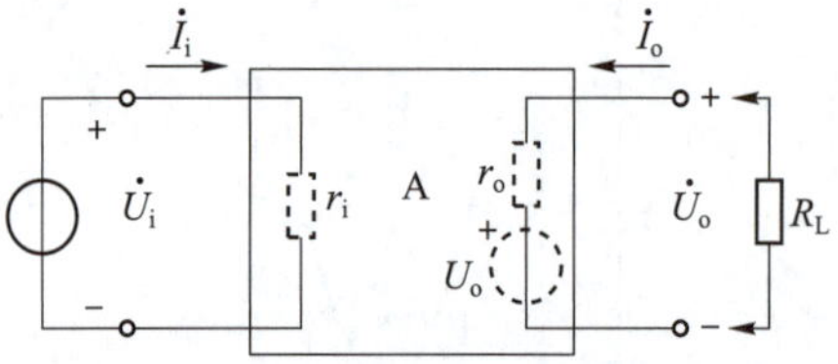

图 1.32　放大电路的等效网络

对放大电路的基本要求是不失真地放大信号，衡量放大电路性能优劣的主要技术指标有电压放大倍数 $\dot{A}_u$、输入电阻 r_i 和输出电阻 r_o 等。

1. 放大倍数或增益

放大倍数或增益是衡量放大电路放大能力的重要指标，其值为输出量与输入量之比。

（1）电压放大倍数：

$$\dot{A}_u = \dot{U}_o / \dot{U}_i \tag{1.18}$$

式中，$\dot{U}_o$ 和 $\dot{U}_i$ 为输入和输出电压的有效值。

（2）电流放大倍数：

$$\dot{A}_i = \dot{I}_o / \dot{I}_i \tag{1.19}$$

（3）功率放大倍数：

$$A_p = P_o / P_i \tag{1.20}$$

可以证明

$$A_p = |\dot{A}_u|\,|\dot{A}_i| \tag{1.21}$$

若用电流、电压峰值表示，结果相同。

工程上常用分贝（dB）来表示放大倍数，也称为增益，它们的定义分别为：

电压增益
$$A_u(\mathrm{dB}) = 20\lg|\dot{U}_o / \dot{U}_i| \tag{1.22a}$$

电流增益 $$A_i(\mathrm{dB}) = 20\lg|\dot{I}_o/\dot{I}_i| \tag{1.22b}$$

功率增益 $$A_p(\mathrm{dB}) = 10\lg|P_o/P_i| \tag{1.22c}$$

必须注意，输出电压和电流基本上仍是正弦波时，放大倍数才有意义，这点同样适用于其他指标。

2. 最大输出幅度

最大输出幅度表示放大电路能供给的最大输出电压（或输出电流）的大小，用 U_{omax} 和 I_{omax} 表示。

3. 输入电阻

输入电阻是指从输入端向放大电路内看进去的等效电阻，它等于放大电路输出端接实际负载电阻 R_L后，输入电压 $\dot{U}_i$ 与输入电流 $\dot{I}_i$ 之比，即

$$r_i = \dot{U}_i/\dot{I}_i \tag{1.23}$$

对于信号源来说，r_i就是它的等效负载，如图 1.33 所示，是表明放大电路从信号源吸取电流大小的参数，一般用恒压源时，总是希望放大电路的输入电阻越大越好，从而可以减小输入电流，以减小信号源内阻的压降，增加输出电压的幅值。

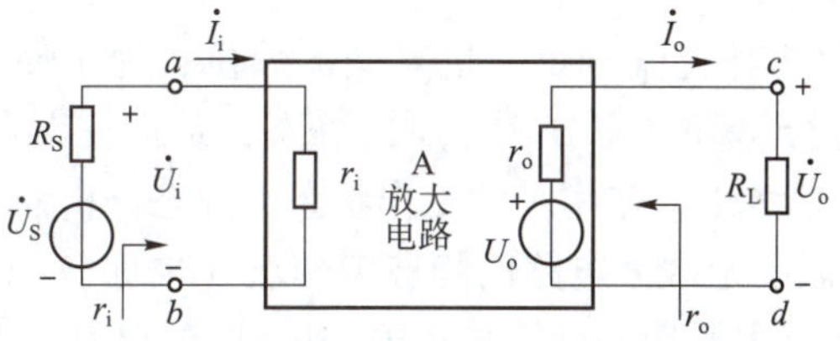

图 1.33　放大电路的输入、输出电阻

4. 输出电阻

从输出端来看，放大电路相当于一个电压源和一个电阻串联的电路，从等效电阻的意义可知，该电阻就是放大电路输出端的等效电阻，称为放大电路的输出电阻，如图 1.33 中的 r_o。

r_o 的测量方法与求电池内阻的方法相同，空载时测量得到输出电压为 $\dot{U}'_o$，接上已知的负载电阻 R_L 时，测量得到输出电压为 $\dot{U}_o$，则有

$$\dot{U}_o = \frac{R_L}{r_o + R_L}\dot{U}'_o \tag{1.24}$$

由式（1.24）可求得

$$r_o = (\dot{U}'_o/\dot{U}_o - 1)R_L \tag{1.25}$$

当用恒压源时，放大电路的输出电阻越小越好，就如希望电池的内阻越小越好一样，可以增加输出电压的稳定性，即改善负荷性能。

5. 通频带

通频带用来衡量放大电路对不同频率信号的适应能力。因为放大电路中有电容元件，三极管极间也存在电容，有的放大电路还有电感元件。电容和电感对不同频率的交流电有不同的阻抗，所以放大电路对不同频率的交流信号有着不同的放大倍数。一般来说，频率

太高或太低时放大倍数都要下降，只有对某一频率段放大倍数才较高且基本保持不变，设此时放大倍数为 $|\dot{A}_{um}|$，当放大倍数下降为 $|\dot{A}_{um}|/\sqrt{2}$ 时，所对应的频率分别称为上限频率 f_H 和下限频率 f_L。上下限频率之间的频率范围称为放大电路的通频带，如图 1.34 所示。

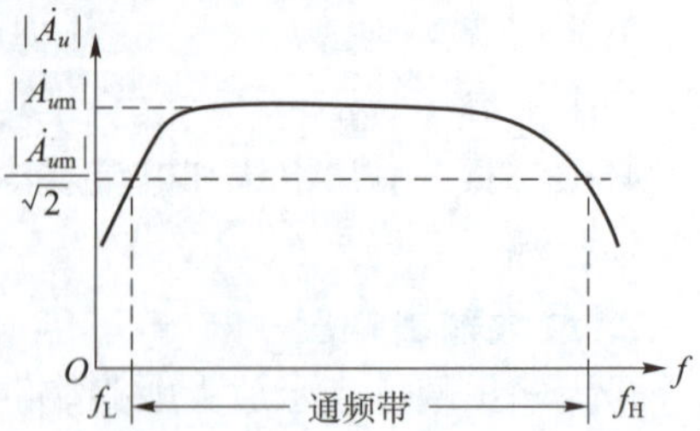

图 1.34　放大电路通频带

通频带越宽，表明放大电路对不同频率信号的适应能力越强；当频率趋近于零或无穷大时放大倍数的数值趋近于零。在实用电路中，有时也希望频带尽可能窄，如选频放大电路，理论上希望它只对单一频率信号放大以避免干扰和噪声的影响。

任务 2　放大电路的分析

任务导入

由于基本放大电路中既有直流分量，也有交流分量，为了便于对放大电路进行分析，一般要分别对其进行静态分析和动态分析。所谓静态，是指放大电路在没有外加交流信号（即 $u_i=0$），而仅有直流电源 U_{CC} 作用时的工作状态。静态分析的目的是为了计算放大电路的静态值 I_B、I_C、U_{CE}，以确定放大电路的静态工作点（也称 Q 点）；而动态分析则是由信号输入时的电路状态分析，主要用来计算放大电路的性能指标，如电压放大倍数 A_u、输入电阻 r_i、输出电阻 r_o 等。

一、放大电路静态分析

放大电路的静态分析

常用的静态分析方法有估算法和图解法两种。

1. 估算法

放大电路的静态值是由直流电源 U_{CC} 提供的，只考虑直流电源作用时，直流电流流经的通路称为直流通路。图 1.35（a）中，对直流而言，耦合电容 C_1、C_2 可视为开路，据此可以画出如图 1.35（b）所示的直流通路。

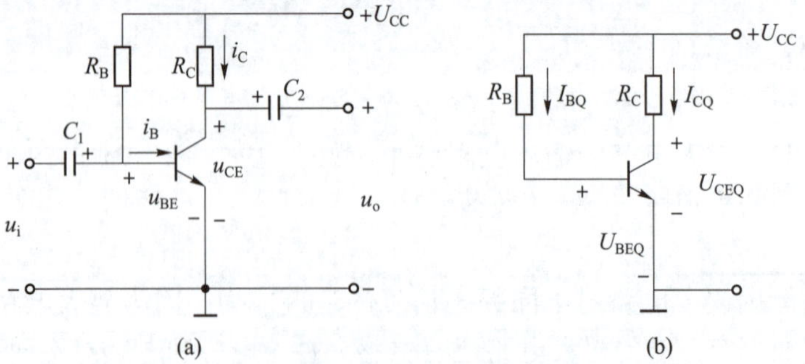

图 1.35　基本放大电路和直流通路

（a）基本放大电路；（b）直流通路

由图 1.35（b）可得静态基极电流为

$$I_{BQ}=\frac{U_{CC}-U_{BEQ}}{R_B}\approx\frac{U_{CC}}{R_B} \tag{1.26}$$

由于 U_{BEQ} 比 U_{CC} 小得多（硅管的 U_{BE} 约为0.7 V，锗管的 U_{BE} 约为0.2 V），往往将其忽略不计。

集电极电流为

$$I_{CQ}=\beta I_{BQ} \tag{1.27}$$

静态时集射极间电压为

$$U_{CEQ}=U_{CC}-I_{CQ}R_C \tag{1.28}$$

根据计算所得 I_B、I_C、U_{CE}，即可确定放大电路的静态工作点，常用 I_{BQ}、I_{CQ}、U_{CEQ} 表示。

例 1.3　在图 1.35（a）中，已知 $U_{CC}=12$ V，$R_C=3$ kΩ，$R_B=300$ kΩ，$\beta=50$，试求放大电路的静态值。

$$I_{BQ}\approx\frac{U_{CC}}{R_B}=\frac{12}{300}=0.04(\text{mA})=40(\mu\text{A})$$

$$I_{CQ}=\beta I_{BQ}=50\times0.04=2(\text{mA})$$

$$U_{CEQ}=U_{CC}-I_{CQ}R_C=12-3\times2=6(\text{V})$$

注意，计算时要注意各计算量的单位。

2. 图解法

利用三极管的输入、输出特性曲线，通过作图来分析放大电路性能的方法称为图解法，静态工作点也可以用图解法来确定。

图解法分析静态工作点

由式（1.28）解得集电极电流为

$$I_C=-\frac{1}{R_C}U_{CE}+\frac{U_{CC}}{R_C} \tag{1.29}$$

这表明集电极电流 I_C 与集电极-发射极间电压 U_{CE} 的关系是一条直线，将这条直线和三极管的输出特性曲线绘在同一坐标下，对应着某一基极电流 I_B，I_C 和 U_{CE} 的关系应同时满足式（1.29）。由数学理论可知，该直线与输出特性曲线必然存在一个交点 Q，如图 1.36 所示。

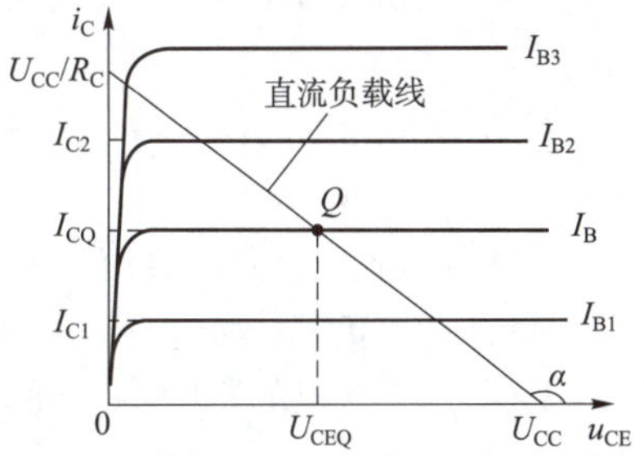

图 1.36　图解法确定静态工作点

求静态工作点的一般步骤为：

（1）绘出放大电路所用三极管的输出特性曲线。

（2）在输出特性曲线上作出直线 $I_C=-\frac{1}{R_C}U_{CE}+\frac{U_{CC}}{R_C}$，此直线与横轴的交点为 U_{CC}，与纵轴的交点为 U_{CC}/R_C，斜率为 $-1/R_C$。由于它是由直流通路得出的，且与集电极电阻 R_C 有关，故称为直流负载线。

（3）根据式（1.26）估算 I_{BQ}。

（4）在输出特性曲线图上找到 I_{BQ} 所对应的曲线与直流负载线的交点，即为静态工作点 Q。

(5) 静态工作点的纵坐标和横坐标即为 I_{CQ} 和 U_{CEQ}。

由图 1.36 可以看出，I_B 值不同，静态工作点在直流负载线上的位置也不同，也就是说，工作点可以通过调节 I_B 的大小来改变。调整 R_B 的阻值即可调整 I_B 的大小，R_B 越大则 I_B 越小，静态工作点在直流负载线上的位置就越低，反之亦然。

例 1.4 在图 1.35（a）中，已知 $U_{CC}=12\ \text{V}$，$R_C=3\ \text{k}\Omega$，$R_B=300\ \text{k}\Omega$，用图解法求静态工作点。

解 根据式（1.29）有

$$I_C=-\frac{1}{R_C}U_{CE}+\frac{U_{CC}}{R_C}$$

确定横轴距：当 $I_C=0$ 时，$U_{CE}=U_{CC}=12(\text{V})$；

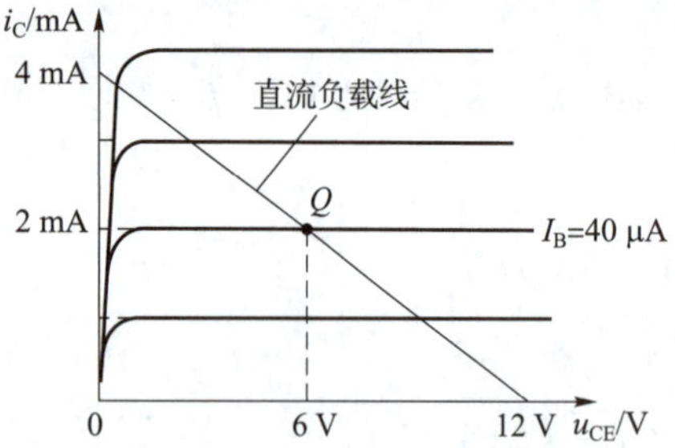

图 1.37 例 1.4 图

确定纵轴距：当 $U_{CE}=0$ 时，$I_C=U_{CC}/R_C=12/3=4(\text{mA})$；

连接这两点可以作出直流负载线，如图 1.37 所示。

根据式（1.26）有

$$I_{BQ}\approx U_{CC}/R_B=12/300=0.04(\text{mA})=40(\mu\text{A})$$

由图 1.37 得出静态工作点 Q 的参数为 $I_{BQ}=40\ \mu\text{A}$、$I_{CQ}=2\ \text{mA}$、$U_{CEQ}=6\ \text{V}$，与直流通路计算结果相符。

3. 电路参数对静态工作点的影响

(1) R_B 对 Q 点的影响。对 $(U_{CC}, 0)$ 与 $\left(0, \dfrac{U_{CC}}{R_C}\right)$ 两点的位置没有影响，即不改变直流负载线的斜率。

R_B 减小，I_{BQ} 增大，静态工作点 Q 沿直线上升，即 Q 点上移，有可能进入饱和区；R_B 增大，I_{BQ} 减小，静态工作点 Q 沿直线下降，即 Q 点下移，有可能进入截止区。如图 1.38（a）所示。

(2) R_C 对 Q 点的影响。R_C 的变化，仅改变直流负载线的 N 点，即仅改变直流负载线的斜率。

R_C 减小，N 点上升，直流负载线变陡，Q 点沿 $I_B=I_{BQ}$ 这一条特性曲线右移。R_C 增大，N 点下降，直流负载线变平坦，Q 点沿 $I_B=I_{BQ}$ 这一条特性曲线左移，如图 1.38（b）所示。

(3) U_{CC} 对 Q 点的影响。U_{CC} 的变化不仅影响 I_{BQ}，还影响直流负载线，因此，U_{CC} 对 Q 点的影响较复杂。

U_{CC} 上升，I_{BQ} 增大，同时直流负载线 M 点和 N 点同时增大，故直流负载线平行上移，所以 Q 点向右上方移动。

U_{CC} 下降，I_{BQ} 下降，同时直流负载线平行下移，所以 Q 点向左下方移动，如图 1.38（c）所示。实际调试中，主要通过改变电阻 R_B 来改变 Q 点，而很少通过改变 U_{CC} 来改变静态工作点。

图解法直观地显示出静态工作点在输入、输出特性坐标平面上的位置，因而能清楚地看到 Q 点是否合适，并可以对电路是否产生失真进行较为准确的分析。

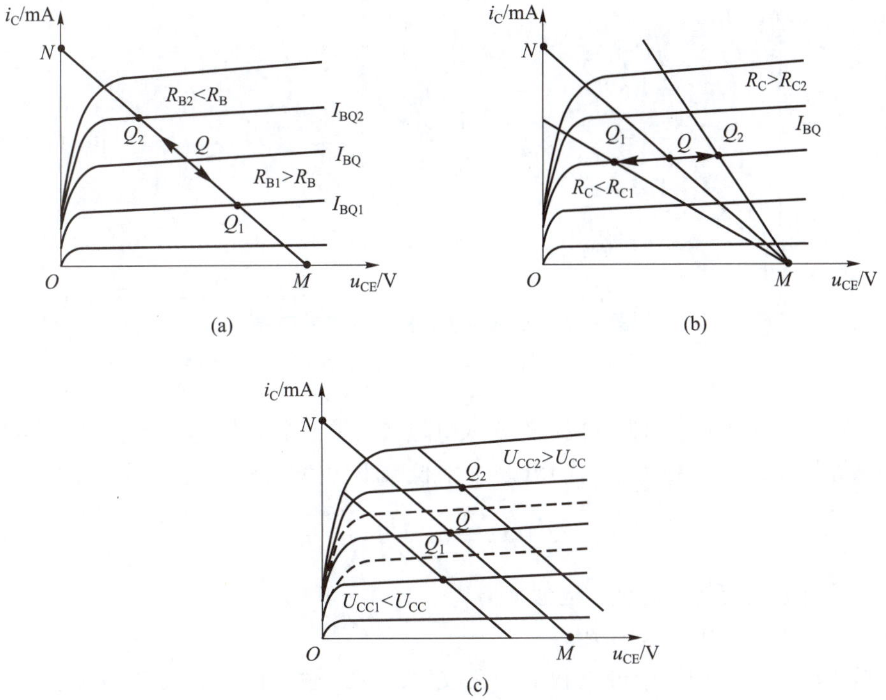

图 1.38　电路参数对 Q 点的影响

(a) R_B 变化对 Q 点的影响；(b) R_C 变化对 Q 点的影响；(c) U_{CC} 变化对 Q 点的影响

二、放大电路动态分析

常用的放大电路动态分析方法有图解法和微变等效电路法。在放大电路分析方法上用作图的方法分析放大电路比较直观，但不易进行定量分析，计算交流参数时较困难。通常，较多地利用图解法对电路进行失真分析，而用微变等效电路法进行定量分析。

放大电路的动态分析

图解法分析放大电路的动态

（一）微变等效电路法

微变等效电路法就是在小信号条件下，在给定的工作范围内，将三极管看成一个线性元件，把三极管放大电路等效成一个线性电路来进行分析、计算。

微变等效电路的画法

1. 三极管的微变等效电路

（1）三极管的输入回路。

三极管的输入特性曲线是非线性的，但在小信号输入情况下，静态工作点 Q 附近的工作段可认为是一条直线，如图 1.39 所示。

定义

$$r_{be}=\frac{\Delta u_{BE}}{\Delta i_B}=\frac{u_{be}}{i_b} \tag{1.30}$$

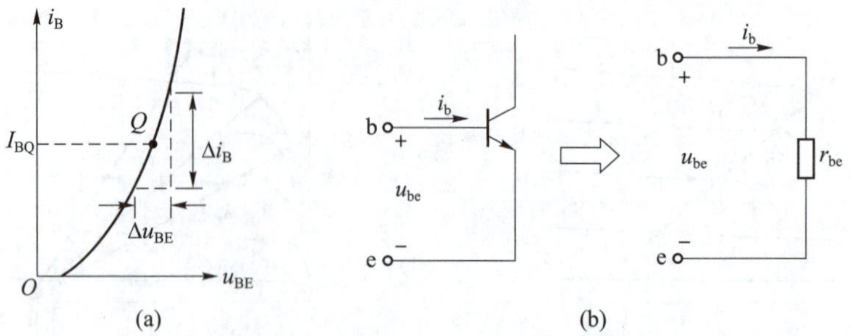

图 1.39　三极管输入回路的等效电路

（a）三极管的输入特性曲线；（b）三极管的输入等效电路

式中，u_{be}、i_b 是交流量，r_{be} 称为三极管的输入电阻，它是一个动态电阻，这样就可以把三极管的输入回路等效成如图 1.39（b）所示电路。对低频小功率三极管，r_{be} 常用下面的公式来估算

$$r_{be} = 300\ \Omega + (1+\beta)\frac{26\ \text{mA}}{I_E} \tag{1.31}$$

式中，I_E 是发射极电流的静态值，近似为 I_{CQ}。

（2）三极管输出端的等效电阻。

在三极管输出特性曲线中可以看出，在放大区内，输出特性曲线是一族近似水平平行和等间距的直线，如图 1.40（a）所示。

忽略 u_{ce} 对 i_c 的影响，则 Δi_c 与 Δi_b 之比为

$$\beta = \frac{\Delta i_c}{\Delta i_b} = \frac{i_c}{i_b} \tag{1.32}$$

在小信号条件下 β 是常数，因此三极管输出端可用一个电流源来等效代替，即 $i_c = \beta i_b$，i_c 受 i_b 控制，所以是一个受控源，如图 1.40（b）所示。

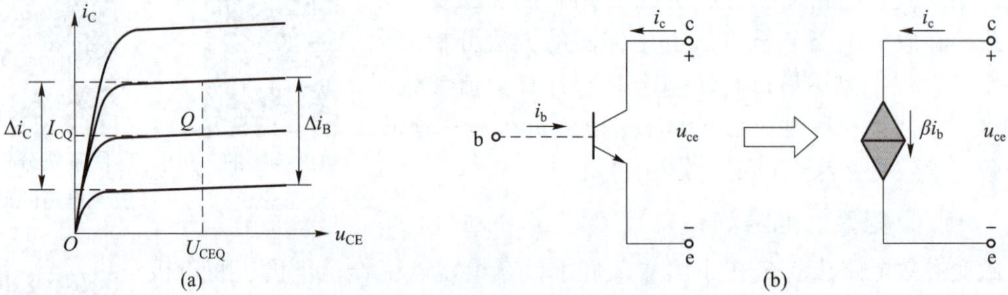

图 1.40　三极管输出回路的等效电路

（a）三极管的输出特性曲线；（b）三极管的输出等效电路

实际上，三极管的输出特性曲线并不是完全平坦的直线，由图 1.40（a）可见，在 I_B 恒定时，Δu_{CE} 变化将使 Δi_C 有微小变化，有

$$r_{ce} = \frac{\Delta u_{CE}}{\Delta i_C}\bigg|_{I_B=\text{常数}} = \frac{u_{ce}}{i_c}\bigg|_{I_B=\text{常数}} \tag{1.33}$$

r_{ce} 称为三极管的输出电阻，与受控源 $i_c = \beta i_b$ 并联，也就是受控源的内阻。由于 r_{ce} 很大，为几十千欧到几百千欧，故在电路分析中往往不考虑其分流作用，在微变等效电路中

常将其忽略不画。

综上所述，可以作出三极管的微变等效电路，如图 1.41 所示。

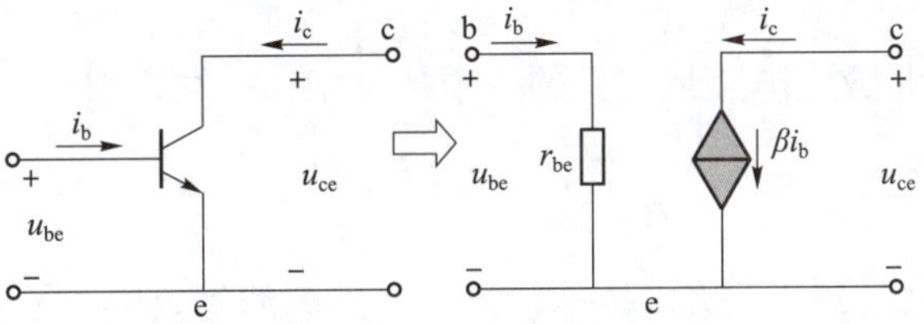

图 1.41　三极管的微变等效电路

2. 放大电路的微变等效电路

微变等效电路是对交流信号而言的，只考虑交流信号源作用时的放大电路称为交流通路。在三极管等效电路的基础上，以共发射极放大电路为例，如图 1.42（a）所示。在交流情况下，耦合电容 C_1、C_2 可视为短路，直流电源 U_{CC} 内阻很小，对交流信号影响很小，也可忽略不计。把交流通路中的三极管用其微变等效电路代替，即可得到放大电路的微变等效电路，如图 1.42（b）所示。

放大电路的微变等效电路

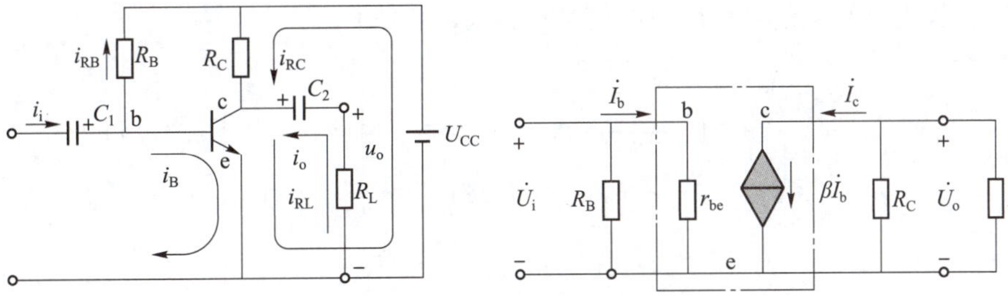

(a)　(b)

图 1.42　共发射极放大电路及其微变等效电路

（a）基本共发射极放大电路；（b）微变等效电路

（二）参数计算

（1）电压放大倍数。

放大电路参数计算

电压放大倍数定义为输出电压与输入电压的比值，用 $\dot{A}_u$ 表示，即

$$\dot{A}_u = \dot{U}_o / \dot{U}_i$$

由图 1.42（b）可知

$$\dot{U}_i = r_{be}\dot{I}_b$$

$$\dot{U}_o = -R'_L\dot{I}_c = -\beta R'_L\dot{I}_b$$

式中，$R'_L = R_C // R_L$，称为交流负载电阻。则电压放大倍数为

$$\dot{A}_u = \frac{\dot{U}_o}{\dot{U}_i} = \frac{-\beta R'_L\dot{I}_b}{r_{be}\dot{I}_b} = -\beta\frac{R'_L}{r_{be}} \tag{1.34}$$

式中，负号表示输出电压 $\dot{U}_o$ 与输入电压 $\dot{U}_i$ 反相。

当放大电路未接 R_L（即空载）时有

$$A_u = -\beta \frac{R_C}{r_{be}} \tag{1.35}$$

电压放大倍数 $\dot{A}_u$ 是放大电路最重要的一个技术指标，共发射极放大电路的 $\dot{A}_u$ 值较大，通常为几十到几百。

（2）输入电阻。

放大电路的输入电阻是从放大电路的输入端看进去的等效电阻，定义为输入电压 $\dot{U}_i$ 与输入电流 $\dot{I}_i$ 的比值，用 r_i 来表示，如图 1.43 所示。

$$r_i = \dot{U}_i / \dot{I}_i,\quad r_i = R_B // r_{be},\quad R_B \gg r_{be}$$

所以

$$r_i \approx r_{be} \tag{1.36}$$

对于共发射极低频电压放大电路，r_{be} 为 1 kΩ 左右，输入电阻不高。但有些电路需要较高的输入电阻，在图 1.43 中

$$\dot{I}_i = \frac{\dot{U}_s}{r_i + R_S},\quad \dot{U}_i = \dot{U}_s - \dot{I}_i R_S$$

r_i 越大，放大电路从信号源取得的信号也越大。

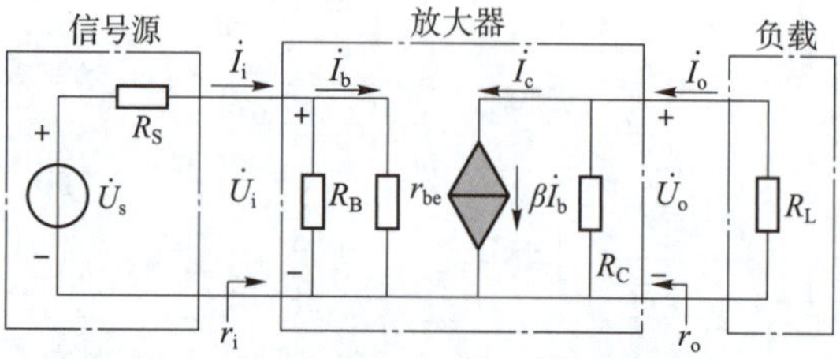

图 1.43　放大电路的输入电阻和输出电阻

（3）输出电阻。

输出电阻是从输出端看进去的等效电阻，用 r_o 表示。因电流源内阻无穷大，所以

$$r_o \approx R_C \tag{1.37}$$

R_C 一般为几千欧，因此共发射极放大电路的输出电阻是较高的，为使输出电压平稳，有较强的带负载能力，应使输出电阻低一些。

注意：r_i、r_o 都是对交流信号而言的，所以都是动态电阻，它们是衡量放大电路性能的重要指标。

（4）应用举例。

用微变等效电路法分析电路时，只是分析放大电路的动态情况，需要画出整个放大电路的微变等效电路。根据微变等效电路，分别对输入回路和输出回路用线性电路进行分析和计算，同时要用到输入对输出的控制关系。

例 1.5　电路如图 1.44（a）所示，已知：U_{CC} = 20 V，R_C = 6 kΩ，R_B = 470 kΩ，β = 45。① 求输入电阻和输出电阻；② 求不接负载 R_L 时的电压放大倍数；③ 求当接上负载 R_L =4 kΩ 时的电压放大倍数。

解　① 画出微变等效电路，如图 1.44（b）所示。

$$I_{BQ}=\frac{U_{CC}-U_{BEQ}}{R_B}=\frac{20\ \text{V}-0.7\ \text{V}}{470\ \text{k}\Omega}=0.041\ \text{mA}=41\ \mu\text{A}$$

$$r_{be}\approx 300\ \Omega+\frac{26\ \text{mV}}{I_{BQ}}=300\ \Omega+\frac{26\ \text{mV}}{0.041\ \text{mA}}=934\ \Omega\approx 1\ \text{k}\Omega$$

$$r_i=R_B//r_{be}\approx r_{be}=1\ \text{k}\Omega$$

$$r_o=R_C=6\ \text{k}\Omega$$

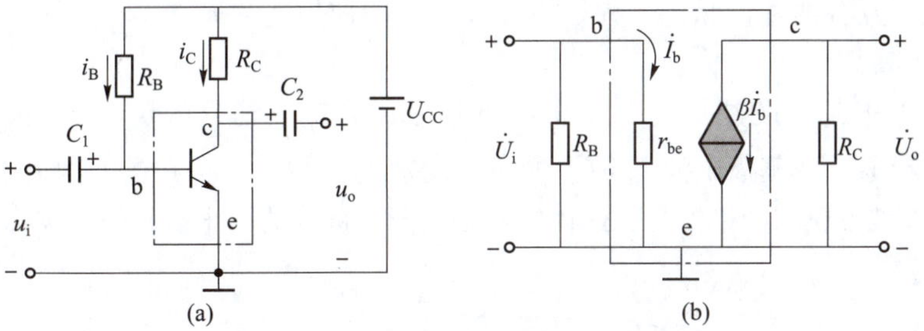

图 1.44　基本放大电路及其等效电路

（a）基本放大电路；（b）微变等效电路

② 由 $\dot{U}_i=r_{be}\dot{I}_b$ 和 $\dot{U}_o=-\beta R_C\dot{I}_b$ 可得

$$\dot{A}_u=\frac{\dot{U}_o}{\dot{U}_i}=-\beta\frac{R_C}{r_{be}}=-45\times\frac{6}{1}=-270$$

③ 当接入负载 R_L 时

$$\dot{U}_o=-R_L'\dot{I}_c=-\beta R_L'\dot{I}_b$$

$$R_L'=R_C//R_L=\frac{R_LR_C}{R_L+R_C}=\frac{4\times 6}{4+6}=2.4(\text{k}\Omega)$$

$$\dot{A}_u=\frac{\dot{U}_o}{\dot{U}_i}=-\beta\frac{R_L'}{r_{be}}=-45\times\frac{2.4}{1}=-108$$

必须注意，输入电阻是从输入端看放大电路的等效电阻，输出电阻是从输出端看放大电路的等效电阻。因此，输入电阻要包括 R_B，而输出电路则不能把负载电阻算进去。

任务 3　放大电路静态工作点的稳定

任务导入

当外界条件发生变化时，会使设置好的静态工作点 Q 移动，使原来合适的静态工作点变得不合适而产生失真。因此，设法稳定静态工作点是一个重要问题。

一、放大电路的非线性失真

放大电路的失真

所谓失真就是输出信号的波形不像输入信号的波形，不能真实地反映输入信号的变化。对放大电路除要求有一定的放大倍数，还必须保证输出信号尽可能不失真。引起失真的原因很多，其中最常见的就是 Q 点不合适或输入信号幅值过大，使放大电路的工作范围超出了三极管特性曲线上的线性范围，这种失真称为非线性失真。非线性失真有两种情况，一种是截止失真，一种是饱和失真。

1. 截止失真

由于静态工作点 Q 设置太低，如图 1.45 所示，在输入信号的负半周，u_{BE} 低于死区电压，三极管不导通，使基极电流 i_B 波形的负半周被削去，产生了失真。因 i_B 的失真，导致 i_C、u_{CE} 和 u_o 的波形也都产生失真，这种失真是由于三极管的截止引起的，故称为截止失真。

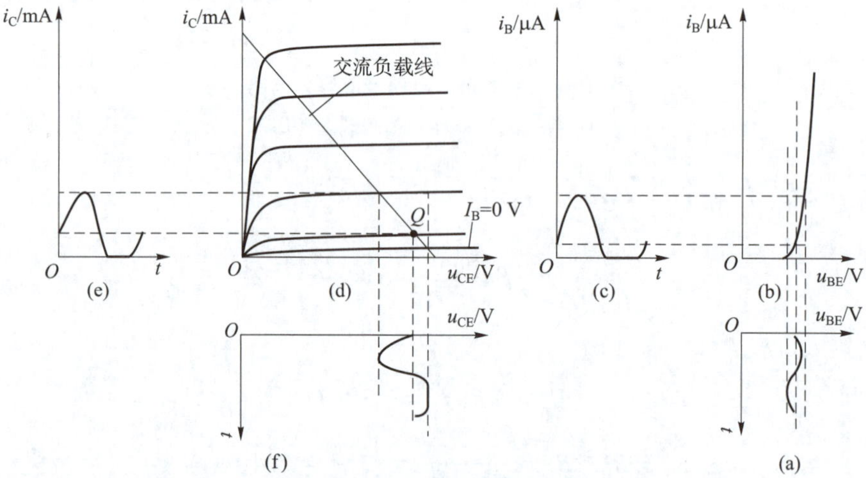

图 1.45　放大电路的截止失真

2. 饱和失真

如果静态工作点 Q 设置太高，如图 1.46 所示，在输入信号的正半周，三极管进入饱和区，虽然 i_B 的波形没有失真，但使 i_C 波形的正半周、u_{CE} 和 u_o 波形的负半周被削去，产生失真，这种失真是由于三极管的饱和引起的，故称为饱和失真。

温度对 Q 点的影响

由此看出，放大电路必须设置合适的静态工作点才能不产生非线性失真，一般静态工作点应设置在交流负载线的中部。还要注意，如果输入信号幅值太大，也会同时产生截止失真和饱和失真。

二、温度对静态工作点的影响

静态工作点不稳定的原因较多，如温度变化、电源波动、元件老化而使参数发生变化等，其中最重要的原因是温度变化的影响。温度变化对三极管输出特性曲线的影响如

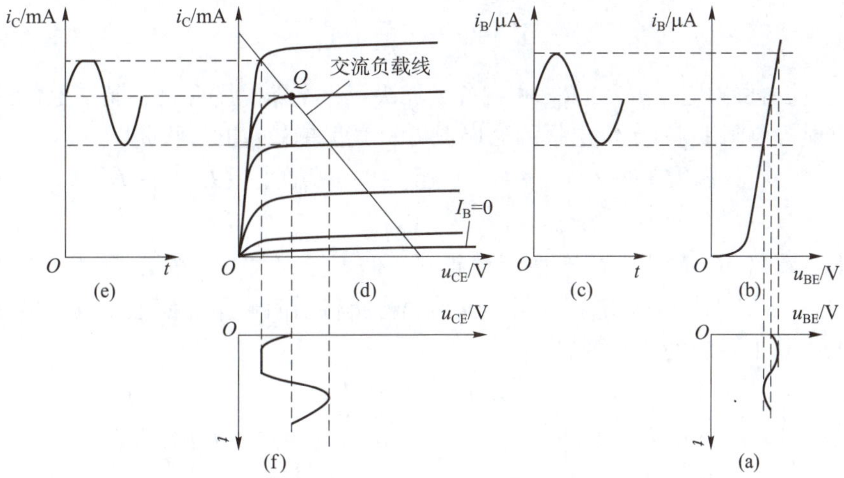

图 1.46　放大电路的饱和失真

图 1.47 所示，图中实线为升温前特性曲线，虚线为升温后的特性曲线。

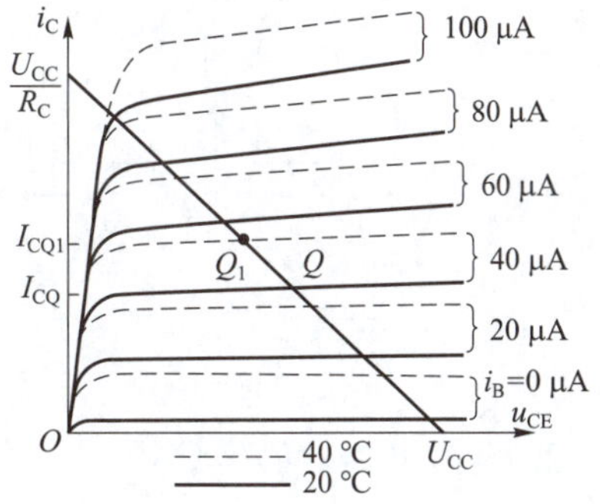

图 1.47　温度对三极管输出特性的影响

1. 温度变化对 I_{CEQ} 的影响

一般情况下，温度每升高 12 ℃，锗管 I_{CEO} 数值增大一倍；温度每升高 8 ℃，硅管的 I_{CEO} 数值增大一倍。已知 $I_{CEO}=(1+\beta)I_{CBO}$，图 1.47 中在 $i_B=40\ \mu A$,并保持不变时，Q 点上升到 Q_1点，集电极电流 I_{CQ}也增加到 I_{CQ1}。

2. 温度变化对发射结电压 u_{BE} 的影响

在电源电压不变的情况下，温度升高后，使 u_{BE} 减小，一般三极管 u_{BE}的温度系数为-2~2.5 mV/ ℃。u_{BE}减小，将使 i_B 和 i_C 增大，Q 点上移。

3. 温度变化对 β 的影响

温度升高将使三极管的 β 值增大，温度每升高 1 ℃，β 值将增加 0.5%~1%，最大可增加 2%。反之，温度下降时 β 值将减小。

综上所述，当温度增加时，三极管的 I_{CEQ}、u_{BE}、β 等参数都将改变，将使 i_C 增加，Q 点上移。如果在原放大电路基础上改变一下，在 i_C 上升的同时使 i_B 下降，以达到自动稳定工作点的目的。这就是分压式偏置放大电路。

三、分压式偏置放大电路

分压式偏置共发射极放大电路的分析

1. 稳定静态工作点的原理

利用偏置电阻 R_{B1}、R_{B2} 分压，稳定基极电位 V_B。设流过 R_{B1} 和 R_{B2} 的电流分别为 I_{B1} 和 I_{B2}，由图 1.48（b）的直流通路可知

$$I_{B2}=I_{B1}-I_B$$

若 R_{B1}、R_{B2} 选择适当，使得 $I_{B2}\gg I_B$，则有 $I_{B2}\approx I_{B1}$，而基极电位为

$$V_B=\frac{R_{B2}}{R_{B1}+R_{B2}}U_{CC} \tag{1.38}$$

可见 V_B 仅由偏置电阻 R_{B1}、R_{B2} 和电源 U_{CC} 决定，不随温度变化，基本上保持稳定。

利用发射极电阻 R_E 稳定集电极静态电流 I_C，其保持稳定的过程是

$$温度\uparrow\rightarrow I_C\uparrow\rightarrow I_E\uparrow\rightarrow V_E\uparrow\rightarrow U_{BE}\downarrow\rightarrow I_B\downarrow — I_C\downarrow$$

$$温度\downarrow\rightarrow I_C\downarrow\rightarrow I_E\downarrow\rightarrow V_E\downarrow\rightarrow U_{BE}\uparrow\rightarrow I_B\uparrow\rightarrow I_C\uparrow$$

从以上可看出，R_E 越大，静态稳定性越好，但不能太大，一般 R_E 为几百欧到几千欧，与 R_E 并联的电容 C_E 称为旁路电容，可为交流信号提供低阻通路，使电压放大倍数不至于降低，C_E 一般为几十微法到几百微法。

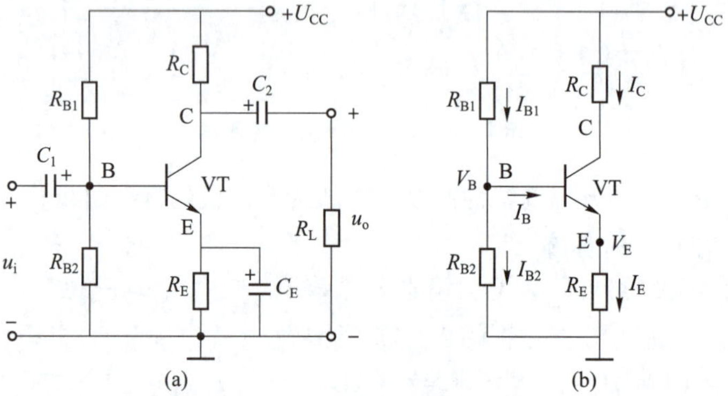

图 1.48　分压式偏置放大电路

（a）电路组成；（b）直流通路

2. 偏置电路的静态分析

由图 1.48（b）所示的直流通路可知

$$V_B=\frac{R_{B2}}{R_{B1}+R_{B2}}U_{CC} \tag{1.39}$$

$$I_{CQ}\approx I_{EQ}=\frac{V_B-U_{BE}}{R_E} \tag{1.40}$$

分压式偏置放大电路的特点

$$I_{BQ}=I_{CQ}/\beta \tag{1.41}$$

$$U_{CEQ}=U_{CC}-I_{CQ}(R_C+R_E) \tag{1.42}$$

3. 偏置电路的动态分析

（1）首先画出图 1.48（a）的微变等效电路，如图 1.49 所示。

（2）求电压放大倍数 A_u。由图 1.49 得

$$\dot{U}_i=r_{be}\dot{I}_b$$

$$\dot{U}_o=-R'_L\dot{I}_c=-\beta R'_L\dot{I}_b$$

分压式偏置的共射放大电路动态分析

则

$$\dot{A}_u=\frac{\dot{U}_o}{\dot{U}_i}=\frac{-\beta R'_L\dot{I}_b}{r_{be}\dot{I}_b}=-\beta\frac{R'_L}{r_{be}}$$

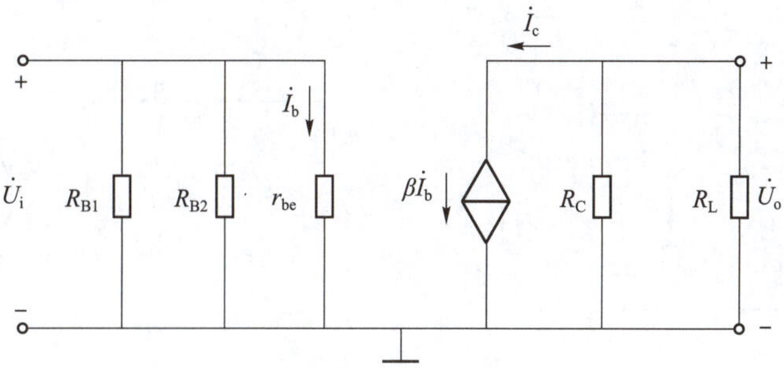

图 1.49　分压式偏置放大电路的微变等效电路

其中，$R_L' = R_C // R_L$。

(3) 求输入电阻 r_i。由图 1.49 得

$$r_i = R_{B1} // R_{B2} // r_{be} \approx r_{be}$$

(4) 求输出电阻 r_o。由图 1.49 得

$$r_o = R_C$$

四、应用举例

例 1.6　在图 1.48 所示的分压式偏置放大电路中，已知 $U_{CC} = 12$ V，$R_C = R_E = 2$ kΩ，$R_{B1} = 20$ kΩ，$R_{B2} = 10$ kΩ，三极管 3DG6 的 $\beta = 37.5$，试求静态工作点。

解　静态工作点参数为

$$V_{BQ} = \frac{R_{B2}}{R_{B1} + R_{B2}} U_{CC} = \frac{10}{20 + 10} \times 12 = 4(\text{V})$$

$$I_{CQ} \approx I_{EQ} = \frac{V_{BQ} - U_{BEQ}}{R_E} = \frac{4 - 0.7}{2} = 1.65(\text{mA})$$

$$U_{CEQ} = U_{CC} - I_{CQ}(R_C + R_E) = 12 - 1.65 \times (2 + 2) = 5.4(\text{V})$$

$$I_{BQ} = I_{CQ}/\beta = 1.65/37.5 = 44(\mu\text{A})$$

例 1.7　在如图 1.50 所示电路中，已知 $U_{CC} = 12$ V，$R_C = 2$ kΩ，$R_{B1} = 20$ kΩ，$R_{B2} = 10$ kΩ，$R_L = 6$ kΩ，$R_E = 2$ kΩ，$\beta = 40$。① 求放大电路的输入电阻和输出电阻；② 求电压放大倍数。

解　① 先求静态工作电流 I_{EQ}：

$$V_{BQ} = \frac{R_{B2}}{R_{B1} + R_{B2}} U_{CC} = \frac{10}{20 + 10} \times 12 = 4(\text{V})$$

$$I_{EQ} = \frac{V_{BQ} - U_{BEQ}}{R_E} = \frac{4 - 0.7}{2} = 1.65(\text{mA})$$

画出微变等效电路如图 1.50（b）所示，则有

$$r_{be} = 300\ \Omega + (1 + \beta)\frac{26\ \text{mA}}{I_{EQ}} = 300\ \Omega + (1 + 40)\frac{26\ \text{mA}}{1.65\ \text{mA}} = 964\ \Omega \approx 1\ \text{k}\Omega$$

输入电阻为

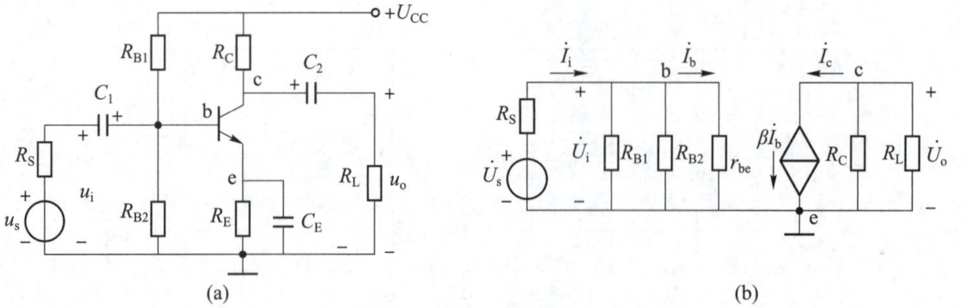

图 1.50　例 1.7 图

（a）电路组成；（b）微变等效电路

$$r_i = R_{B1}//R_{B2}//r_{be} \approx r_{be} = 1\ \text{k}\Omega$$

输出电阻为

$$r_o = R_C = 2\ \text{k}\Omega$$

② $\dot{U}_i = r_{be}\dot{I}_b$ 且 $\dot{U}_o = -R'_L\dot{I}_c = -\beta R'_L\dot{I}_b$，所以电压放大倍数为

$$\dot{A}_u = \frac{\dot{U}_o}{\dot{U}_i} = \frac{-\beta R'_L\dot{I}_b}{r_{be}\dot{I}_b} = -\beta\frac{R'_L}{r_{be}}$$

$$R'_L = R_C//R_L = \frac{R_C R_L}{R_C + R_L} = \frac{2\times 6}{2+6} = 1.5(\text{k}\Omega)$$

$$\dot{A}_u = -40\times 1.5/1 = -60$$

画微变等效电路时，注意不要把 R_E 画上，因为接旁路电容 C_E 后，电容对交流信号可视为短路。

任务 4　其他常见的基本放大电路

任务导入

因为共发射极放大电路的输入电阻不够大，所以它从信号源索取的电流比较大；又因为输出电阻不够小，所以带负载能力比较差。然而，在实际应用中，常常需要高输入电阻、低输出电阻的放大电路，共集电极放大电路能满足上述两大特点，因此弥补了共发射极放大电路的不足。

一、共集电极放大电路

共集电极放大电路

（一）电路组成

共集电极放大电路是从发射极输出的，所以简称射极输出器。图 1.51（a）是射极输出器电路图，图 1.51（b）是其直流通路，1.51（c）是其微变等效电路。

共集电极放大电路的特点是三极管的集电极作为输入与输出的公共端，输入电压从基极对地（集电极）之间输入，输出电压从发射极对地（集电极）之间取出，集电极是输入与输出的公共端，故称其为共集电极放大电路。

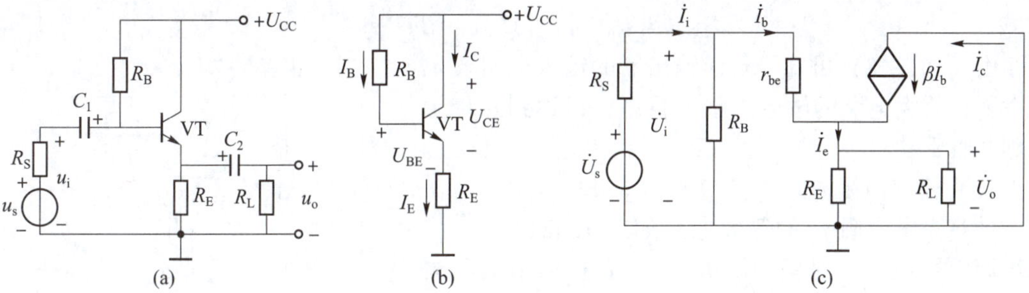

图 1.51　射极输出器

(a) 电路组成；(b) 直流通路；(c) 微变等效电路

(二) 工作原理

1. 静态分析

由图 1.51 (b) 直流通路可得

$$U_{CC}=I_{BQ}R_B+U_{BEQ}+I_{EQ}R_E=I_{BQ}R_B+U_{BEQ}+(1+\beta)I_{BQ}R_E$$

所以

$$I_{BQ}=\frac{U_{CC}-U_{BEQ}}{R_B+(1+\beta)R_E}\approx\frac{U_{CC}}{R_B+(1+\beta)R_E}\tag{1.43}$$

$$I_{CQ}=\beta I_{BQ}\approx I_{EQ}\tag{1.44}$$

$$U_{CEQ}=U_{CC}-I_{EQ}R_E\approx U_{CC}-I_{CQ}R_E\tag{1.45}$$

2. 动态分析

(1) 电压放大倍数 A_u。

由图 1.51 (c) 可得

$$\dot{U}_i=\dot{I}_b r_{be}+\dot{I}_E R'_L=\dot{I}_b r_{be}+(1+\beta)\dot{I}_b R'_L=\dot{I}_b[r_{be}+(1+\beta)R'_L]$$

$$R'_L=R_E//R_L$$

$$\dot{U}_o=\dot{I}_e R'_L=(1+\beta)\dot{I}_b R'_L$$

可得

$$\dot{A}_u=\frac{\dot{U}_o}{\dot{U}_i}=\frac{(1+\beta)R'_L}{r_{be}+(1+\beta)R'_L}\approx\frac{\beta R'_L}{r_{be}+\beta R'}<1\tag{1.46}$$

式中，$R'_L\ll r_{be}$，因此，A_u 小于1，但近似等于1，即 $|\dot{U}_o|$ 略小于 $|\dot{U}_i|$，电路没有电压放大作用，又 $i_E=(1+\beta)i_B$，故电路有电流放大和功率放大作用。此外，$\dot{U}_o$ 跟随 $\dot{U}_i$ 变化，故这个电路又称为射极跟随器。

(2) 输入电阻 r_i。

由图 1.51 (c) 可得

$$r_i=R_B//r'_i$$

$$r_i' = \frac{\dot{U}_i}{\dot{I}_b} = r_{be} + (1+\beta)R_L' \tag{1.47}$$

故

$$r_i = R_B // [r_{be} + (1+\beta)R_L'] \tag{1.48}$$

由式（1.48）可知，射极输出器的输入电阻要比共发射极放大电路的输入电阻大得多，可达到几十千欧到几百千欧。

(3) 输出电阻 r_o。

计算输出电阻 r_o 的等效电路如图 1.52 所示，将电压源信号短路，保留内阻 R_S，然后在输出端除去 R_L，并外加一个电压 $\dot{U}$ 而得到。

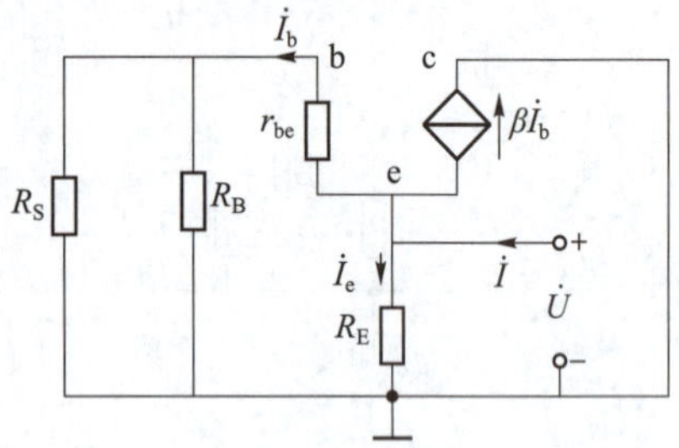

图 1.52　计算输出电阻的等效电路

$$\dot{I} = \dot{I}_b + \beta\dot{I}_b + \dot{I}_e = \frac{\dot{U}}{R_S' + r_{be}} + \beta\frac{\dot{U}}{R_S' + r_{be}} + \frac{\dot{U}}{R_E}$$

其中，$R_S' = R_B // R_S$。整理后得

$$r_o = \frac{\dot{U}}{\dot{I}} = \frac{1}{\dfrac{1+\beta}{R_S' + r_{be}} + \dfrac{1}{R_E}} = \frac{R_E(R_S' + r_{be})}{(1+\beta)R_E + (R_S' + r_{be})}$$

因为 $(1+\beta)R_E \gg R_S' + r_{be}$，$\beta \gg 1$，故

$$r_o \approx \frac{R_S' + r_{be}}{\beta} \tag{1.49}$$

若 $\beta = 50$，$r_{be} = 1\ \text{k}\Omega$，$R_S = 50\ \Omega$，$R_B = 100\ \text{k}\Omega$，则有

$$r_o \approx \frac{1\,000 + 50}{50} = 21(\Omega)$$

可见射极输出器的输出电阻很低，一般为几十欧到几百欧，远小于共发射极放大电路的输出电阻。

综上所述，射极输出器具有电压放大倍数小于 1 但近似等于 1、输出电压与输入电压同相位、输入电阻高、输出电阻低等特点，因而常用于末级的功率放大电路。

（三）应用举例

图 1.53 是扩音机的输入电路，射极输出器输入电阻高，可以和内阻较高的话筒相匹配，使话筒输入信号能得到有效的放大，电位器 R_P 的阻值为 22 kΩ，可用来调节输入信号强度，以控制音量大小。

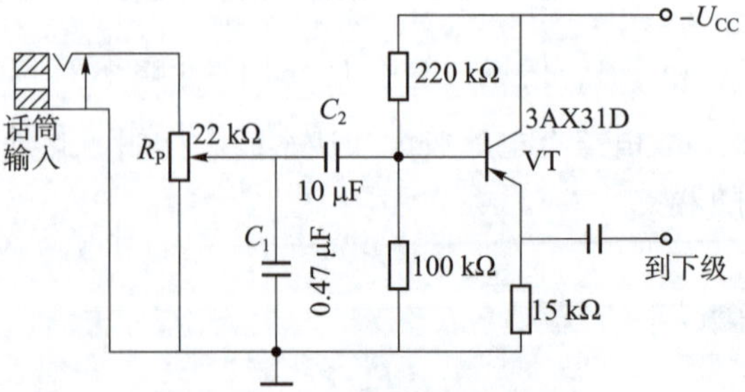

图 1.53　扩音机的输入电路

在多级电子电路中，射极输出器也常作中间级以隔离前、后级之间的相互影响，这时称为缓冲级。射极输出器的输出电阻低，带负载能力强，有一定的功率放大作用，可以作为基本的功率输出电路。

共基极放大电路

二、共基极放大电路

（一）电路组成

图 1.54 是一个共基极放大电路，基极偏置电流 I_{BQ} 由 U_{CC} 通过基极偏流电阻 R_{B1} 和 R_{B2} 提供，C_B 为旁路电容，对交流信号视为短路，因而基极接地，输入信号加到发射极和基极之间，使放大倍数不至于因 R_{B1} 和 R_{B2} 存在而下降。图 1.54（b）为其交流通路，从图中可看出基极是输入回路和输出回路的公共端，故称为共基极放大电路。

共发射极基本放大电路的组成

（二）工作原理

1. 静态分析

图 1.55 所示为共基极放大电路的直流通路，由图可知，基极电位为

$$V_{BQ}=\frac{R_{B2}}{R_{B1}+R_{B2}}U_{CC}$$

$$I_{CQ}\approx I_{EQ}=\frac{V_{BQ}-U_{BEQ}}{R_E}\approx\frac{V_{BQ}}{R_E}$$

$$U_{CEQ}=U_{CC}-I_{CQ}R_C-I_{EQ}R_E$$

$$I_{BQ}=I_{CQ}/\beta$$

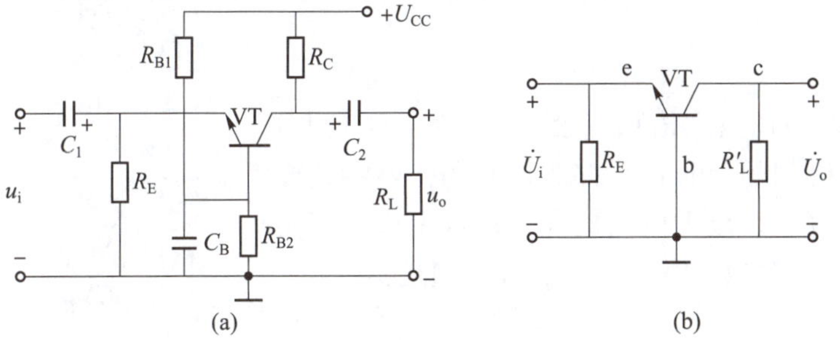

图 1.54　共基极放大电路

（a）电路组成；（b）交流通路

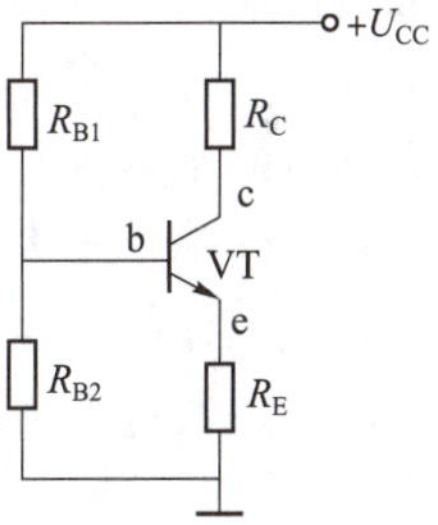

图 1.55　共基极放大电路的直流通路

2. 动态分析

（1）电压放大倍数。

图 1.54（a）的微变等效电路如图 1.56 所示，由图可得

$$\dot{U}_o=-\dot{I}_cR'_L$$

$$\dot{A}_u=\frac{\dot{U}_o}{\dot{U}_i}=\frac{-\dot{I}_cR'_L}{-\dot{I}_br_{be}}=\frac{\beta R'_L}{r_{be}}\qquad(1.50)$$

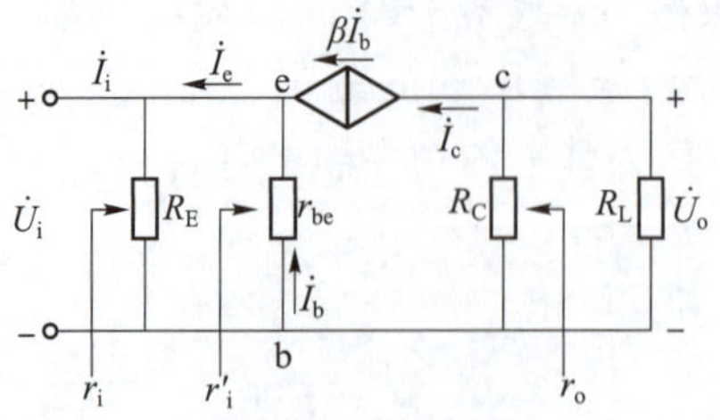

图 1.56　共基极放大电路的微变等效电路

其中，$R'_L = R_C // R_L$。

由上式可见，共基极放大电路与共发射极放大电路的电压放大倍数在数字上相同，只差一个负号。

（2）输入电阻和输出电阻。

由于 $r'_i = \dfrac{\dot{U}_i}{-\dot{I}_e} = \dfrac{-\dot{I}_b r_{be}}{-(1+\beta)\dot{I}_b} = \dfrac{r_{be}}{1+\beta}$，所以输入电阻 r_i 为

$$r_i = R_E // r'_i \approx \frac{r_{be}}{1+\beta} \tag{1.51}$$

可见，共基极放大电路的输入电阻减小为共发射极放大电路的 $1/(1+\beta)$，一般很低，为几欧至几十欧。其输出电阻与共发射极放大电路相同，这里不再赘述。

任务 5　多级放大电路

任务导入

多级放大电路（微课）

前面学习的基本放大电路，其电压放大倍数一般只能达到几十到几百。然而在实际工作中，放大电路所得到的信号往往都非常微弱，要将其放大到能推动负载工作的程度，仅通过单级放大电路放大，常常无法达到实际要求，因此必须通过多个单级放大电路连续多次放大，才可满足实际要求。

多级放大电路（动画）

一、多级放大电路的耦合方式

多级放大电路内部相邻两级之间的信号传递称为耦合，实现级间耦合的电路称为耦合电路。常见的耦合方式有阻容耦合、变压器耦合和直接耦合等。

1. 阻容耦合放大电路

阻容耦合放大电路如图 1.57 所示，可把它分为 4 部分：信号源、第一级放大电路、第二级放大电路和负载。信号通过电容 C_1 与第一级输入电阻相连，第二级通过 C_3 与负载 R_L 相连，这种通过电容与下级输入电阻相连的耦合方式称为阻容耦合。

阻容耦合放大电路的优点：结构简单、体积小、成本低、频率特性较好，特别是电容有隔直流的作用，可以防止级间直流工作点的互相影响。各级可以独自进行分析计算，所

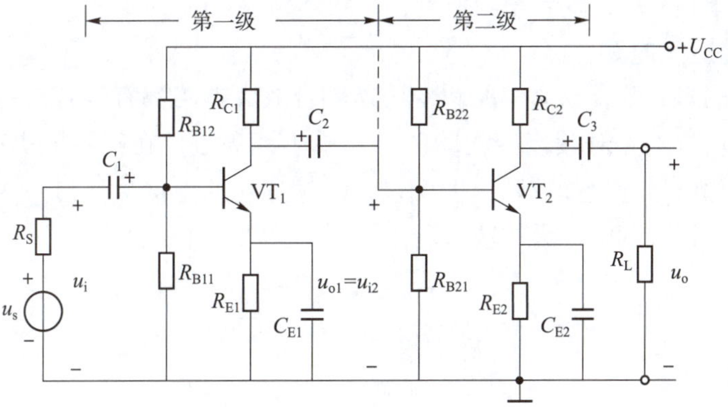

图 1.57 阻容耦合放大电路

以阻容耦合放大电路得到广泛应用。但它也有局限性，由于 R_C 有一定的交流损耗，影响了传输效率，特别对缓慢变化的信号几乎不能进行耦合。另外在集成电路中难于制造大容量的电容，因此阻容耦合方式在集成电路中几乎无法应用。

2. 变压器耦合放大电路

图 1.58 所示电路是变压器耦合放大电路。它的输入电路是阻容耦合电路，而第一级的输出是通过变压器与第二级的输入相连的，第二级的输出也是通过变压器与负载相连的，这种级间通过变压器相连的耦合方式称为变压器耦合。

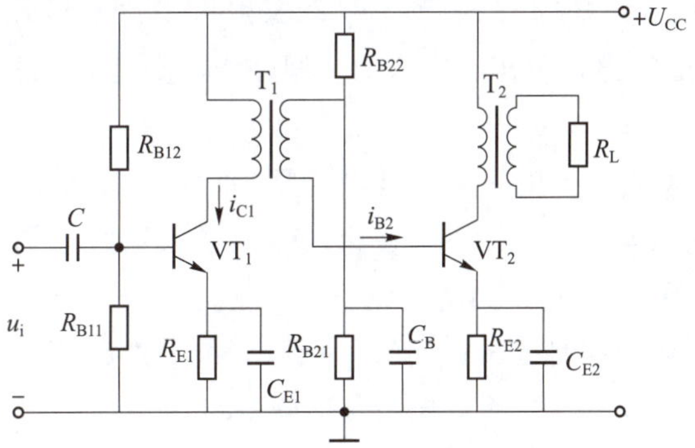

图 1.58 变压器耦合放大电路

因为变压器是利用电磁感应原理在一次、二次绕组之间传递交流电能的，直流电产生的是恒磁场，不产生电磁感应，也就不能在一次、二次绕组中传递，所以变压器也能起到隔直流的作用。变压器还能改变电压和阻抗，这对放大电路特别有意义。如在功率放大器中，为了得到最大的功率输出，要求放大器的输出阻抗等于最佳负载阻抗，即阻抗匹配。如果用变压器输出，就能得到满意的效果。

变压器耦合不足的方面：体积大，成本较高，不便于电路集成化，另外频率特性也不够好，在功率输出电路中已逐步被无变压器的输出电路所代替。

但在高频放大，特别是选频放大电路中，变压器耦合方式仍具有特殊的地位，不过耦合的频率不同，变压器的结构有所不同。如收音机利用接收天线和耦合线圈得到接收信号。

中频放大器中用中频变压器耦合中频信号，达到选频放大的目的。

3. 直接耦合放大电路

前面讨论过的阻容耦合放大电路和变压器耦合放大电路都有隔直流的重要一面。但对低频传输效率低，特别是对缓慢变化的信号几乎不能通过。在实际的生产和科研活动中，常常要对缓慢变化信号（例如反映温度变化，流量变化的电信号）进行放大。因此需要把前一级的输出端直接接到下一级的输入端，如图 1.59 所示电路。

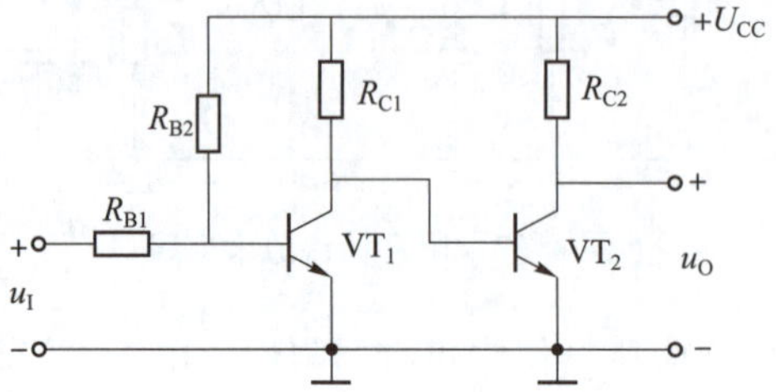

图 1.59　直接耦合放大电路

如果简单地把两个基本放大电路直接连接起来，前级的集电极电位恒等于后级的基极电位（0.7 V 左右），使得 VT_1 极易进入饱和状态，同时，VT_2 的偏置电流 I_{B2} 将由 R_{B2} 和 R_{C1} 共同决定，也就是两级的静态工作点互相牵扯，互不独立。

因此，必须采取一定的措施，以保证既能有效地传递信号，又要使每一级有合适的静态工作点。图 1.60（a）所示电路，是在 VT_2 的发射极串上电阻 R_{E2} 来提高后级射极电位 V_{E2}，使 VT_2 有一个合适的静态工作点，这是一种办法。不过 R_{E2} 的存在将抑制 i_{C2} 的变化，使第二级放大倍数大为下降。

图 1.60（b）所示电路中，用一个稳压二极管 VD_Z 代替了 R_{E2}，既能提高 V_{E2}，又能使它保持不变，即它的动态电阻很小，不会使第二级的放大倍数下降。其中电阻 R 是为了调节 VT_2 的工作点，使 VD_Z 工作在反向击穿状态，并使 I_{C2} 符合适当的静态工作电流。但这种电路也有局限性，当级数较多时，越往后级，稳压二极管的稳压电压就越高，集电极电位也越高，电源电压也就需要越高，将会带来其他问题。

如图 1.60（c）所示的电路采用所谓电平移动的办法，就是用稳压二极管连接两级进行放大，这样可以降低 VT_2 的基极电位 V_{B2}，不用再升高 V_{C2}，就可以使 VT_2 得到合适的静态工作点，同时因为 VD_Z 的动态电阻很小，因此传输效率较高。缺点是 VD_Z 的电流受温度影响较大，静态工作点稳定性不好。

如图 1.60（d）所示的电路，是利用 NPN 与 PNP 偏置电压极性相反的特点，来实现电平移动。VT_1 为 NPN 管，VT_2 为 PNP 管，利用 VT_1 集电极的高电位和电源电压，使 VT_2 发射结获得正向电压偏置，只要适当选择 R_{C1} 和 R_{C2}，就能使 VT_2 得到适当的静态工作点。

直接耦合放大电路的特点如下：

优点：既可以放大交流信号，也可以放大直流和变化非常缓慢的信号；电路简单，便于集成，所以集成电路中多采用这种耦合方式。

缺点：存在各级静态工作点相互牵制和零点漂移这两个问题。

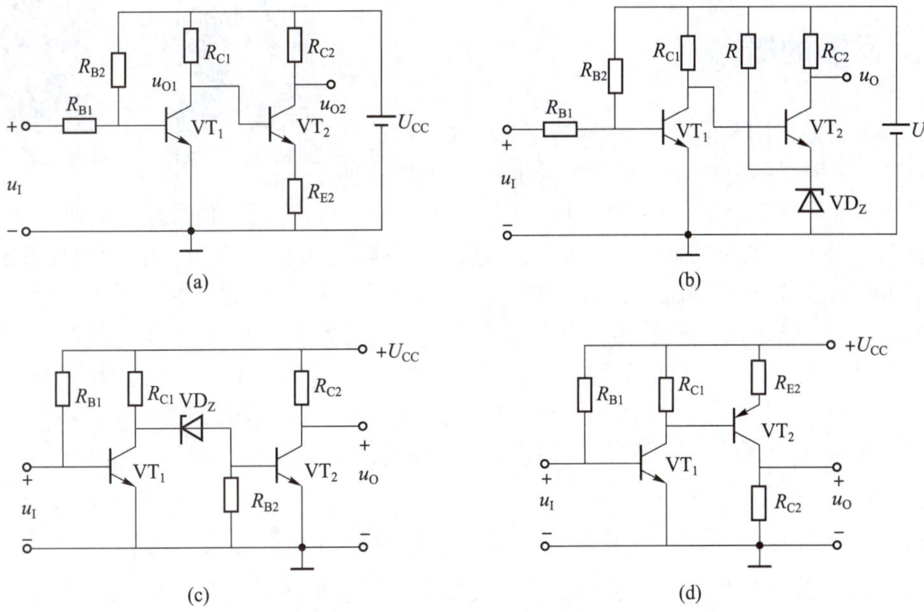

图 1.60　几种直接耦合放大电路

二、多级放大电路的增益

因为多级放大器是多级串联逐级连续放大的，所以总的电压放大倍数是各级电压放大倍数的乘积，即

$$A_u = A_{u1} \cdot A_{u2} \cdot \cdots \cdot A_{un}$$

求多级放大器的增益时，首先求出各级放大电路的增益。单级放大电路的增益已在前面讲过，这里所不同的是需要考虑各级之间有的关系：后级的输入电阻是前级的负载电阻，前级的输出电压是后级的输入信号，空载输出电压为信号源电动势。

至于多级放大器的输入电阻和输出电阻，即把多级放大器等效为一个放大器，从输入端看该放大器得到的电阻为输入电阻，从输出端看该放大器得到的电阻为输出电阻。

任务 6　放大电路的负反馈

任务导入

在科学、生产和生活的许多领域中，都存在着反馈或用到反馈。例如：人体的感觉器官和大脑就是一个完整的信息反馈系统；在自动控制系统中，应用反馈可使系统达到最佳工作状态，反馈技术在电路中应用十分广泛。前面学习的静态工作点稳定电路就是采用反馈原理工作的，利用反馈原理可以实现稳压、稳流等；在放大电路中采用负反馈，可以改善放大电路的工作性能。因此，研究反馈是非常重要的。

一、反馈的概念

放大电路的反馈　　负反馈放大电路

将放大电路输出回路信号（电压或电流）的一部分或全部，通过一定形式的电路（即反馈电路）回送到输入回路中的反送过程，称为反馈。从输出回路中反送到输入回路的那部分信号称为反馈信号。

在反馈电路中，电路的输出不仅取决于输入，还取决于输出本身，因而就有可能使电路根据输出状况自动地对输出进行实时调节，达到改善电路性能的目的。图 1.61 所示为反馈放大电路。图 1.61（a）所示是具有射极电阻的放大电路，其中 $u_{be}=u_i-i_eR_E$，该式说明，输出回路中的电流 i_e 影响三极管的净输入信号 u_{be}；图 1.61（b）所示为射极输出器，其中 $u_{be}=u_i-u_o$，该式说明输出回路中的电压 u_o 影响了三极管的净输入信号 u_{be}。显然，以上两图中都存在着将输出回路中的信号反送到输入回路中并影响净输入信号的过程，因此都存在反馈。

反馈放大电路的框图如图 1.62 所示。图中用相量符号表示有关电量。其中，$\dot{X}_i$、$\dot{X}_o$、$\dot{X}_f$ 分别表示放大器的输入信号、输出信号和反馈信号，它们既可以是电压，也可以是电流。$\oplus$表示 $\dot{X}_i$ 与 $\dot{X}_f$ 两个相量信号的叠加，$\dot{X}_d$ 则是叠加后得到的净输入信号。

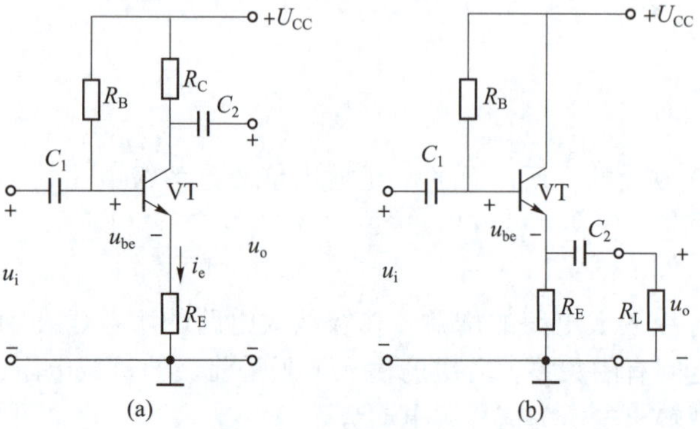

图 1.61　反馈放大电路

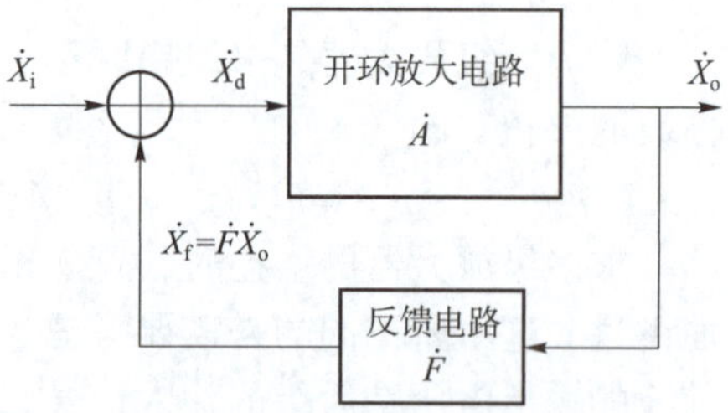

图 1.62　反馈放大电路框图

对反馈放大电路进行分析时，可将其分为两部分，即无反馈的基本放大电路和反馈电路，基本放大电路可以是任意组态的单级或多级放大电路，$\dot{A}$ 表示开环放大器的放大倍数（开环增益），$\dot{A}=\dot{X}_o/\dot{X}_d$；反馈回路则可以由电阻、电容、电感等单个元件或者其组合构成，也可能由较为复杂的网络构成，它是联系放大电路输入和输出的环节，$\dot{F}$ 称为反馈网络的反馈系数，$\dot{F}=\dot{X}_f/\dot{X}_o$。

二、反馈的分类及判别

正、负反馈的判别

（一）反馈的分类

1. 正反馈与负反馈

如果反馈信号使净输入信号加强，这种反馈称为正反馈；反之，若反馈信号使净输入信号减弱，这种反馈称为负反馈。本任务主要讨论负反馈。

2. 直流反馈与交流反馈

如果反馈信号中只有直流成分，即反馈元件只能反映直流量的变化，这种反馈称为直流反馈；如果反馈信号中只有交流成分，即反馈元件只能反映交流量的变化，这种反馈称为交流反馈。

3. 电压反馈与电流反馈

如果反馈信号取自输出电压，则这种反馈称为电压反馈，其反馈信号正比于输出电压，如图 1.63（a）所示。如果反馈信号取自输出电流，则这种反馈称为电流反馈，其反馈信号正比于输出电流，如图 1.63（b）所示。

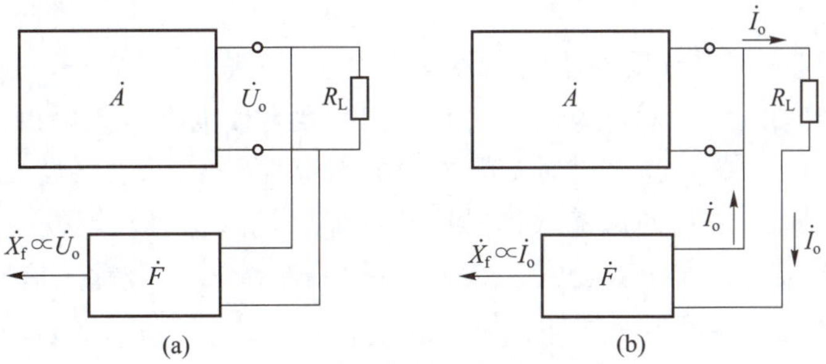

图 1.63　电压反馈与电流反馈

（a）电压反馈；（b）电流反馈

4. 串联反馈与并联反馈

如果反馈信号在放大器输入端以电压的形式出现，那么在输入端必定与输入电路相串联，这就是串联反馈，如图 1.64（a）所示。如果反馈信号在放大器输入端以电流的形式出现，那么在输入端必定与输入电路相并联，这就是并联反馈，如图 1.64（b）所示。

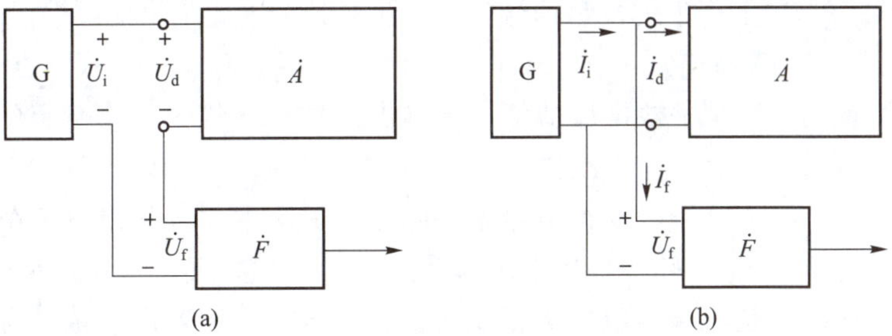

图 1.64　串联反馈与并联反馈

（a）串联反馈；（b）并联反馈

应当指出，无论是电压反馈还是电流反馈，它们的反馈信号在输入端都可能以串联、并联两种方式中的一种与输入信号相叠加。从输出端取样与输入端叠加综合考虑，实际的反馈放大器可以有四种基本类型：电压串联反馈、电压并联反馈、电流串联反馈和电流并联反馈。

（二）反馈类型的判别

在分析实际反馈电路时，必须首先判别其属于哪种反馈类型。应当说明，在判断反馈的类型之前，首先应看放大器的输出端与输入端之间有无电路连接，以便由此确定有无反馈。

1. 正、负反馈的判别

通常采用瞬时极性法来判别实际电路的反馈极性的正、负。这种方法是：首先假定输入信号在某一瞬时相对地而言极性为正，然后由各级输入、输出之间的相位关系，分别推出其他有关各点的瞬时极性（用“+”表示升高，用“-”表示降低）。若反馈信号使基本放大电路的净输入信号增大，说明引入了正反馈；若反馈信号使净输入信号减小，说明引入了负反馈。

以图 1.65 为例，用瞬时极性法判别各反馈电路极性的方法如下。在图 1.65（a）中，R_f 是反馈元件，设输入信号瞬时极性为“+”，由共发射极电路集基反相，可知 VT_1 集电极（也是 VT_2 的基极）电位为“-”，而 VT_2 集电极电位为“+”，电路经 C_2 的输出端电位为“+”，经 R_f 反馈到输入端后使原输入信号得到加强（输入信号与反馈信号同相），因而由 R_f 构成的反馈是正反馈。在图 1.65（b）中，反馈元件是 R_E，当输入信号瞬时极性为“+”时，基极电流与集电极电流瞬时增加，使发射极电位瞬时为“+”，结果使净输入信号被削弱，因而是负反馈。同样，亦可用瞬时极性法判断出图 1.65（c）、图 1.65（d）中的反馈也为负反馈。

2. 交流、直流反馈的判别

如前所述，交流与直流反馈分别反映了交流量与直流量的变化。因此，可以通过观察放大电路中反馈元件出现在哪种电流通路中来判断。由于电容具有“隔直通交”的作用，所以它是电路中是否具有直流反馈和交流反馈的关键。在图 1.65（d）中的反馈信号通道（C_f、R_f 支路）仅通交流，不通直流，故为交流反馈。而图 1.65（b）中反馈信号的交流成分被 C_E 旁路掉，在 R_E 上产生的反馈信号只有直流成分，因此是直流反馈。

3. 电压、电流反馈的判别

电压、电流反馈的判别是根据反馈信号与输出信号之间的关系来确定的，若反馈信号取自输出电压，则为电压反馈；若反馈信号取自输出电流，则为电流反馈。可见，作为取样对象的输出量一旦消失，那么反馈信号也必随之消失。因此，常采取负载电阻短路法来进行判断。假设将负载 R_L 短路使输出电压为零，即 $u_o = 0$，而 $i_o \neq 0$。此时若反馈信号也随之为零，则说明反馈是与输出电压成正比的，为电压反馈；若反馈依然存在，则说明反馈量不与输出电压成正比，应为电流反馈。在图 1.65（a）中，令 $u_o = 0$，反馈信号 i_f 随之消失，故为电压反馈。而在图 1.65（b）中，令 $u_o = 0$，反馈信号 $u_f (= i_e R_E)$ 依然存在，故为电流反馈。

4. 串联、并联反馈的判别

根据反馈信号与输入信号在基本放大器输入端的连接方式来判断。如果反馈信号与输入信号是串接在基本放大器输入端，则为串联反馈；如果反馈信号与输入信号是并接在基本放大器输入端，则为并联反馈。

在图 1.65（c）中，设将输入回路的反馈节点（反馈元件 R_f 与输入回路的交点，即三

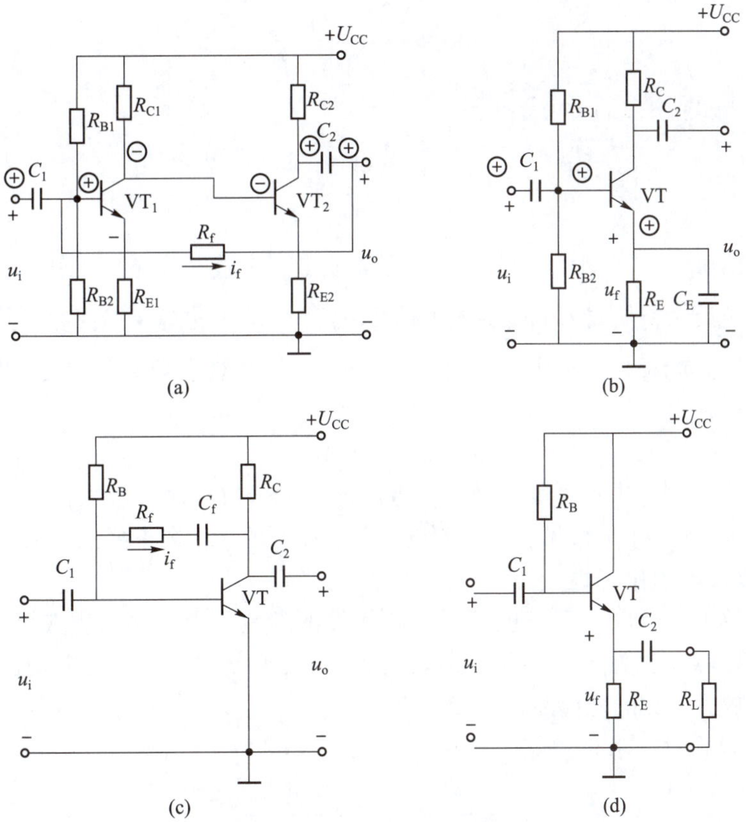

图 1.65　反馈类型的判别

极管的 b 极）对地短路，显然，因三极管 b、e 极短路，输入信号无法进入放大器，故为并联反馈。而在图 1.65（d）中，若将输入回路的反馈节点（反馈元件 R_E 在输入回路中的非"地"点，即三极管的 e 极）对地短路，输入信号 u_i 仍可加在三极管的 b、e 之间，因而仍能进入放大器，故为串联反馈。同理，图 1.65（a）为并联反馈，图 1.65（b）为串联反馈。

三、负反馈对放大器性能的影响

负反馈对放大器性能的影响

1. 降低放大倍数

在图 1.62 中，没有反馈的放大倍数（称开环放大倍数）为

$$\dot{A} = \dot{X}_o / \dot{X}_d \tag{1.52}$$

反馈信号与输出信号之比称为反馈系数，定义为

$$\dot{F} = \dot{X}_f / \dot{X}_o \tag{1.53}$$

由于

$$\dot{X}_d = \dot{X}_i - \dot{X}_f$$

故

$$\dot{A} = \frac{\dot{X}_o}{\dot{X}_i - \dot{X}_f} \tag{1.54}$$

引入负反馈后的电压放大倍数（称闭环电压放大倍数）为

$$\dot{A}_{\mathrm{f}}=\frac{\dot{X}_{\mathrm{o}}}{\dot{X}_{\mathrm{i}}}=\frac{\dot{A}}{1+\dot{A}\dot{F}} \tag{1.55}$$

将式（1.52）与式（1.53）两式相乘，有

$$\dot{A}\dot{F}=\frac{\dot{X}_{\mathrm{o}}}{\dot{X}_{\mathrm{d}}}\frac{\dot{X}_{\mathrm{f}}}{\dot{X}_{\mathrm{o}}}=\frac{\dot{X}_{\mathrm{f}}}{\dot{X}_{\mathrm{d}}} \tag{1.56}$$

引入负反馈时，$\dot{X}_{\mathrm{f}}$、$\dot{X}_{\mathrm{d}}$ 同相，所以 $\dot{A}\dot{F}$ 是正实数，由式（1.55）可知，$|\dot{A}_{\mathrm{f}}|<|\dot{A}|$，也就是说，引入负反馈将使放大电路的放大倍数下降。$1+\dot{A}\dot{F}$ 称为反馈深度，其值越大，负反馈作用越强，$\dot{A}_{\mathrm{f}}$ 也就越小。在中频范围内，式（1.55）中各参数均为实数，即

$$A_{\mathrm{f}}=\frac{A}{1+AF} \tag{1.57}$$

式（1.57）说明，中频时负反馈放大电路的放大倍数（闭环放大倍数）A_{f}，是开环放大倍数 A 的 $1/(1+AF)$。可见，反馈深度表示了闭环放大倍数下降的倍数。

2. 提高放大器的稳定性

放大器的放大倍数取决于三极管及电路元件的参数，当元件老化或更换、电源不稳、负载变化以及环境温度变化时，都会引起放大倍数的变化。因此，通常要在放大器中加入负反馈以提高放大倍数的稳定性。

将式（1.57）对 A 求导，得

$$\frac{\mathrm{d}A_{\mathrm{f}}}{\mathrm{d}A}=\frac{A}{1+AF}-\frac{AF}{(1+AF)^2}=\frac{1+AF-AF}{(1+AF)^2}=\frac{1}{(1+AF)^2}$$

即

$$\mathrm{d}A_{\mathrm{f}}=\frac{\mathrm{d}A}{(1+AF)^2}$$

用式（1.57）除以上式两边，可得

$$\frac{\mathrm{d}A_{\mathrm{f}}}{A_{\mathrm{f}}}=\frac{1}{1+AF}\cdot\frac{\mathrm{d}A}{A} \tag{1.58}$$

式中，$\mathrm{d}A/A$ 是开环放大倍数的相对变化率；$\mathrm{d}A_{\mathrm{f}}/A_{\mathrm{f}}$ 是闭环放大倍数的相对变化率，它只是前者的 $1/(1+AF)$。可见，引入负反馈后，放大倍数的稳定性提高了。

如果 $|AF|\gg 1$，根据式（1.57），得

$$A_{\mathrm{f}}\approx\frac{1}{F} \tag{1.59}$$

此时称为深度负反馈，在放大器中引入深度负反馈后，其闭环放大倍数将只与反馈系数有关，而与放大器本身无关，这意味着将大大提高放大器的稳定性。

例 1.8 某反馈放大器，其 $A=10^4$，反馈系数 $F=0.01$，计算 A_{f} 为多少？若因参数变化使 A 变化±10%，问 A_{f} 的相对变化量为多少？

解 由式（1.57），得

$$A_{\mathrm{f}}=\frac{A}{1+AF}=\frac{10^4}{1+10^4\times 0.01}\approx 100$$

再由式（1.58），得

$$\frac{dA_f}{A_f}=\frac{1}{1+AF}\cdot\frac{dA}{A}=\frac{10^4}{1+10^4\times0.01}\times(\pm10\%)\approx\pm0.1\%$$

3. 展宽通频带

由于电路电抗元件的存在，以及三极管本身结电容的存在，造成了放大器放大倍数随频率而变化，即中频段放大倍数较大，而高频段和低频段放大倍数分别随频率的升高和降低而减小。这样，放大器的通频带就比较窄，如图 1.66 中 f_{bw} 所示。

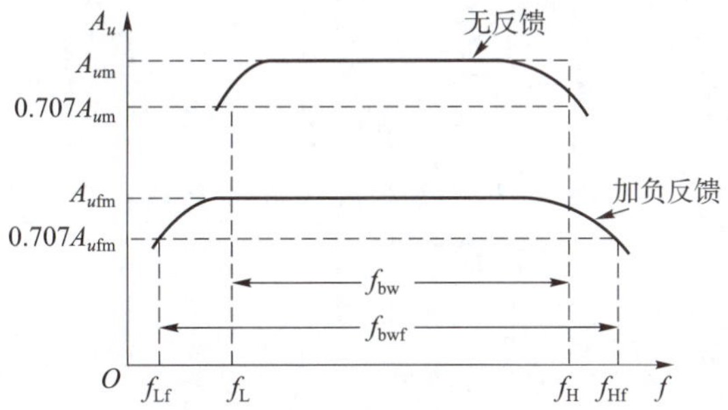

图 1.66　负反馈展宽通频带

引入负反馈后，就可以利用负反馈的自动调整作用将通频带展宽。具体来讲，在中频段，由于放大倍数大，输出信号大，反馈信号也大，使净输入信号减少得多，即使中频段放大倍数有较明显的降低。而在高频段和低频段，放大倍数较小，输出信号小，在反馈系数不变的情况下，其反馈信号也小，使净输入信号减少的程度比中频段要小，即使高频段和低频段放大倍数降低得少。这样，就从总体上使放大倍数随频率的变化减小了，幅频特性变得平坦，上限频率升高、下限频率下降，通频带得以展宽，如图 1.66 中 f_{bw} 所示。

4. 减小非线性失真

负反馈减小非线性失真

非线性失真是由放大器件的非线性所引起的。一个无反馈的放大器虽然设置了合适的静态工作点，但当输入信号较大时，也可使输出信号产生非线性失真。例如，输入标准的正弦波，经基本放大器放大后产生的输出波形 x_o'，其前半周大、后半周小，产生了非线性失真，如图 1.67（a）所示。如果引入负反馈，如图 1.67（b）所示，失真的输出波形就会反馈到输入回路。在反馈系数不变的条件下，反馈信号 x_f 也是前半周大、后半周小，与 x_o' 的失真情况相似。在输入端，反馈信号 x_f 与输入信号 x_i 叠加，使净输入信号 $x_d(=x_i-x_f)$ 变为前半周小、后半周大的波形，这样的净输入信号经基本放大器放大，就可以抵消基本放大器的非线性失真，使输出波形前后半周幅度趋于一致，接近输入的正弦波形，从而减小了非线性失真。

应当说明，负反馈可以减小的是放大器非线性所产生的失真，而对于输入信号本身固有的失真并不能减小。此外，负反馈只是“减小”非线性失真，并非完全“消除”非线性失真。

5. 改变输入电阻和输出电阻

（1）对输入电阻的影响。

图 1.68 所示是说明负反馈影响输入电阻的方框图。图中，r_i 为无反馈时的输入电阻，x_{if}

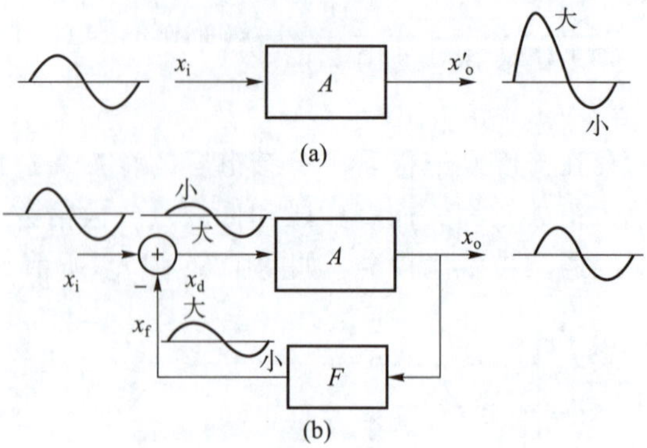

图 1.67　负反馈减小非线性失真

（a）无反馈时；（b）有反馈时

为引入反馈后的输入电阻。

由图 1.68（a）可得

$$r_{if}=\frac{\dot U_i}{\dot I_i}=\frac{\dot U_d+\dot U_f}{\dot I_i}=\frac{\dot U_d+AF\,\dot U_d}{\dot I_i}=\frac{\dot U_d}{\dot I_i}(1+AF)=r_i(1+AF) \tag{1.60}$$

式（1.60）表明，引入串联负反馈后，放大器的输入电阻是未加负反馈时的（1 + AF）倍。

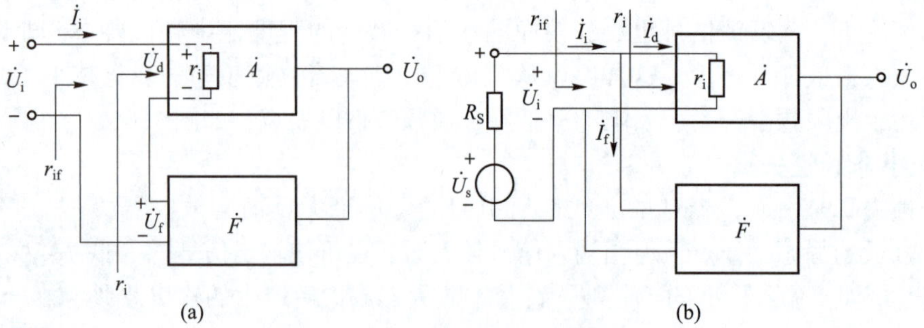

图 1.68　负反馈对输入电阻的影响

（a）串联负反馈；（b）并联负反馈

由图 1.68（b）可得

$$r_{if}=\frac{\dot U_i}{\dot I_i}=\frac{\dot U_i}{\dot I_d+\dot I_f}=\frac{\dot U_i}{\dot I_d+AF\,\dot I_d}=\frac{\dot U_i}{(1+AF)\,\dot I_d}=\frac{1}{1+AF}r_i \tag{1.61}$$

式（1.61）表明，引入并联负反馈后，放大器的输入电阻是未加负反馈时的 $1/(1+AF)$。

因此负反馈对输入电阻的影响仅与反馈信号在输入回路出现的形式有关，而与输出端的取样方式无关。

（2）对输出电阻的影响。

前面已指出，电压负反馈具有稳定输出电压的作用。这就是说，电压负反馈放大器具有恒压源的性质。因此引入电压负反馈后的输出电阻 x_{of} 比无反馈时的输出电阻 x_o 减小了。可以证明：

$$r_{of}=\frac{r_o}{1+AF} \tag{1.62}$$

相应地，电流负反馈具有稳定输出电流的作用。这就是说，电流负反馈放大器具有恒流源的性质。因此，引入电流负反馈后的输出电阻 x_{of} 要比无反馈时增大。可以证明：

$$r_{of}=(1+AF)r_o \tag{1.63}$$

负反馈对输出电阻的影响仅与反馈信号在输出回路中的取样方式有关，而与在输入端的叠加形式无关。也就是说，是串联反馈还是并联反馈对输出电阻不会产生影响。负反馈对放大器输入、输出电阻的影响如表 1.4 所示。

表 1.4　负反馈对放大电路输入、输出电阻的影响

电阻类别	负反馈类型			
	电压串联	电压并联	电流串联	电流并联
输入电阻	增大	减小	增大	减小
输出电阻	减小	减小	增大	增大

技能任务 1　单级放大电路参数测量

任务描述

按照实验电路借助模拟电子实验箱搭接单级放大电路，完成静态工作点和动态指标的测量与调整，并进行数据计算及监测输出波形的变化。

一、实验电路

实验电路如图 1.69 所示。

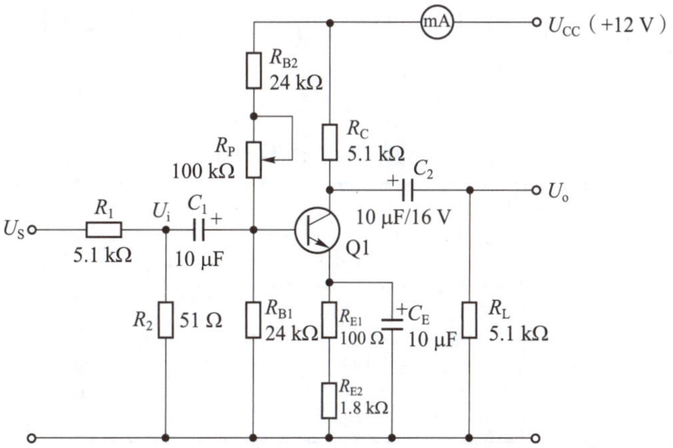

图 1.69　实验电路

二、实验仪器

模拟电路实验箱、数字万用表、示波器。

三、实验步骤

1. 静态调整

（1）用万用表判断实验箱上三极管 Q1 的极性和好坏，电解电容 C 的极性和好坏。

（2）按图 1.69 所示连接电路，然后将信号源模块上+12 V 接入 Q1 电源端。

（3）接线完毕后仔细检查，确定无误后接通电源。改变 R_P 并记录 I_C 分别为 0.5 mA、1 mA、1.5 mA 时三极管 Q1 的 β 值$\left(注意：\beta=\frac{I_C}{I_B},\ I_B+\frac{V_B}{R_{B1}}=\frac{U_{CC}-V_B}{R_{B2}+R_P}\right)$。

（4）调整 R_P，使 $V_E=2.2$ V，测量并计算，然后填入表 1.5 中。

表 1.5　实验数据（静态）

测量值					计算值	
V_C/V	V_B/V	R_C/kΩ	R_{B1}/kΩ	$R_{B2}+R_P$/kΩ	I_B/μA	I_C/mA

根据公式 $I_C=\frac{U_{CC}-V_C}{R_C}$，$I_B+\frac{V_B}{R_{B1}}=\frac{U_{CC}-V_B}{R_{B2}+R_P}$，计算出 I_C 和 I_B。

注意：测量 R_{B1}、$R_{B2}+R_P$ 时，要断开电源，且电阻要与电路断开后测量。

2. 动态研究

（1）将低频信号设置为 $f=1$ kHz、峰-峰值为 1 000 mV 的正弦波，接到放大器输入端 U_S，用示波器观察 U_i 和 U_o 端波形，并比较相位（因 U_i 幅度太小，不易测出，可直接测 U_S 端）。

（2）不接负载电阻 R_L，信号源频率不变，逐渐加大信号幅度，调整电位器 R_P 观察 U_o 不失真时的最大值，并填入表 1.6 中（由于 U_i 幅值太小，示波器波形不清楚，因为 U_i 是由 U_S 衰减为原来的 $\frac{1}{100}$ 后得到的，这样 U_i 可直接由 U_S 来折算，后面的实验都可采用这种方法）。

表 1.6　实验数据（动态）（$R_L=\infty$）

测量值		计算值
U_i/mV	U_o/V	A_u

技能任务 2　声控闪光电路的制作

任务描述

电路主要由拾音器（驻极体电容传声器）、三极管放大器和发光二极管等构成。当输入音频信号较弱时，发光二极管处于熄灭状态。只有信号较强时，发光二极管才点亮发光。所以电路能随着音频信号的强弱起伏而闪烁发光。

声控闪光电路的制作

一、实验电路

实验电路如图 1.70 所示。

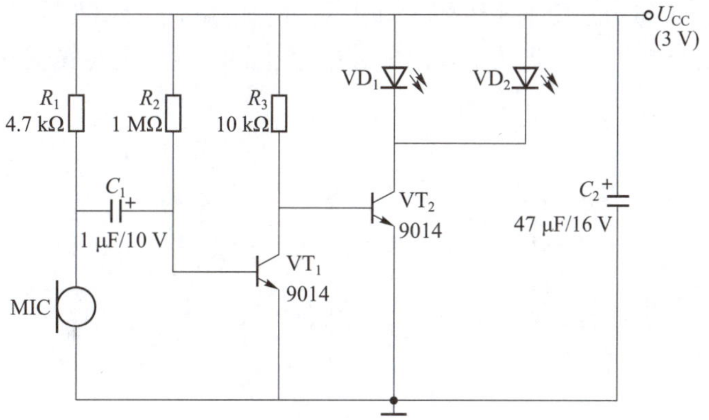

图 1.70　实验电路

二、实验设备与器件

实验设备与器件见表 1.7。

表 1.7　实验设备与器件

序 号	元器件代号	名 称	型号及参数	功 能
1	VT$_1$	三级管	9014，电流放大倍数大于 200	放大
2	VT$_2$	三级管	9014	放大
3	R_1	碳膜电阻器	4. 7 kΩ	设置静态工作点
4	R_2	碳膜电阻器	1 MΩ	分压
5	R_3	碳膜电阻器	10 kΩ	分压
6	C_1	铝电解电容	1 μF/10 V	隔直通交
7	C_2	铝电解电容	47 μF/16 V	退耦电容
8	VD$_1$	发光二极管	RJ11—5. 1 kΩ/0. 25W 红色	光电转换
9	VD$_2$	发光二极管	RJ11—5. 1 kΩ/0. 25W 红色	光电转换
电路板、电烙铁、数字万用表				

三、实验步骤

1. 分析电路

（1）分析电路的组成及元器件各部分的作用。

（2）分析闪光电路的工作原理。

2. 元器件识别与检测

（1）电容器识别与检测。

（2）三极管识别与检测。

①识别三极管的外形及引脚排列。

②确定三极管的类型及性能好坏。

3. 电路制作与调试

（1）焊接组装。在多功能印制电路板上固定好各个元器件，按照电路设计的要求，选择适当的元器件进行焊接组装。

（2）电路调试。使用常用电子仪器，如万用表、电烙铁、示波器等进行电路调试，一般采用多种方法结合进行。在调试中找出电路中存在的问题，最终实现设计的电路功能。

项目 3　声光控制照明电路的制作

技能任务　制作声光控制照明电路

任务描述

借助项目 1 与项目 2 所学内容制作一款能够实现声音、光感共同控制的照明电路，保证在光线充足时即便有很大的声音信号，灯依然不亮；而光线不足时，有声音信号时灯亮并能够延时自动关闭。完成电路制作后，需认真检查并完成检测与调试后方可通电，观察不同条件下电路的现象并完成电路参数的测量。

一、实验电路

实验电路如图 1.71 所示。

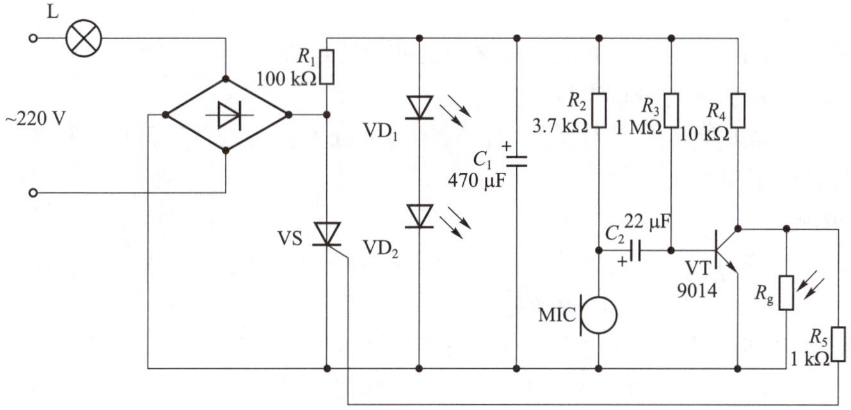

图 1.71　实验电路

二、实验设备与器件

实验设备与器件见表 1.8。

表 1.8　实验设备与器件

序号	符号	名称	规格	数量	序号	符号	名称	规格	数量
1	L	节能灯	80 W	1	6	C_1	电容	470 μF	1
2		整流全桥	1 A/600 V	1	7	R_2	电阻	3.7 kΩ	1
3	R_1	电阻	100 kΩ	1	8	R_3	电阻	1 MΩ	1
4	VD_1、VD_2	发光二极管	ϕ3 mm 红色	1	9	R_4	电阻	10 kΩ	1
5	VS	晶闸管	KP1-6	1	10	R_5	电阻	1 kΩ	1

续表

序号	符号	名称	规格	数量	序号	符号	名称	规格	数量
11	R_g	光敏电阻			13	VT	三极管	9014	1
12	C_2	电容	22 μF	1	14	MIC	话筒	6050	1
电路板、电烙铁、焊锡、数字万用表									

注：电路中整流全桥的作用是利用二极管的单向导电性将交流电压整流为单向脉动的直流电压，其具体结构组成与工作原理将在下一情境详细介绍。

三、实验步骤

1. 分析电路

（1）说明电路中各组成部分的功能及各元件的作用。

（2）分析电路接收不同信号时将会产生的现象并记录。

2. 元器件检测

（1）各元器件外观检查，凡外观有破裂、变形、烧坏痕迹以及引脚松动等均需调换。

（2）用万用表进行性能检测。检测各元件的性能参数是否正常、功能是否完备。

3. 连接制作

（1）根据电路图将各元件布置在电路板上的合适位置。

（2）对电路中各元件进行焊接。

（3）检查电路中各元器件有无接错、漏接和接触不良之处，用万用表检测电路功能是否正常、确认无短路现象。

4. 通电测试

（1）通电前应再检查一遍安装电路，确认没有错误后方可接通交流 220 V 电源。调试过程中应时刻注意用电安全，以免触电。

（2）电路功能测试。接通电源，观察节能灯是否发光。观察正常光线下 LED 及节能灯是否发光，并测量此时 VT 集电极电位；遮挡光敏电阻后观察无声音信号、有声音信号、声音信号再次消失时电路的现象，以及相应情况下 VT 集电极电位并记录；撤掉光敏电阻的遮挡物后观察电路并测量、记录，最后完成表 1.9 的填写。

表 1.9　实验现象及数据

信号 \ 结果		LED	节能灯	VT 集电极电位/V
接通电源				
光线正常				
无光照	无声音			
	有声音			
	声音信号消失			
恢复光照				

拓展阅读

上述电路中所用晶闸管（VS）又称可控硅，是一种大功率半导体器件，如图 1.72 所示。它具有体积小、效率高、寿命长等优点。除可用于可控整流外，还可用作无触点开关以实现用小功率控件控制大功率设备，是电力电子技术中广泛应用的基本元件。

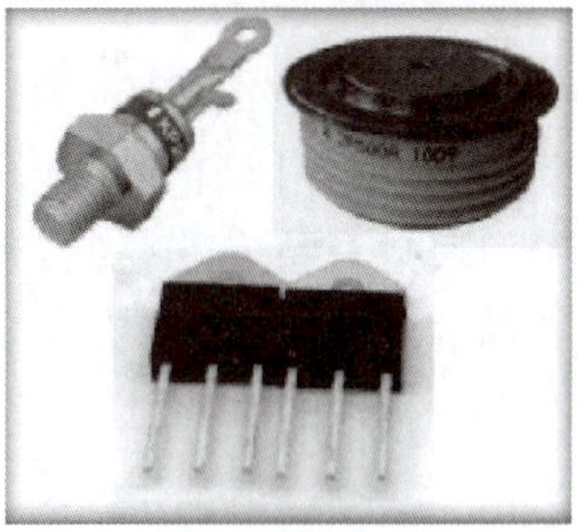

图 1.72　晶闸管

晶闸管内部包含四层半导体，引出的三个极分别为阳极、阴极和控制极。当阳极加正向电压而控制极不加电压时，晶闸管处于正向关断状态；阳极加正向电压且控制极加正向电压时，晶闸管导通；而晶闸管一旦导通后，必须将阳极电压降至零或负值方可使其截止。

此外，在前面分析放大电路时都忽略了电路中电容元件和电感元件对电路的影响。事实上，这些电抗元件对交流信号有阻碍作用，而电抗元件的电抗大小除与电抗元件本身电容、电感的大小有关，还取决于交流信号的频率，放大器的增益和相位都是频率的函数。

放大电路在不同频率下的增益可用复数来表示：

$$\dot{A}_u = |\dot{A}_u(f)| \angle \varphi(f) \qquad (1.64)$$

式中，$|\dot{A}_u(f)|$ 表示放大器的增益与频率的关系，称为幅频特性；$\varphi(f)$ 表示放大器输出信号与输入信号的相位差与频率的关系，称为相频特性，两者统称为放大器的频率特性。

图 1.73 是共发射极放大器的幅频特性和相频特性的示意图。图中增益用分贝（dB）表示，即

$$A = 20\lg|\dot{A}_u|(\mathrm{dB}) \qquad (1.65)$$

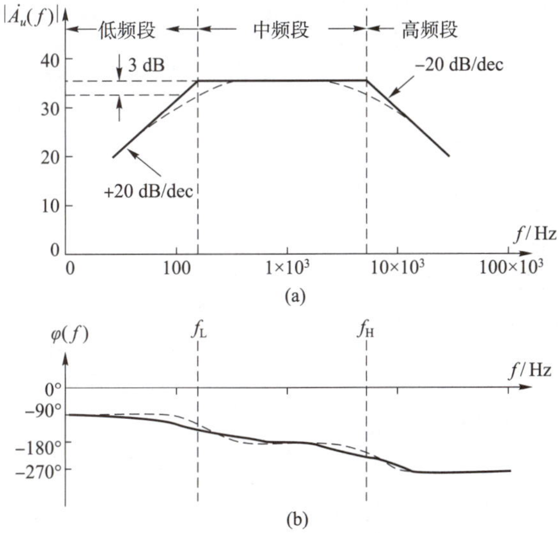

图 1.73　共发射极放大器的频率特性

（a）幅频特性；（b）相频特性

放大电路的频率特性

在图 1.73（a）中，从放大器幅频特性可以看到，中间频率段的放大倍数基本不变，称为中频段，在放大倍数下降到中频值的 0.707 时，相应频率称为放大器的下限频率 f_L 和上限频率 f_H，两者之间的频率范围称为通频带 BW，即

$$BW = f_H - f_L \tag{1.66}$$

从图 1.73（b）所示的相频特性图中可以看到，中频段相位差基本是-180°，输出与输入反相，电路相当于纯电阻电路，高频段比中频段滞后；低频段比中频段超前。在实际工作中，通常采用波特图来绘制放大电路的幅频特性和相频特性，波特图如图 1.73 所示。幅频特性的波特图如图 1.73（a）所示，图中的粗折线就是该放大器的增益随频率变化的曲线；相频特性的波特图如图 1.73（b）所示，图中的粗折线就是该放大器在不同频率下的输出信号与输入信号相位差变化的曲线。

情境小结

知识框图

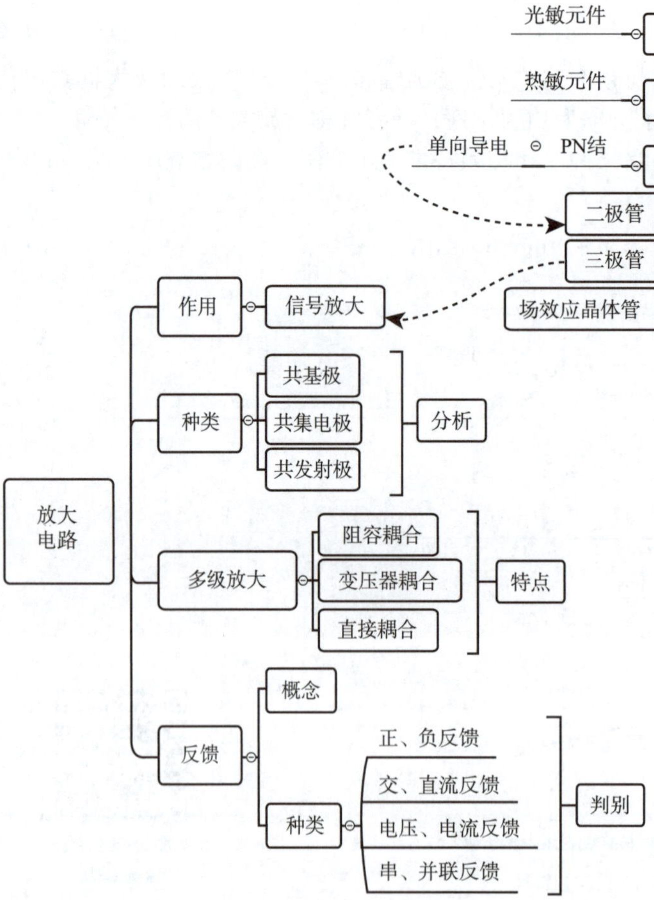

1. 半导体及 PN 结

半导体在不同条件下的导电能力可变，且具有光敏、热敏、掺杂特性。利用其掺杂特性可制成 PN 结，PN 结具有单向导电性，即正向导通、反向截止。

2. 二极管

二极管由 PN 结制成，按所用材料不同分为硅管和锗管。二极管正向偏置时导通，但存在死区，硅管的导通电压为 0.7 V、锗管为 0.2 V；反向偏置时截止，但反向电压过高会击穿。根据功能不同，二极管可分为普通二极管、稳压二极管、发光二极管、光电二极管等。

3. 三极管

三极管是一种由三块半导体制成的电流控制器件，因结构不同而分为 PNP 和 NPN 两种，包含三区、三极、两结，具有电流放大和开关两种作用。发射结正偏、集电结反偏时处于放大状态，其放大能力用 β 表示；发射结与集电结均反偏时截止；发射结与集电结均正偏时饱和。

4. 场效应晶体管

场效应晶体管是一种电压控制器件，以 MOS 管最为常用。MOS 管由三块半导体加一层绝缘层组成，形成的三个极分别为源极、栅极和漏极。增强型 MOS 管需达到开启电压才具备导电能力，且其导电能力在一定范围内可变；耗尽型 MOS 管因有原始导电沟道而具备导电能力，当栅源电压为正时导电能力随电压增大而提高、栅源电压为负值时导电能力随电压增大而减弱直至夹断。

5. 基本放大电路

由三极管组成的基本单元放大电路有共发射极、共集电极和共基极三种基本组态。共发射极放大电路输出电压与输入电压反相，输入和输出电阻大小适中。由于它的电压、电流、功率放大倍数都比较大，适用于一般放大或多级放大电路的中间级。共集电极放大电路的输出电压与输入电压同相，电压放大倍数小于 1 而近似等于 1，但它具有输入电阻高、输出电阻低的特点，多用于多级放大电路的输入级或输出级。共基极放大电路的输出电压与输入电压同相，电压放大倍数较高，输入电阻很小而输出电阻比较大，它适用于高频或宽带放大。场效应晶体管组成的放大电路与三极管放大电路类似，其分析方法也相似。

各种组态电路的直流偏置方式是相同的，静态工作点通过放大电路的直流通路求得；放大电路的性能指标采用小信号等效电路进行分析。

6. 多级放大电路

多级放大电路级与级之间的连接方式有阻容耦合、变压器耦合和直接耦合等。阻容耦合放大电路由于电容隔断了级间的直流通路，所以它只能用于放大交流信号，但各级静态工作点彼此独立。变压器耦合放大电路的前后级之间在传输信号的同时，可以实现阻抗变换，以满足后级电路或负载的需求，由于变压器耦合也能起到隔离直流的作用，各级静态工作点彼此独立。直接耦合方式既能放大直流信号，也能放大交流信号，适用于集成化。但直接耦合放大电路存在各级静态工作点互相影响和零点漂移问题。

多级放大电路的放大倍数等于各级放大倍数的乘积，但在计算每一级放大倍数时要考虑前、后级之间的影响。输入电阻等于第一级的输入电阻，输出电阻等于末级的输出电阻。

7. 放大电路的反馈

反馈放大电路由基本放大电路和反馈网络组成，反馈有正、负之分，若反馈信号削弱净输入信号，则为负反馈；若加强净输入信号，则为正反馈。反馈还有直流反馈和交流反馈之分，若反馈信号为直流量，则称为直流反馈，直流负反馈影响放大电路的直流性能，常用以稳定静态工作点；若反馈信号为交流量，则称为交流反馈，交流负反馈用来改善放大电路的交流性能。

负反馈放大电路有四种基本类型：电压串联负反馈、电流串联负反馈、电压并联负反馈和电流并联负反馈。反馈信号取样于输出电压，则称为电压反馈；取样于输出电流，则称为电流反馈。若反馈网络与信号源、基本放大电路串联连接，则称为串联反馈，其反馈信号为 u_f，比较式为 $u_{id}=u_i-u_f$，此时信号源内阻越小，反馈效果越好；若反馈网络与信号源、基本放大电路并联连接，则称为并联反馈，其反馈信号为 i_f，比较式为 $i_{id}=i_i-i_f$，此时信号源内阻越大，反馈效果越好。

8. 负反馈的作用

交流负反馈虽然降低了放大电路的放大倍数，但可稳定放大倍数，减小非线性失真，展宽通频带。电压负反馈能减小输出电阻、稳定输出电压，从而提高带负载能力；电流负反馈能增大输出电阻、稳定输出电流。串联负反馈能增大输入电阻，并联负反馈能减小输入电阻。负反馈放大电路性能的改善与反馈深度（$1+AF$）的大小有关，其值越大，性能改善越显著。

练习与提高

一、填空题

1. 最常用的半导体材料为________和________。N 型半导体是在本征半导体中掺入微量的________价元素，而 P 型半导体是掺入________价元素。

2. PN 结具有________特性。P 接________极、N 接________极时为正偏，反之为反偏。

3. 当二极管的正向电压高于某一值时，二极管才有明显的正向电流，这个电压称为__________,室温下硅管一般为________V，锗管为________V。

4. 二极管被反向击穿后，若性能可恢复，则称为________击穿；若其损坏，则为________击穿。

5. 稳压二极管通常工作在__________状态。

6. 三极管输出特性包含________区、________区、________区，表示三极管具有________和________两种作用。

7. 放大电路应遵循的基本原则是：________结正偏，________结反偏。

8. 放大电路的输入电阻越大，放大电路向信号源索取的电流就越________，输入电压也就越________；输出电阻越小，负载对输出电压的影响就越________，放大电路的负载能力就越________。

9. 为了保证不失真放大，放大电路必须设置合适的________。

10. 若放大电路的输入电压 $U_i=10$ mV，输出电压 $U_o=1$ V，则该放大电路的电压放大倍数为________，电压增益为________ dB。

11. 共集电极放大电路的输出电压与输入电压________，电压放大倍数近似为________，输入电阻________，输出电阻________。

12. 在共发射极交流放大电路中，若静态工作点 Q 位置选得过高，将引起________失真，Q 点位置选得偏低，易引起________失真。

13. 电压放大器中的晶体管通常工作在________状态下，功率放大器中的晶体管通常工作在________参数情况下。功放电路不仅要求有足够大的________，而且要求电路中还要有足够大的________，以获取足够大的功率。

二、判断题

1. 二极管发生反向击穿即会立即损坏。（　　）
2. 光电二极管和发光二极管均需工作在正向导通状态。（　　）
3. 双极型晶体管是靠电流控制输出的一种元件。（　　）
4. 极间反向电流越大，说明三极管的性能越好。（　　）
5. 放大电路的输出电阻只与放大电路的负载有关，而与输入信号源内阻无关。（　　）
6. 放大电路必须加上合适的直流电源才能正常工作。（　　）
7. 只有电路既放大电流又放大电压，才称其有放大作用。（　　）
8. 放大电路中的输入信号和输出信号的波形总是反相关系。（　　）
9. 分压式偏置共发射极放大电路是一种能够稳定静态工作点的放大器。（　　）
10. 微变等效电路中不但有交流量，也存在直流量。（　　）
11. 共发射极放大电路输出波形出现上削波，说明电路出现了饱和失真。（　　）
12. 放大电路的集电极电流超过极限值 I_{CM}，就会造成管子烧损。（　　）
13. 放大电路通常工作在小信号状态下，功放电路通常工作在极限状态下。（　　）

三、选择题

1. 下列元件中，（　　）是电压控制元件。

A. 二极管　　B. 三极管　　C. 场效应晶体管　　D. LED

2. （　　）是反应三极管电流放大能力的参数。

A. 极间反向电流　　B. 电流放大倍数

C. 最大允许电流　　D. 反向击穿电压

3. 基本共发射极放大电路中，输入正弦信号，现用示波器观察输出电压 u_o 和三极管集电极电压 u_c 的波形，二者相位（　　）。

A. 相同　　B. 相反　　C. 相差 90°　　D. 相差 270°

4. 基本共发射极放大电路中，集电极电阻 R_C 的作用是（　　）。

A. 限制集电极电流的大小

B. 将输出电流的变化量转化为输出电压的变化量

C. 防止信号源被短路

D. 保护直流电压源 E_C

5. 分压式偏置工作点稳定电路，当 $\beta=50$ 时，$I_B=20\ \mu A$，$I_C=1\ mA$。若只更换 $\beta=100$ 的三极管，而其他参数不变，则 I_B 和 I_C 分别是（　　）。

A. 10 μA，1 mA　　B. 20 μA，2 mA

C. 30 μA，3 mA　　D. 40 μA，4 mA

6. 放大器电压放大倍数 $A_u=-40$，其中负号代表（　　）。

A. 放大倍数小于 0　　B. 衰减　　C. 同相放大　　D. 反相放大

7. 射极输出器是典型的（　　）。

A. 电流串联负反馈　　B. 电压并联负反馈

C. 电压串联负反馈　　D. 电流并联负反馈

8. 一个放大器由两级相同的放大电路组成，已知它们的增益分别为 30 dB 和 40 dB，则放大器的总增益为（　　）。

A. 30 dB　　B. 40 dB　　C. 70 dB　　D. 1 200 dB

9. 为了使高内阻的信号源与低阻负载能很好配合，可以在信号源与负载之间接入（　　）放大电路。

A. 共发射极　　B. 共集电极　　C. 共基极　　D. 共源极

10. 多级放大器与单级放大器相比，电压增益将（　　）。

A. 提高　　B. 降低　　C. 不变　　D. 不确定

11. 某负反馈放大电路，输出端接地时，电路中的反馈量变为零，则表明该反馈是（　　）。

A. 电压　　B. 电流　　C. 串联　　D. 并联

12. 要使输出电压稳定又具有较高输入电阻，放大器应引入（　　）负反馈。

A. 电压并联　　B. 电流串联　　C. 电压串联　　D. 电流并联

13. 功率放大电路中采用乙类工作状态是为了提高（　　）。

A. 输出功率　　B. 放大器效率　　C. 放大倍数　　D. 负载能力

四、综合题

1. 有一共发射极放大电路如图 1.74 所示，试完成下列问题：

（1）写出该电路的电压放大倍数 A_u、输入电阻 r_i 和输出电阻 r_o 的表达式。

（2）若换用 β 值较小的三极管，则静态工作点 I_{BQ}、U_{CEQ} 将如何变化？电压放大倍数 $\dot{A}_u$、输入电阻 r_i 和输出电阻 r_o 将如何变化？

（3）若该电路在调试中输出电压波形顶部出现了“缩顶”失真，问电路产生的是饱和失真还是截止失真？若要消除失真，应调整电路中哪个电阻？如何调整（增大或减小）？

2. 如图 1.75 所示，已知 $\beta=100$，$r_{be}=200\ \Omega$，$U_{BEQ}=0.7\ \text{V}$。

（1）画出该电路的直流通路，并求静态工作点；

（2）画出小信号等效电路，求电压增益 A_u、输入电阻 r_i、输出电阻 r_o。

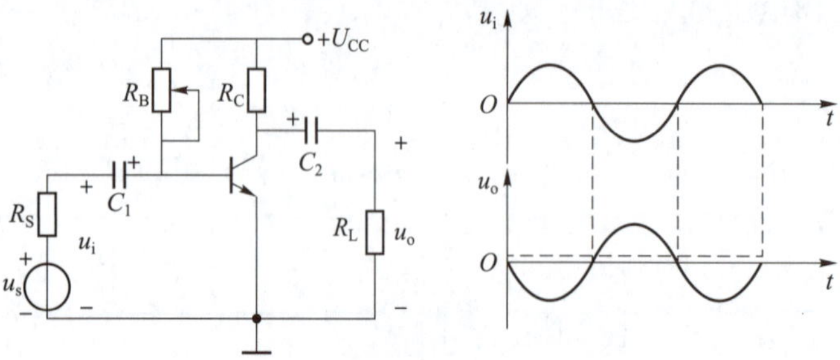

图 1.74　综合题 1 图

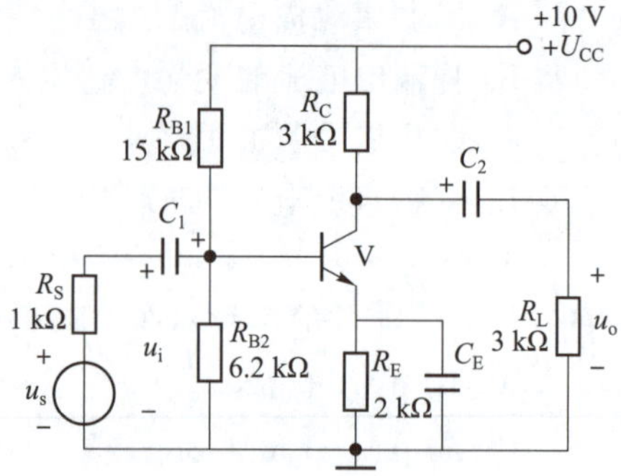

图 1.75　综合题 2 图

3. 在图 1.76 所示电路中，指出反馈元件及所引入的反馈类型，判断是直流反馈还是交流反馈。

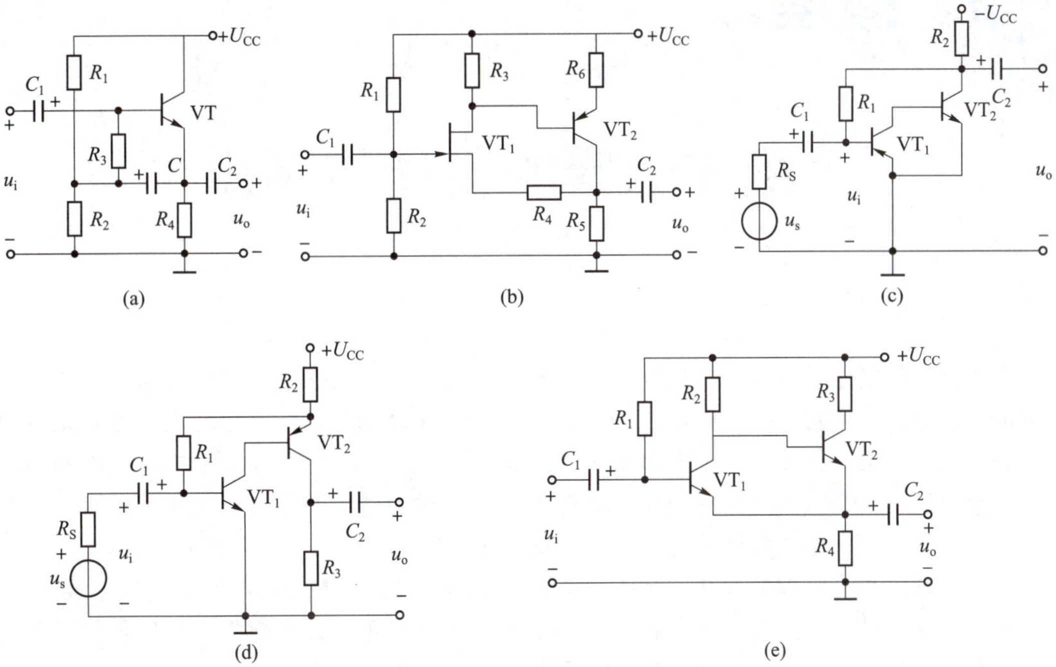

图 1.76　综合题 3 图

4. 在图 1.77 所示射极输出器中，已知 $U_{CC}=12\ \text{V}$，$R_B=200\ \text{k}\Omega$，$R_E=20\ \text{k}\Omega$，$R_L=3\ \text{k}\Omega$，$\beta=50$，$R_S=100\ \Omega$。

(1) 画出直流通路，并求静态工作点 I_{BQ}、I_{CQ}、U_{CEQ}；

(2) 求电压放大倍数 $\dot{A}_u$、输出电阻 r_o、输入电阻 r_i。

5. 在图 1.78 所示的电路中，已知 $U_{CC}=12\ \text{V}$，$R_{B1}=20\ \text{k}\Omega$，$R_{B2}=10\ \text{k}\Omega$，$R_C=2\ \text{k}\Omega$，$R_{E1}=0.2\ \text{k}\Omega$，$R_{E2}=1.8\ \text{k}\Omega$，$R_L=3\ \text{k}\Omega$，$\beta=50$，$U_{BE}=0.6\ \text{V}$。

(1) 画出直流通路，并求静态工作点 I_{BQ}、I_{CQ}、U_{CEQ}；

(2) 求电压放大倍数 $\dot{A}_u$、输入电阻 r_i、输出电阻 r_o。

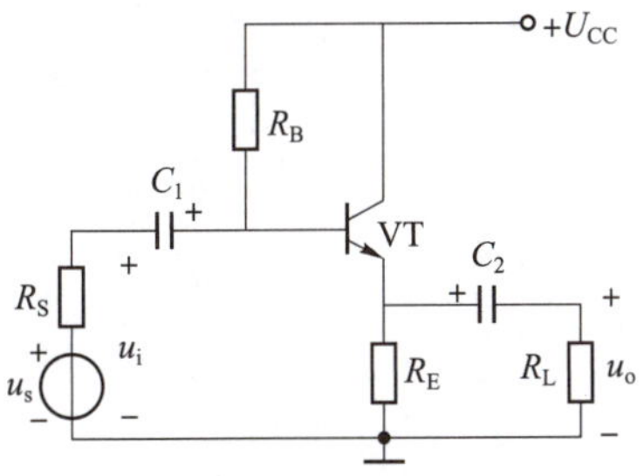

图 1.77　综合题 4 图

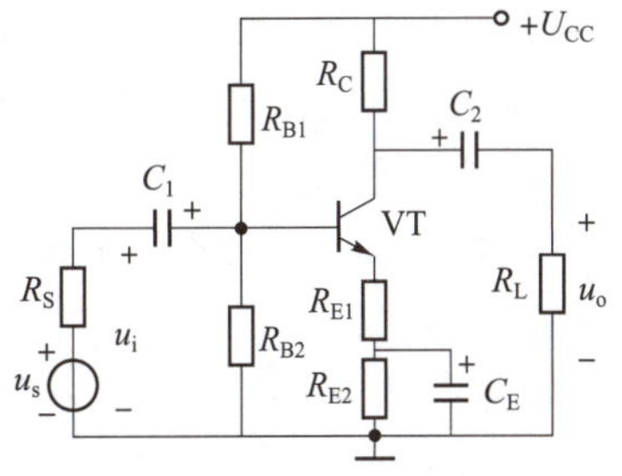

图 1.78　综合题 5 图

情境二

手机充电器的设计与制作

情境引入

手机这一智能电子设备在现代社会中占据了重要地位，几乎成为人们日常生活中不可或缺的一部分。由于智能手机的信息处理能力与运行速度的不断提高，耗电速度快成为其主要特点之一，为手机充电成为人们每天的必备任务。你是否每天都会给你的手机充电呢？当手机充电器的插头接入 220 V 电压，而触摸输出端时为什么并没有触电呢？这都要归功于手机充电器上配备的电源转换功能。就让我们通过本次任务来一探究竟吧。

通过完成手机充电器的设计与制作，我们将了解手机充电器内部电路的主要组成部分，学习整流电路、滤波电路及稳压电路的主要功能及工作原理，并了解集成稳压器的种类与特点。最后，通过所学内容完成手机充电器内部电路的设计与制作。

情境目标

知识目标：

1. 了解直流稳压电源的组成；
2. 掌握二极管整流电路的工作原理；
3. 掌握电容滤波电路的组成及工作原理；
4. 理解串联稳压电路的组成及工作原理；
5. 掌握集成稳压器的种类、性能及工作原理。

技能目标：

1. 能分析各种稳压电源电路的工作过程；
2. 会根据参数估算并合理选择元器件；
3. 能完成直流稳压电源的安装与调试；
4. 学会使用集成稳压器；
5. 会使用仪器、仪表对直流稳压电源进行调试与测量。

素质目标：

1. 培养学生良好的实践操作及团队协作能力；
2. 树立良好的工程意识；
3. 能按照 8S 标准完成实践及实践后的整理工作，遵守安全操作规程。

项目 1 认识直流稳压电源

我国电网的民用电供电参数为 220 V AC/50 Hz（动力电为 380 V/50 Hz），而手机充电器的输出电压一般为 5 V DC，如图 2. 1 所示。通过对比分析可知，由交流供电转换至直流输出一般需要经过变压、整流、滤波和稳压四个环节，如图 2. 2 所示。

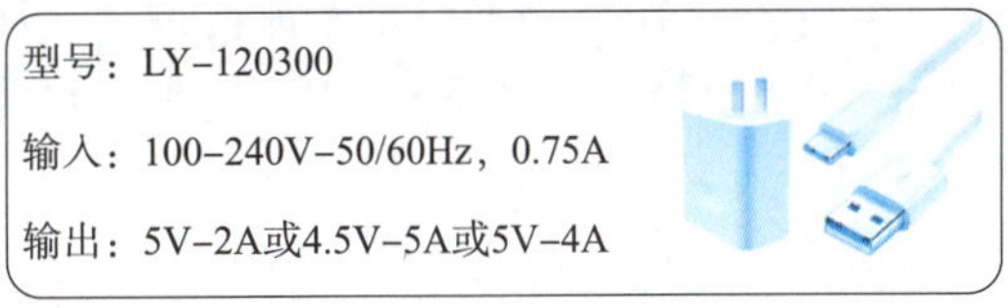

图 2. 1 手机充电器铭牌参数

直流稳压电源概述

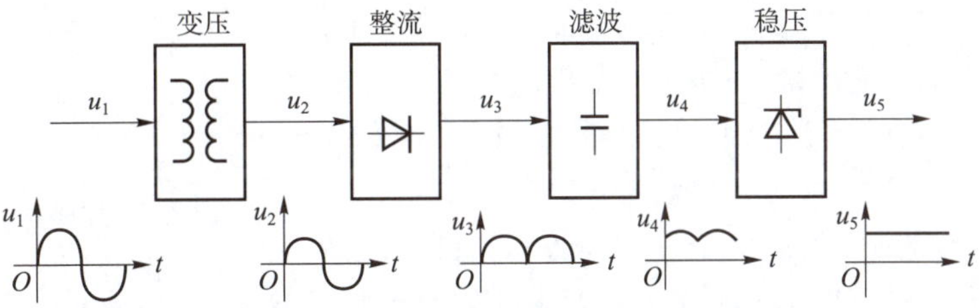

图 2. 2 小功率直流稳压电源的原理图

上述各环节的功能如下：

(1) 变压。通过变压器将 220 V 交流电压降为符合整流环节要求的交流电压。

(2) 整流。利用整流元件的单相导电性，将交流电压变换为单向脉动的直流电压。

(3) 滤波。利用电容或电感的能量存储功能将整流后的单向脉动电压中的交流成分滤除，使之成为平滑的直流电压。

(4) 稳压。运用稳压电路的调节作用，使输入交流电源电压波动或负载变化时保持直流电压输出稳定。对电源要求极高的场合，其稳压电路也更为复杂。

任务 1 整流电路

任务导入

小功率直流电源因功率比较小，通常采用单相交流供电，因此，本次任务只讨论单相整流电路。利用二极管的单向导电作用，可将交流电变为直流电，常用的二极管整流电路有单相半波整流电路和单相桥式整流电路等。

一、单相半波整流电路

单相半波整流电路

半波整流电路

将交流电变为直流电的过程即为整流，利用半导体二极管的单向导电性可以组成整流电路。此电路简单、方便、经济，下面先来了解一下整流电路的工作原理和特点。

1. 电路组成及工作原理

单相半波整流电路如图 2.3 所示，由变压器 T、整流二极管 VD 及负载电阻 R_L 组成。其中，u_1、u_2 分别为整流变压器的原边、副边的交流电压值。电路的工作情况如下：

设变压器副边电压为

$$u_2 = \sqrt{2}U_2 \sin\omega t$$

图 2.3 中，在 u_2 的正半周（$0 \leqslant \omega t \leqslant \pi$）期间，$a$ 端为正，b 端为负，二极管因正向电压作用而导通。电流从 a 端流出，经二极管 VD 流过负载电阻 R_L 回到 b 端。如果略去二极管的正向压降，则在负载 R_L 两端的电压 u_o 就等于 u_2。其电流、电压波形如图 2.4（b）、（c）所示。

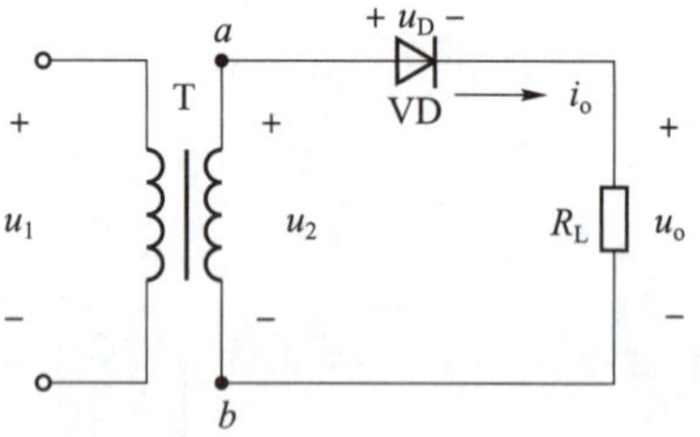

图 2.3　单相半波整流电路

在 u_2 的负半周（$\pi \leqslant \omega t \leqslant 2\pi$）期间，$a$ 端为负，b 端为正，二极管承受反向电压而截止，负载中没有电流，故 $u_o = 0$。这时，二极管承受了全部 u_2，其波形如图 2.4（d）所示。

尽管 u_2 是交变的，但因二极管的单向导电作用，使得负载上的电流 i_o 和电压 u_o 都是单一方向。这种电路只有在 u_2 的半个周期内负载有电流通过，故称为半波整流电路。

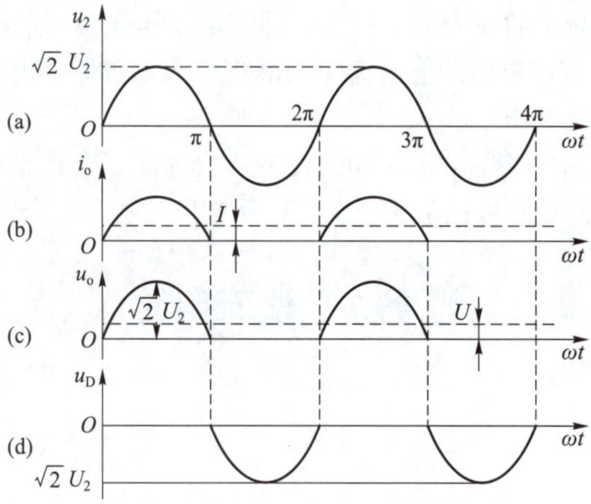

图 2.4　单相半波整流电路波形图

2. 参数计算

（1）负载上的直流电压和电流。

负载上的直流输出电压 U_0 和直流电流 I_0 都是指一个周期内的平均值，由于负载电压 u_o

为半波脉动，在整个周期中负载电压平均值为

$$U_0 = \frac{1}{2\pi}\int_0^{\pi}\sqrt{2}U_2\sin\omega t\mathrm{d}(\omega t) = \frac{1}{\pi}\sqrt{2}U_2 = 0.45U_2$$

负载上的电流平均值为

$$I_0 = \frac{U_0}{R_L} = 0.45\frac{U_2}{R_L}$$

（2）整流二极管的电流平均值和承受的最高反向电压。

由于二极管与负载串联，所以，流经二极管的电流平均值就是流经负载电阻 R_L 的电流平均值，即

$$I_D = I_0 = \frac{U_0}{R_L} = 0.45\frac{U_2}{R_L}$$

二极管截止时承受的最高反向电压就是整流变压器副边交流电压 u_2 的最大值，即

$$U_{RM} = \sqrt{2}U_2$$

根据 I_D 和 U_{RM} 可以选择合适的整流二极管。

半波整流电路结构简单，但只利用交流电压半个周期，直流输出电压低、波动大、整流效率低。所以仅适用在小电流且对电源要求不高的场合。

例 2.1　单相半波整流电路如图 2.3 所示。已知负载电阻 $R_L = 750\ \Omega$，变压器副边电压 $U_2 = 20\ \text{V}$，试求：U_0、I_0，并选用二极管。

解　输出电压的平均值为

$$U_0 = 0.45U_2 = 0.45\times 20 = 9(\text{V})$$

负载电阻 R_L 的电流平均值为

$$I_0 = \frac{U_0}{R_L} = \frac{9}{750} = 12(\text{mA})$$

整流二极管的电流平均值为

$$I_D = I_0 = 12(\text{mA})$$

二极管承受的最高反向电压为

$$U_{RM} = \sqrt{2}U_2 = \sqrt{2}\times 20 = 28.2(\text{V})$$

查半导体手册，可以选用型号为 2AP4 的整流二极管，其最大整流电流为 16 mA，最高反向工作电压为 50 V，为了使用安全，二极管的反向工作峰值电压要选得比 U_{DRM} 大一倍左右。

单相桥式整流电路

二、单相桥式整流电路

单相半波整流的缺点是只利用了电源电压的半个周期，同时整流电压的脉动较大。为了克服这些缺点，常采用单相桥式整流电路。

1. 电路组成及工作原理

单相桥式整流电路是由 4 个整流二极管接成电桥的形式构成的，如图 2.5（a）所示。图 2.5（b）所示为单相桥式整流电路的一种简便画法。

桥式整流电路

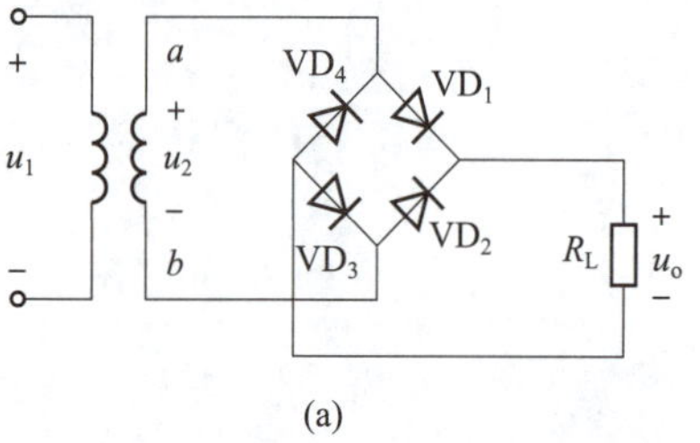

图 2.5　单相桥式整流电路

（a）单相桥式整流电路；（b）单相桥式整流电路的简化画法

当 u_2 为正半周（$0 \leqslant \omega t \leqslant \pi$）时，其极性为上正下负，即 a 点电位高于 b 点电位，二极管 VD_1、VD_3 因承受正向电压而导通，VD_2、VD_4 因承受反向电压而截止。此时电流的路径为：$a \to VD_1 \to R_L \to VD_3 \to b$，如图 2.6（a）所示。

当 u_2 为负半周（$\pi \leqslant \omega t \leqslant 2\pi$）时，其极性为上负下正，即 a 点电位低于 b 点电位，二极管 VD_2、VD_4 因承受正向电压而导通，VD_1、VD_3 因承受反向电压而截止。此时电流的路径为：$b \to VD_2 \to R_L \to VD_4 \to a$，如图 2.6（b）所示。

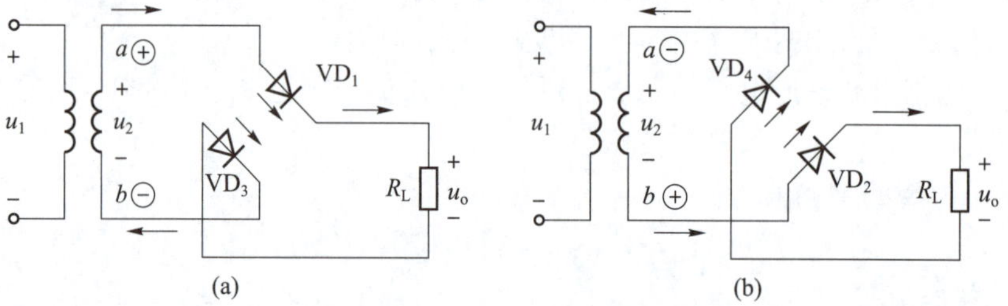

图 2.6　单相桥式整流电路的电流通路

（a）正半周时电流的通路；（b）负半周时电流的通路

从以上分析可见，无论电压 u_2 是在正半周还是在负半周，负载电阻 R_L 上都有时间方向的电流流过，因此在负载电阻 R_L 上得到的是单向脉动电压和电流。忽略二极管导通时的正向压降，则单相桥式整流电路的波形如图 2.7 所示。

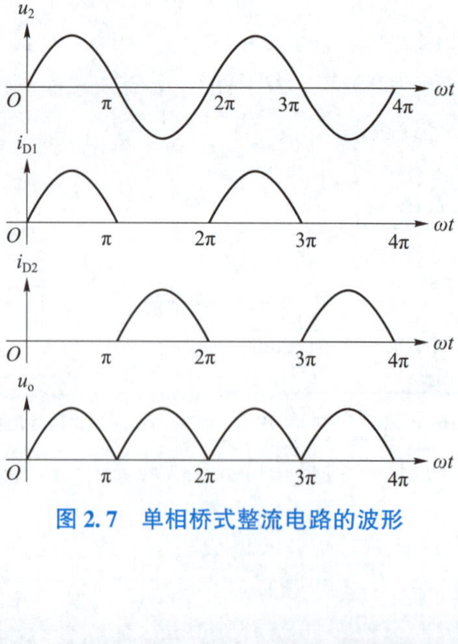

图 2.7　单相桥式整流电路的波形

2. 参数计算

(1) 负载上的电压平均值和电流平均值。

单相桥式整流电压的平均值为

$$U_O = \frac{1}{\pi}\int_0^{\pi} \sqrt{2}\, U_2 \sin\omega t \mathrm{d}(\omega t) = \frac{2}{\pi}\sqrt{2}\, U_2 = 0.9\, U_2$$

流过负载电阻 R_L 的电流平均值为

$$I_O = \frac{U_O}{R_L} = 0.9\frac{U_2}{R_L}$$

(2) 整流二极管的电流平均值和承受的最高反向电压。

因为桥式整流电路中每两个二极管串联导通半个周期，所以流经每个二极管的电流平均值为负载电流的一半，即

$$I_D = \frac{1}{2} I_O = 0.45\frac{U_2}{R_L}$$

每个二极管在截止时承受的最高反向电压为 u_2 的最大值，即

$$U_{RM} = \sqrt{2} U_2$$

例 2.2 试设计一台输出电压为 24 V，输出电流为 2 A 的直流电源，电路形式可以采用半波整流或桥式整流，然后试确定两种电路形式的变压器副边电压有效值，并选定相应的整流二极管。

解 (1) 当采用半波整流电路时，变压器副边电压有效值为

$$U_2 = \frac{U_O}{0.45} = \frac{24}{0.45} = 53.3(\mathrm{V})$$

整流二极管承受的最高反向电压为

$$U_{RM} = \sqrt{2} U_2 = 1.414 \times 53.3 = 75.4(\mathrm{V})$$

流过整流二极管的平均电流为

$$I_D = I_O = 2(\mathrm{A})$$

因此可以选用型号为 2CZ12B 的整流二极管，其最大整流电流为 3 A，最高反向工作电压为 200 V。

(2) 当采用桥式整流电路时，变压器副边电压有效值为

$$U_2 = \frac{U_O}{0.9} = \frac{24}{0.9} = 26.7(\mathrm{V})$$

整流二极管承受的最高反向电压为

$$U_{RM} = \sqrt{2} U_2 = 1.414 \times 26.7 = 37.7(\mathrm{V})$$

流过整流二极管的平均电流为

$$I_D = \frac{1}{2} I_O = 0.5(\mathrm{A})$$

因此，可以选用 4 只型号为 2CZ11A 的整流二极管，其最大整流电流为 1 A，最高反向工作电压为 100 V。

例 2.3 桥式全波整流电路如图 2.8 所示，若电路中二极管出现下述各种情况，电路会

出现什么问题？

（1）VD_1 因虚焊而开路；

（2）VD_2 被短路；

（3）VD_3 极性接反；

（4）VD_1、VD_2 极性都接反；

（5）VD_1 开路，VD_2 短路。

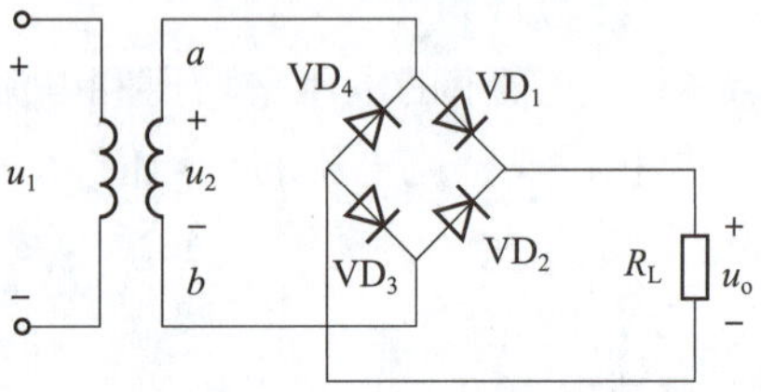

图 2.8　例 2.3 电路图

解　（1）二极管 VD_1 开路，u_2正半周波形无法送到 R_L上，因此电路由全波整流变为半波整流。

（2）二极管 VD_2 被短路，在 u_2正半周时，变压器副边电压直接加在导通的 VD_1 两端，VD_1 和变压器副边可能烧坏。

（3）二极管 VD_3 极性接反，在 u_2负半周时，变压器副边电压直接加在两个导通的二极管 VD_3、VD_4 上，会造成副边绕组和二极管 VD_3、VD_4 过流以至烧坏。

（4）二极管 VD_1、VD_2 极性都接反，此时由于在 u_2整个周期所有二极管均不导通，所以电路输出 $u_o=0$ V。

（5）二极管 VD_1 开路，VD_2 短路，此时全波整流变成半波整流，u_2只有负半周波形能送到 R_L上。

任务 2　滤波电路

任务导入

经过整流后，输出电压在方向上没有变化，但输出电压波形仍然保持输入正弦波的波形。由于输出电压起伏较大，为了得到平滑的直流电压波形，必须采用滤波电路，以改善输出电压的脉动性。滤波电路是利用电抗性元件对交、直流阻抗的不同，实现滤波。经过滤波后，既可保留直流分量，又可滤掉一部分交流分量，改变了交、直流成分的比例，减小脉动系数，改善了直流电压的质量。常用的滤波电路有电容滤波、电感滤波、LC 滤波电路和 π 形滤波电路。

一、电容滤波电路

滤波电路

最简单的电容滤波电路是在整流电路的直流输出负载电阻 R_L 并联一只较大容量的电容，如图 2.9 所示。当负载开路（$R_L=\infty$）时，设电容无能量储存，输出电压从 0 开始增大，电容器开始充电。一般充电速度很快，$u_o=u_C$ 时，u_o 达到 u_2 的最大值，即

$$u_o=u_C=\sqrt{2}U_2 \tag{2.1}$$

此后，由于 u_2 下降，二极管处于反向偏置而截止，电容无放电回路，所以 u_o 保持在 $\sqrt{2}U_2$ 的数值上，其波形如图 2.9（b）所示。当接入负载后，前半部分和负载开路时相同，

当 u_2 从最大值下降时，电容通过负载 R_L 放电，放电时间常数为

$$\tau = R_L C \tag{2.2}$$

在 R_L 较大时，τ 的值比充电时的时间常数大。u_o 按指数规律下降，如图 2.9（c）所示的 AB 段。当 u_2 值继续增大时，电容再继续充电，同时也向负载提供电流。电容上的电压仍会很快地上升。这样不断地进行，在负载上得到比无滤波电路平滑的直流电。此外，若使用单相桥式整流，电容滤波时的直流电压一般为

$$U_O \approx 1.2U_2 \tag{2.3}$$

在实际应用中，为了保证输出电流的平滑，使脉动分量减小，电容器 C 的容量选择应满足 $R_L C \geqslant (3 \sim 5)\dfrac{T}{2}$，其中 T 为交流电的周期。另外，又因输出直流电压较高，整流二极管截止时间长，导通角小，故整流二极管冲击电流较大，所以在选择管子时要注意选取整流电流较大的二极管。

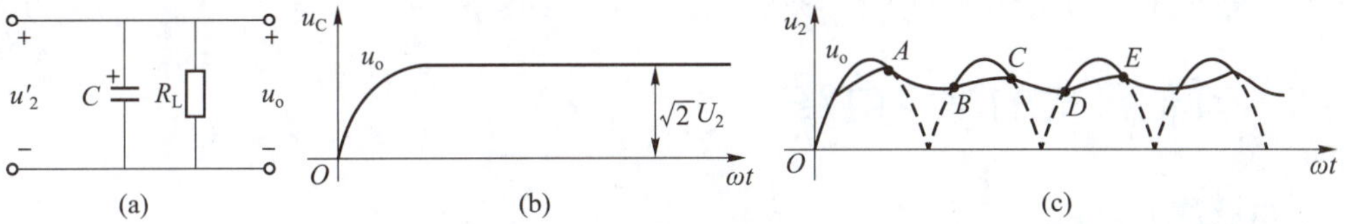

图 2.9 电容滤波电路及其电压波形图

（a）电容滤波电路；（b）电容滤波电路波形图；（c）电容滤波电路输出电压波形图

电容滤波电路简单，且能有效提高输出电压的直流成分、降低脉动成分，但其滤波效果会随负载电流的增大而变差，因此电容滤波电路仅适用于负载变动不大、电流较小的场合。

例 2.4 单相桥式整流、电容滤波电路如图 2.10 所示，已知 220 V 交流电源频率 f=50 Hz，要求直流电压 U_O = 30 V，负载电流 I_O = 50 mA。试求电源变压器副边电压 u_2 的有效值，选择整流二极管及滤波电容器。

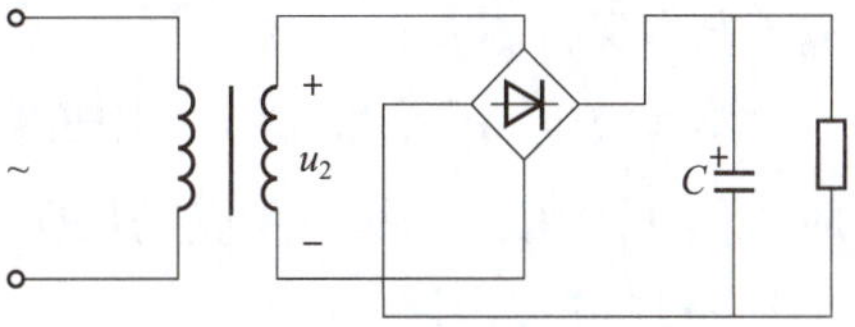

图 2.10 例 2.4 图

解 （1）变压器副边电压有效值为

$$U_2 = \frac{U_O}{1.2} = \frac{30}{1.2} = 25(\text{V})$$

（2）选择整流二极管。

流经二极管的平均电流为

$$I_D = \frac{1}{2}I_O = \frac{1}{2} \times 50 = 25(\text{mA})$$

二极管承受的最大反向电压为

$$U_{RM} = \sqrt{2}U_2 = 35(\text{V})$$

因此，可选用 2CZ51D 整流二极管，其允许最大电流为 50 mA，最大反向电压为 100 V，也可选用硅桥堆 QL-1 型（I_O=50 mA，U_{RM}=1 000 V）。

（3）选择滤波电容器。

负载电阻为

$$R_L = \frac{U_O}{I_O} = \frac{30}{50} = 0.6(\text{k}\Omega)$$

由式（2.2）有

$$\tau = R_L C = 4 \times \frac{T}{2} = 2T = 2 \times \frac{1}{50} = 0.04(\text{s})$$

由此得滤波电容为

$$C = \frac{0.04}{R_L} = \frac{0.04}{600} = 66.6(\mu\text{F})$$

若考虑电网电压波动 ±10%，则电容器承受的最高反向电压为

$$U_{RM} = \sqrt{2}U_2 \times 1.1 = 1.4 \times 25 \times 1.1 = 38.5(\text{V})$$

故选用标称值为 68 μF/50 V 的电解电容。

二、其他形式的滤波电路

1. 电感滤波电路

利用电感的电抗性，同样可以达到滤波的目的。在整流电路和负载 R_L 之间串联一个电感 L，就构成了一个简单的电感滤波电路，如图 2.11 所示。

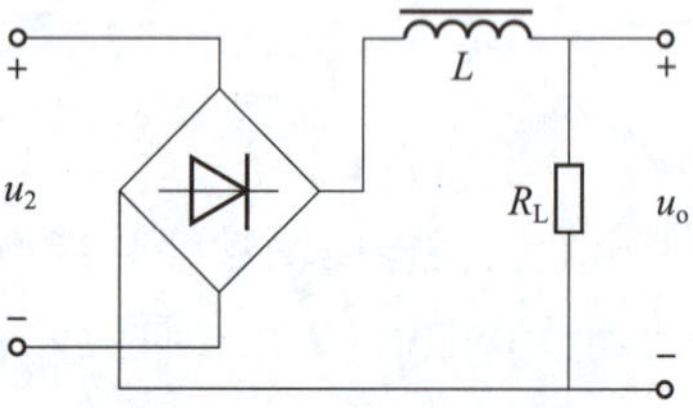

图 2.11　电感滤波电路

根据电感的特点，在整流后电压的变化引起负载的电流改变时，电感 L 上将感应出一个与整流输出电压变化相反的反电动势，两者相加使得负载上的电压比较平缓，输出电流基本保持不变。

电感滤波电路中，R_L 越小，则负载电流越大，电感滤波效果越好。在电感滤波电路中，一般 $U_O = 0.9U_2$，二极管承受的反向峰值电压仍为 $\sqrt{2}U_2$。

2. π 形滤波电路

为进一步减小输出电压的脉动成分，可在 LC 滤波电路的输入端再加一只滤波电容就组成了 LC-π 形滤波电路，如图 2.12（a）所示。这种 π 形滤波电路的输出电流波形更加平滑，适当选择电路参数，同样可以达到 $U_O = 1.2U_2$。

当负载电阻 R_L 值较大，负载电流较小时，可用电阻代替电感，组成 RC-π 形滤波电路，如图 2.12（b）所示。这种滤波电路由于其体积小、质量轻而得到广泛应用。

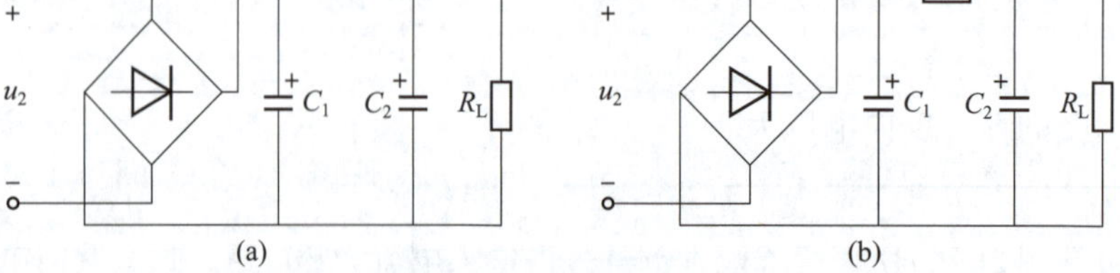

图 2.12　π 形滤波电路

（a）LC-π 形滤波电路；（b）RC-π 形滤波电路

任务 3　稳压电路

任务导入

整流滤波后输出的电压，主要存在两方面的问题：当负载电流变化时，由于整流滤波电路存在内阻，输出直流电压将随之变化；当电网电压波动时，变压器二次电压变化，输出直流电压也将随之发生变化。因此，需要在整流滤波电路的后面再加一级稳压电路，以获得稳定的直流输出电压。

一、硅稳压管稳压电路

硅稳压管稳压电路

如图 2.13 所示，稳压二极管 VD_Z 与负载电阻 R_L 并联，在并联后与整流滤波电路连接时，要串联一个限流电阻 R。由于 VD_Z 与 R_L 并联，所以也称并联稳压电路。从稳压管稳压电路得到两个基本关系式

$$U_I = U_R + U_O \tag{2.4}$$

$$I_R = I_Z + I_L \tag{2.5}$$

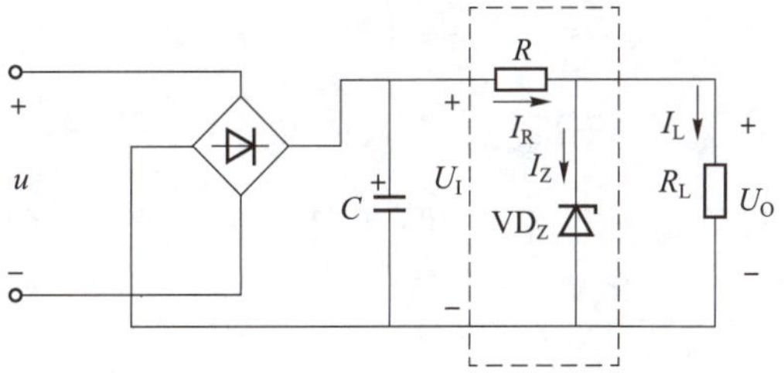

图 2.13　稳压二极管组成的稳压电路

从电路中不难看出：当输入电压 U_I 不变而负载电阻 R_L 减小时，将导致 I_R 增大，U_R 也随之增大；根据式（2.4），U_O 必然减小，即 U_Z 减小；根据稳压管的反向伏安特性，U_Z 减小将使 I_Z 急剧减小，从而使 I_R 随之减小。如果参数选择恰当，I_Z 的减少量将补偿 I_L 的增加量（即 $\Delta I_Z \approx -\Delta I_L$），使得 I_R 基本不变，这样输出电压 U_O 也就基本不变，反之亦然。上述过程可简单描述如下：

$R_L\downarrow \rightarrow U_O(U_Z)\downarrow \rightarrow I_Z\downarrow \rightarrow I_R\downarrow$　$\rightarrow \Delta I_Z \approx -\Delta I_L \rightarrow I_R$ 基本不变 $\rightarrow U_O$ 基本不变

$\rightarrow I_L\uparrow \rightarrow I_R\uparrow$

而当电网电压升高时，稳压电路的输入电压 U_I 增大，输出电压 U_O 也随之增大，导致 U_Z 增大，从而使 I_Z 增大；根据式（2.5）可知，I_R 将随 I_Z 的增大而增大，从而导致 U_R 增大；从式（2.4）不难看出，U_R 的增大将导致输出电压 U_O 减小。因此，只要参数选择合适，R 上的电压增量就可以与 U_I 的增量近似相等，从而使 U_O 基本不变。反之同理。上述过程可简单描述如下：

$$电网电压\uparrow \rightarrow U_I\uparrow \rightarrow U_O(U_Z)\uparrow \rightarrow I_Z\uparrow \rightarrow I_R\uparrow \rightarrow U_R\uparrow$$
$$U_O\uparrow \leftarrow$$

可见，稳压管稳压电路是依靠稳压二极管的反向特性，即反向击穿电压的微小变化会引起电流的较大变化，并通过限流电阻的电压或电流的变化进行补偿来达到稳压的目的的。其优点是结构简单，调试方便；缺点是输出电流较小、输出电压固定，稳压性能较差。因此，只适用于小型设备。

一般情况下，稳压二极管稳压电路各参数和元件的选择应满足以下条件：

（1）输入电压 U_I 的确定：

$$U_I = (2 \sim 3)U_O \tag{2.6}$$

（2）硅稳压管的选择：

$$U_Z = U_O \tag{2.7}$$

$$I_{ZM} = (2 \sim 3)I_{Lmax} \tag{2.8}$$

（3）限流电阻 R 的选择。

当电网电压最高和负载电流最小时，稳压二极管的 I_Z 值最大，此时 I_Z 不应超过允许的最大值，即

$$\frac{U_{Imax} - U_Z}{R} - I_{Lmin} < I_{Zmin} \text{ 或 } R_{min} = \frac{U_{Imax} - U_Z}{I_{Zmax} + I_{Lmin}} \tag{2.9}$$

当电网电压最低和负载电流最大时，稳压二极管 I_Z 的值最小，此时 I_Z 不应低于其允许的最小值，即

$$\frac{U_{Imin} - U_Z}{R} - I_{Lmax} > I_{Zmin} \text{ 或 } R_{max} = \frac{U_{Imin} - U_Z}{I_{Zmin} + I_{Lmax}} \tag{2.10}$$

例 2.5 有一稳压二极管稳压电路，如图 2.13 所示。负载电阻 R_L 由开路变到 3 kΩ，交流电压经整流滤波后得出 U_I = 30 V。若要求输出直流电压 U_O = 12 V，试选择稳压二极管 VD_Z。

解 根据输出电压 U_O = 12 V 的要求，负载电流最大值为

$$I_{OM} = \frac{U_O}{R_L} = \frac{12}{3\times10^3} = 4(\text{mA})$$

选择稳压二极管 2CW60，其稳定电压 U_Z = (11.5 ~ 12.5) V，稳定电流 I_Z = 5 mA，最大稳定电流 I_{ZM} = 19 mA。

串联型稳压电路

二、串联型稳压电路

由于稳压二极管稳压电路输出电流较小，输出电压不可调，不能满足很多场合下的应用，因此常用带有放大环节的串联型晶体管稳压电路来代替。

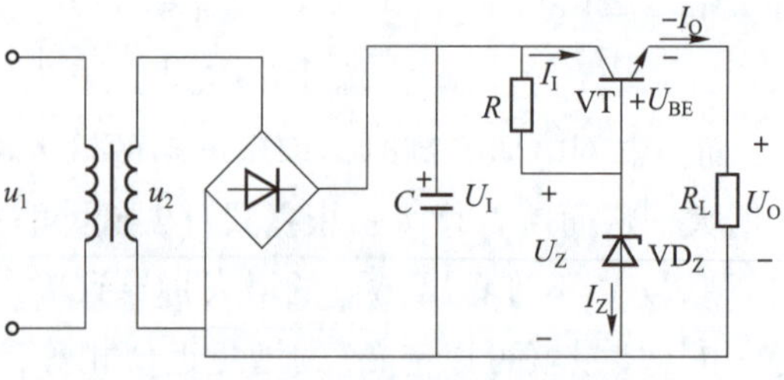

图 2.14 串联型稳压电路

用三极管代替图 2.13 中的限流电阻 R，就得到图 2.14 所示的串联型晶体管稳

压电路。

图中，三极管 VT 代替了可变限流电阻 R；在基极电路中，接有 VD_Z，与 R 组成参数稳压器。

该电路的稳压过程如下：

（1）当负载不变，输入整流电压 U_I 增加时，输出电压 U_O 有增高的趋势，由于三极管 VT 基极电位被稳压二极管 VD_Z 固定，故 U_O 的增加将使 VT 发射结上正向偏压降低，基极电流减小，从而使 VT 的集-射极间的电阻增大，U_{CE} 增加，于是抵消了 U_I 的增加，使 U_O 基本保持不变。上述过程如下所示：

$$U_I\uparrow \to U_O\uparrow \to U_{BE}\downarrow \to I_B\downarrow \to I_C\downarrow \to U_{CE}\uparrow$$
$$U_O\downarrow \longleftarrow\!\!\!\lrcorner$$

（2）当输入电压 U_I 不变，而负载电流变化时，其稳压过程如下：

$$I_L\uparrow \to U_O\uparrow \to U_{BE}\downarrow \to I_B\downarrow \to I_C\downarrow \to U_{CE}\uparrow$$
$$U_O\downarrow \longleftarrow\!\!\!\lrcorner$$

则输出电压 U_O 基本保持不变。

任务 4　三端集成稳压器

任务导入

随着电子技术的发展，集成稳压器将取样、基准、比较放大、调整及保护电路集成在一块芯片构成集成稳压电路。由于它完整的功能体系、所需外接元器件较少、便于安装调试、使用方便而且性能好、稳定性高、价格便宜等优点，因此在实际使用中得到了广泛应用。

由于只有一个输入端、一个输出端和一个公共端，故称为三端集成稳压器。三端集成稳压器有两种，一种是输出电压固定的，称为固定输出三端稳压器；另一种是输出电压可调的，称为可调输出三端稳压器。

三端集成稳压器

一、固定式三端集成稳压器

1. 正电压输出稳压器

常用的三端固定正电压稳压器有 CW7800 系列，其中 C 代表中国制造，W 为元件主称——稳压器，00 两位数字表示输出电压的稳定值，分别为 5 V、6 V、9 V、12 V、15 V、18 V 和 24 V 七种。例如，7806 表示输出电压为 6 V。

此外，为区分同系列稳压器的输出电流不同，常在 78 数字后加一位字母表示输出最大电流代号：L—0.1 A；N—0.3 A；M—0.5 A；T—3 A；无字母—1.5 A；H—5 A；P—10 A 等。例如，CW78L00 系列代表最大输出电流约为 0.1 A。

7800 系列三端稳压器的外部引脚图和基本应用电路如图 2.15 所示。

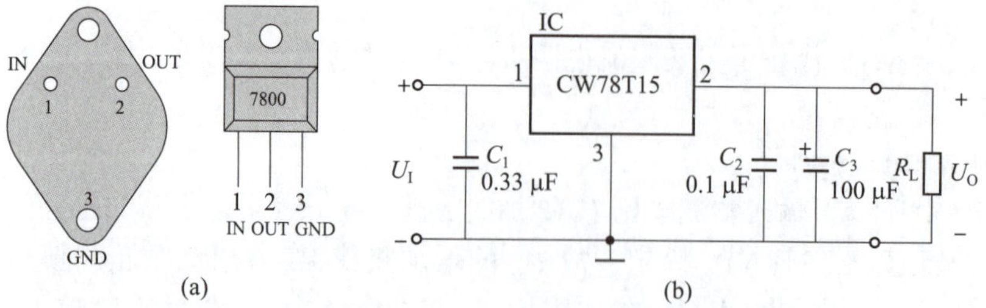

图 2.15　7800 系列三端集成稳压器外部引脚图及基本应用电路

（a）7800 外引脚图；（b）基本应用电路

2. 负电压输出稳压器

常用的三端固定负电压稳压器有 CW7900 系列，型号中 00 两位数字表示输出电压的稳定值，与 7800 系列相对应，分别为−5 V、−6 V、−9 V、−12 V、−15 V、−18 V 和−24 V 七种。其他字母及数字的含义与正电压输出稳压器相同。其外部引脚图和基本应用电路如图 2.16 所示。

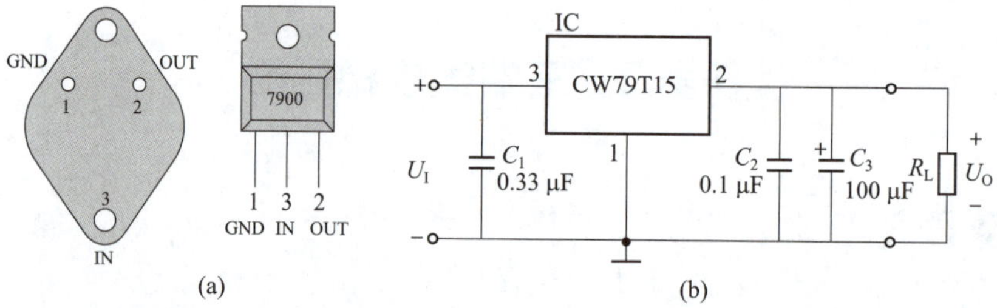

图 2.16　7900 系列三端集成稳压器外部引脚图及基本应用电路

（a）7900 外引脚图；（b）基本应用电路

3. 型号含义

其型号的含义表示如下：

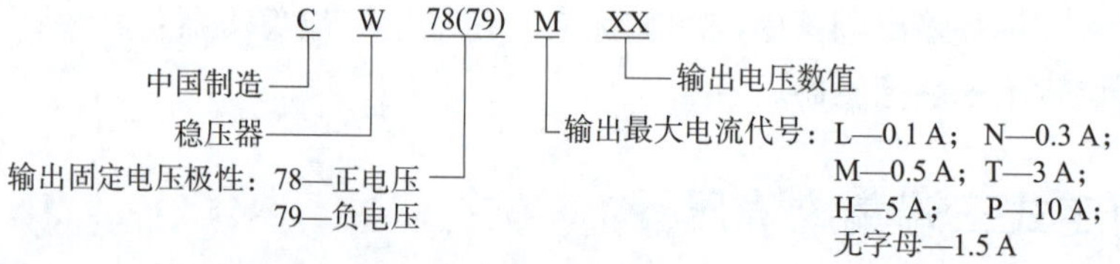

二、可调式三端集成稳压器

固定输出的稳压电源在使用中存在一定的局限性，实际应用中常用可调式三端集成稳压器，其三端为一个输入端、一个输出端和一个电压调整端，且输出电压也有正、负之分，如 CW117/CW217/CW317 为可调正电压稳压器，CW137/CW237/CW337 为可调负电压稳压器。

可调式三端集成稳压器的输出电压的绝对值在 1.2~37 V 之间连续可调，输出电流可达 1.5 A，且使用非常方便，只需在输出端接两个电阻，即可得到所要求的输出电压值。其外形结构及应用电路如图 2.17 所示。在图 2.17（c）所示的可调输出稳压源标准电路中，电容 C_1是为了预防产生自激振荡，电容 C_2用来改善输出电压中的纹波。

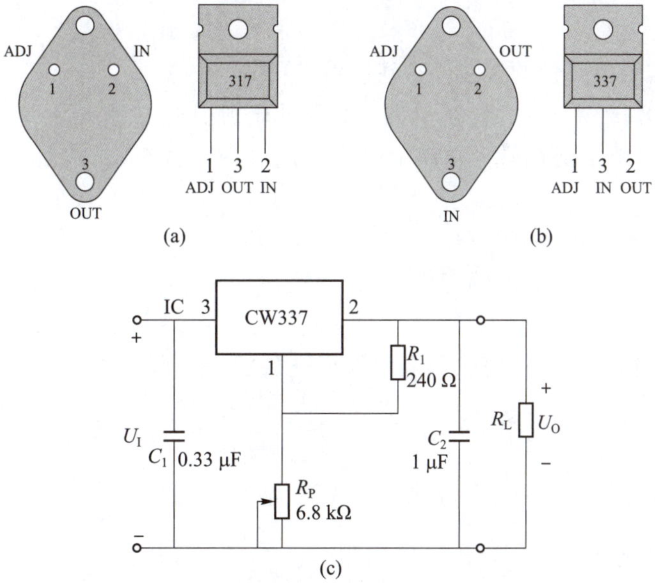

图 2.17　可调式三端集成稳压器外部引脚图及基本应用电路

（a）、（b）可调式三端集成稳压器外引脚图；（c）基本应用电路

技能任务　串联稳压电路的检测

任务描述

按照实验电路借助模拟电路实验箱搭接串联稳压电路，在掌握稳压电源的主要指标基础上，完成串联稳压电路的测试工作。

一、实验电路

实验电路如图 2.18 所示。

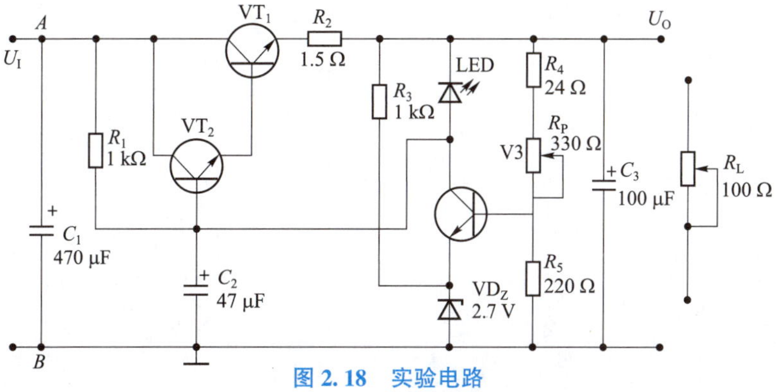

图 2.18　实验电路

二、实验仪器

模拟电路实验箱、数字万用表、示波器。

三、实验步骤

1. 静态测试

（1）看清楚实验电路板的接线，查清引线端子。

（2）按图 2. 18 接线，将负载 R_L开路，即稳压电源空载。

（3）将 12 V 电源接到 U_I端，再调节电位器 R_P，使 $U_O=6$ V，然后测量各三极管的 Q 点电压。

（4）调试输出电压的调节范围。

调节 R_P，观察输出电压 U_O的变化情况，记录 U_O的最大值和最小值。

2. 动态测量

（1）测量电源稳压特性，使稳压电源处于空载状态，调节可调电源电位器，使模拟电网电压波动±10%，此时测量相应的 ΔU_O，根据 $S=\dfrac{\Delta U_O/U_O}{\Delta U_I/U_I}$，计算稳压系数。

（2）测量稳压电源内阻。稳压电源的负载电流 I_L由空载变化到额定值 $I_L=100$ mA 时，测量输出电压 U_o的变化量即可求出电源内阻 $r_0=\left|\dfrac{\Delta U_O}{\Delta I_L}\times 100\%\right|$。测量过程中，使 $U_I=12$ V 保持不变。

3. 输出保护

（1）在电源输出端接上负载 R_L同时串接电流表，并用电压表监视输出电压，逐渐减小 R_L值，直到短路，短路时间应尽量短（不超过 5 s），以防元器件过热。注意 LED 发光二极管应逐渐变亮，记录此时的电压、电流值。

（2）逐渐加大 R_L值，观察并记录输出电压、电流值。

项目 2　手机充电器的设计与制作

技能任务　设计与制作手机充电器

任务描述

借助项目 1 所学理论知识制作一款输入电压为 220 V，输出电压为 1.5～30 V 间可调的简易手机充电装置，完成安装与性能检测工作后进行通电测试，记录不同时刻的电阻值与输出电压值。

直流稳压电源的制作（微课）

任务目标：

(1) 理解直流稳压电源的组成，加深对直流稳压电源工作原理的理解。

(2) 熟悉三端集成稳压器的使用方法及外部元器件参数的选择。

(3) 在安全用电的前提下掌握集成直流稳压电源的组装与调试方法。

直流稳压电源的制作（实操演示）

一、实验电路

可调式输出直流稳压电源电路如图 2.19 所示，它由变压器、整流、滤波、稳压电路等组成。该电路输入交流电压为 (1±10%)×220 V、50 Hz，输出直流电压为 1.5～30 V，连续可调。

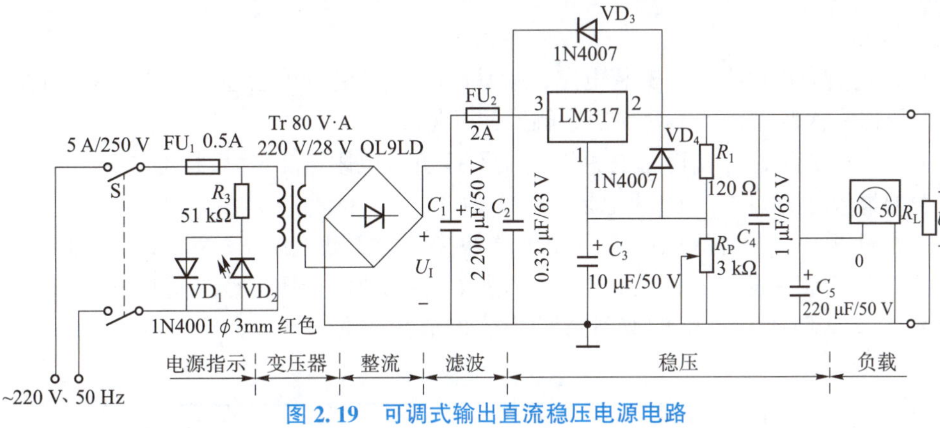

图 2.19　可调式输出直流稳压电源电路

二、实验设备与器件

实验设备与器件见表 2.1。

表 2.1　实验设备与器件

序号	符号	名称	规格	数量	序号	符号	名称	规格	数量
1	FU_1、FU_2	熔断器	0.5 A、2 A	各 1	3	C_1	电解电容	2 200 μF/50 V	1
2	Tr	变压器	220 V/28 V	1	4	C_2	瓷片电容	0.33 μF/63 V	1

续表

序号	符号	名称	规格	数量	序号	符号	名称	规格	数量
5	VD_1	二极管	1N4001	1	10	C_3	电解电容	10 μF /50 V	1
6	VD_2	LED	ϕ3 mm 红色	1	11	C_4	瓷片电容	1 μF/63 V	1
7	VD_3、VD_4	二极管	1N4007	1	12	C_5	电解电容	220 μF/50 V	1
8	R_1、R_3	电阻	120 Ω、51 kΩ	各 1	13	R_L	负载电阻	60 Ω	1
9	R_P	变阻器	3 kΩ		14		整流桥	2 A/50 V	1
电路板、电烙铁、数字万用表									

三、实验步骤

1. 分析电路

（1）说明各组成部分的作用及其元器件。

（2）分析U_1、U_2、U_I、U_O等电压估算值。

2. 元器件检测

进行元器件外观检查，凡元器件外观有破裂、变形、烧坏痕迹以及引脚松动等均需调换。用万用表检测变压器、整流桥、电解电容器的性能。

3. 连接制作

先在多功能印制电路板上固定好变压器，然后进行其他电路元器件的焊装。组装完毕后，还应认真检查电路中各元器件有无接错、漏接和接触不良之处，输出端不应有短路现象。

4. 通电测试

（1）通电前应再检查一遍安装电路，确认没有错误后方可接通交流 220 V 电源。调试过程中变压器一次侧电路绝不允许用手触摸，以免触电。

（2）空载检查测试。在稳压电源输出端不接负载电阻 R_L，然后接通 220 V 交流电源，用万用表测量 U_1、U_2、U_I、U_O并记录于表 2.2 中。

（3）加载测量。在直流稳压电源输出端外接额定负载电阻 $R_L = 60\ \Omega$，用万用表测量U_I、U_O等，并记录于表 2.2 中，此时 U_2、U_I、U_O测量值均会比空载时所测数值略小。

（4）调节 R_P阻值，测量 R_P取不同值时 U_O的值并记录。

表 2.2　实验数据

条件＼电压	U_I	U_O
空载		
有载		
R_P =		
R_P =		

拓展阅读

在项目 2 中设计与制作的手机充电器属于简单的非智能充电器，而如今智能手机的充电器要比项目 2 中的电路复杂得多，除具备基本的降压、整流、滤波、稳压等功能外，还装设有自带控制模块的智能充电管理芯片。尤其在当下，常见的 40 W、66 W 甚至 100 W 的大功率快速充电器能够与手机操作系统良好配合，在完成快速充电任务的同时还能够对电池进行全方位的保护。

手机充电器功能的不断更新，对其智能芯片的控制功能及控制精度提出了更高的要求，目前充电器内部芯片采用单片机作为控制核心的应用较为普遍，常用的充电芯片种类很多，此处列举几款芯片的主要参数，如表 2.3 所示。与充电控制芯片配合的电路具有充电控制、电池识别、电压检测、温度检测、充电超限保护等功能。

表 2.3　几种芯片的主要参数

产品	输入电压范围/V	充电电流/mA	锂电池	充满电压/V	LED指示灯	静态电流/μA	封装	备注
PW4052	4.7~5.5	2 500	1 节	4.2	双灯	170	SOP8-EP	2.5 A 单节（多并）锂电池充电管理
PW4053	3.5~6	1 200	3 节串联	12.6	单灯	1 000	SOP8-EP	5 V 充三串锂电池 12.6 V
PW4065	4~12	600	1 节	4.2、4.35	单灯	65	SOT23-5L	输入/输出短路保护，3 mA 最低电流
PW4203	4.5~24	2 000	1 节/二串/三串	4.2、8.4、12.6	单灯	2 000	SOP8-EP	1 节、2 节、3 节锂电池充电器
PW4054	4.5~6.5	500	单节	4.2	单灯	25	SOT23-5L	常规小封装 5PIN 充电产品
PW4056	4.5~6.5	1 000	单节	4.2	双灯	40	SOP8-EP	常规 8PIN 充电产品
PW4554	4.5~24	700	单节	4.2、4.35	双灯	200	DFN-2×2-8L	带 OVP 保护的充电产品
PW4556	4.5~5.5	250	单节	4.2、4.35	单灯	2.4	TDFN1X1-6L	体积小充电产品

情境小结

知识框图

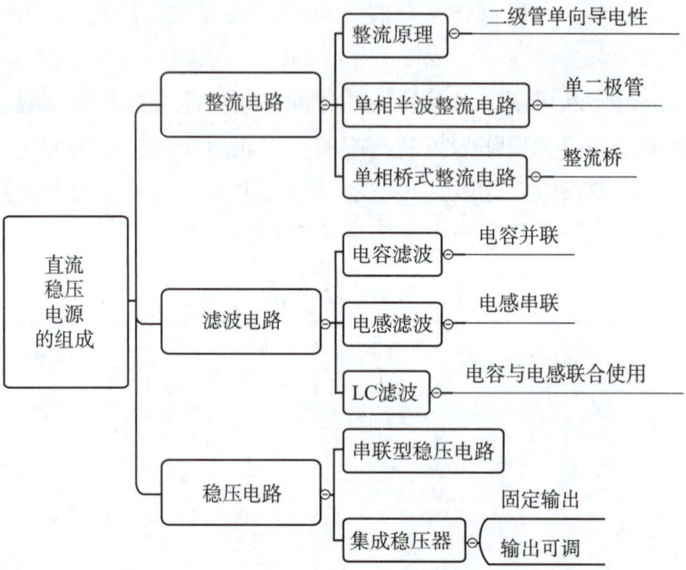

1. 整流电路

运用二极管的单向导电性将交流电转换为单向脉动电压。由于半波整流电路效率较低，常用桥式整流电路。

2. 滤波电路

通过电容与电感的储能作用将单向脉动的电压转变为平滑的直流电压，主要包括电容滤波、电感滤波、π 形滤波三种。

3. 稳压电路

当输入电压波动或负载和环境温度变化时，稳压电路用来维持输出电压的稳定。稳压电路主要包含二极管稳压电路、晶体管稳压电路等。然而随着电子技术的发展，集成稳压器已经占据重要地位。集成稳压器又分为固定输出型和输出可调型两种。

练习与提高

一、填空题

1. 将________电流变成________电流的过程称为整流。

2. 常见的整流电路有半波整流电路、________整流电路，其中应用最广泛的是________整流电路。

3. 电感滤波是将电感线圈与负载________，而电容滤波是将电容器与负载________。（填并联或串联）

4. 整流的原理是利用二极管的________特性。

5. 半波整流电路由________、整流二极管和________组成。

6. 大小波动，________不变的电流或电压称为脉动直流电。

二、判断题

1. 单相桥式整流电路在输入交流电压的每半周内都有两只二极管导通。（　　）

2. 滤波是利用电容器两端电压不能突变或电感中电流不能突变的特性来实现的。（　　）

3. 桥式整流电路加电容滤波后，二极管承受的最高反向电压仍为$\sqrt{2}U_2$。（　　）

4. 整流电容滤波电路的电容量越大，或负载电阻越大，输出电压越接近$\sqrt{2}U_2$。（　　）

5. 稳压二极管、整流二极管，都工作在反向击穿区。（　　）

三、选择题

1. 要使稳压二极管起稳压作用，必须工作在（　　）。

A. 正偏状态　　B. 反偏状态　　C. 以上两种都可以

2. 若单相桥式整流电路中，某只整流二极管被断路，则电路（　　），若某只二极管被短路，则电路（　　）。

A. 正常工作　　B. 变成半波整流　　C. 输出电压上升　　D. 烧毁

3. 单相桥式整流电路，变压器次级电压为 U_2，当负载开路时，整流输出端平均电压为（　　）。

A. 0 V　　B. 0.9 V　　C. U_2　　D. $\sqrt{2}U_2$

4. 滤波的目的是得到（　　）。

A. 脉动直流电　　B. 平滑的直流电　　C. 交直流电　　D. 以上答案都不对

5. 稳压二极管应当工作在（　　）。

A. 反向击穿状态　　B. 正向导通状态　　C. 截止状态　　D. 都不是

6. 某同学用一只直流电压表测量一只接在稳压电路中的稳压二极管，电压表读数只有 0.7 V，该同学可判断该稳压管（　　）。

A. 断路损坏　　B. 工作正常　　C. 接反　　D. 已经击穿

四、综合题

1. 已知一半波整流电路，输出电压为 4.5 V，负载电阻为 10 Ω，则流过负载的电流及二极管所承受的反向峰值电压是多少？

2. 有一桥式整流电路，已知电源变压器的二次电压 $U_2=10$ V，负载电阻 $R_L=10$ Ω，求输出电压 U_O、流过二极管的平均电流 I_D及二极管所承受的反向峰值电压 U_{RM}。

3. 某一单相全波整流电容滤波电路，已知输出电压为 24 V，输出电流为 1.2 A，试计算变压器副边电压的有效值 U_2、整流二极管所承受的最高反向电压 U_{RM}和流过整流二极管的电流 I_D。

4. 稳压二极管稳压电路如图 2.20 所示，已知二极管的稳定电压为 6 V，最小稳定电流为 5 mA，输出电压为 20~24 V，R_L = 360 Ω，试问：

（1）为保证空载时稳压二极管能够安全工作，R_2 应选多大？

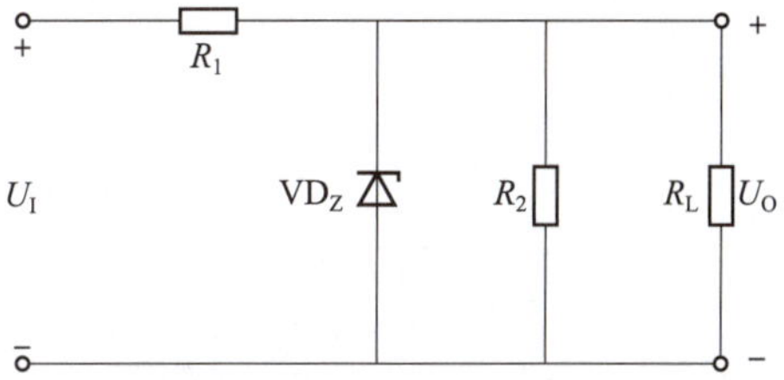

图 2.20　综合题 4 图

（2）当 R_2 按上述原则选定后，负载电阻允许的变化范围是多少？

5. 在图 2.21 所示的电路中，已知 $U_2 = 20\ \text{V}$，$R_1 = R_3 = 3.3\ \text{k}\Omega$，$R_2 = 5.1\ \text{k}\Omega$，$C = 1\,000\ \mu\text{F}$，试求输出电压 U_o 的范围。

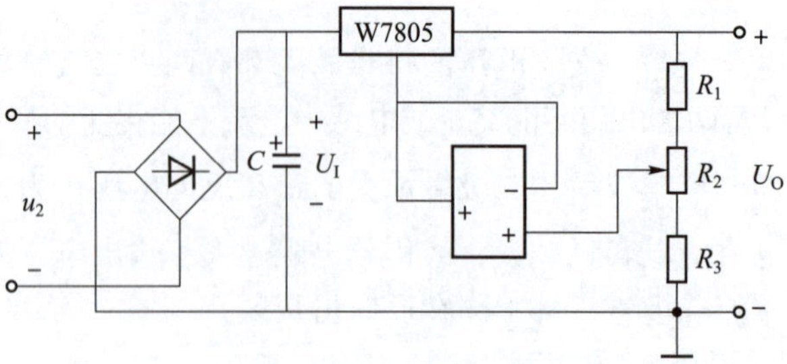

图 2.21　综合题 5 图

情境三

智能循迹小车的设计与制作

情境引入

随着人工智能技术的发展，安全稳定性强、自动化程度高的智能循迹小车受到了人们越来越多的关注，智能循迹小车是20世纪50年代研发出来的新型智能搬运机器人，是可以沿设定的引导路径安全行驶的运输车，它具有较好的交互性、可控性，能够按照人们设定的模式去自动运作，深受人们的喜欢。它广泛应用于危险搜索、机器人、消防、交通等领域。因此，对智能循迹小车的研究不仅具有很大的现实意义，还具有极为广阔的应用前景和市场价值。

智能循迹小车采用黑色线条作为轨迹，通过集成电路控制三极管来驱动减速直流电机工作，同时采用光敏电阻来识别黑色引导线，并正确沿此导线行驶。通过智能循迹小车的设计与制作，学习集成运算放大器的基本概念、结构组成及符号，掌握集成运算放大器线性应用及分析方法，理解集成运算放大器的非线性应用。最后，通过所学知识完成智能循迹小车控制线路的设计与制作。

情境目标

知识目标：

1. 了解零漂的概念及其对电路造成的影响；
2. 熟悉差分放大电路的作用；
3. 掌握集成运算放大器的基本概念及其图形符号和文字符号；
4. 熟悉集成运算放大器的主要技术指标、电压传输特性；
5. 掌握集成运算放大器的线性应用及分析方法；
6. 理解集成运算放大器的非线性应用。

技能目标：

1. 会对集成运算放大器的引脚进行识别和测试；
2. 能够根据实际工作电路要求选择合适的集成运算放大器；
3. 能够根据设计要求，设计实现某一运算关系的数字运算电路。

素质目标：

1. 增强学生的工程意识和安全意识；
2. 培养学生的团队协作精神和工匠精神；
3. 提高学生的自主学习和自我管理的能力及实践操作能力。

项目 1　认识集成运算放大器

集成运算放大器简称为集成运放，由于发展初期主要应用在计算机的数学运算上，所以至今仍称为“运算放大器”。它实际上是用集成电路制造工艺生产的一类具有高增益的直接耦合放大电路，具有通用性强、可靠性高、体积小、功率小、性能优越等特点，现在广泛应用于自动控制、信息处理、计算机技术以及通信工程等各个电子技术领域。

任务 1　差分放大器

任务导入

由于集成运算放大器是将所有元件在同一块硅片上用相同的工艺过程制造的，不适用于制造几十皮法以上的电容，更难用于制造电感器件，因此采用直接耦合方式。在直接耦合放大电路中，即使将输入端短路，用灵敏的直流表测量输出端，也会有变化缓慢的输出电压，这种输入电压为零而输出电压不为零且缓慢变化的现象，称为零点漂移，简称零漂。对于直接耦合放大电路而言，其第一级的漂移影响最为严重，由于直接耦合，第一级的漂移会被逐级放大，以至影响到整个放大电路。为此，我们应该采用怎样的电路设置来减小第一级零漂对整个放大电路的影响呢？

一、差分放大电路的组成

差分放大电路的组成

差分放大电路是一种最有效的抑制零点漂移的放大电路，常用在直接耦合放大电路的第一级，是集成运算放大器的主要组成部分。

差分放大电路如图 3.1 所示，它由两个参数、特性完全相同的三极管 VT_1、VT_2 接成共射级放大电路构成。有两个输入信号 u_{i1}、u_{i2} 经各输入回路电阻 R_{B1} 分别加在两个管子的基极上，输出信号 u_o 从两个三极管的集电极取出。电路是对称的，两侧的电阻 R_{B2} 和 R_C 完全相同。

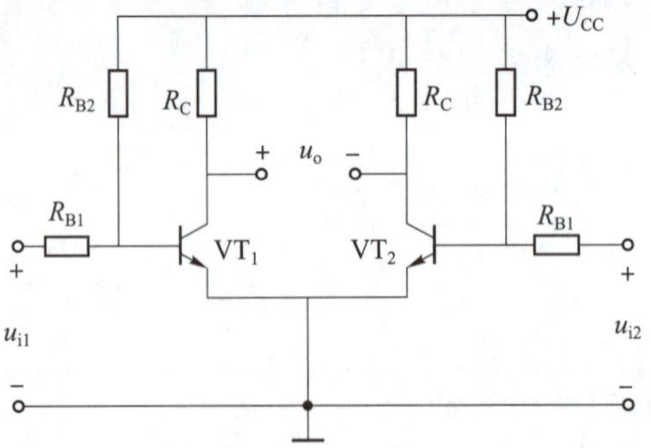

图 3.1　基本差分放大电路

二、差分放大电路的工作原理

静态时，$u_{i1}=u_{i2}=0$，两输入端与地之间可以看成短路，由于电路对称，两集电极电流 $I_{C1}=I_{C2}$，两集电极电位 $V_{C1}=V_{C2}$，输出电压 $u_o=V_{C1}-V_{C2}=0$。

当环境温度升高时，由于电路完全对称，所以两管的集电极电流变化相同，$\Delta I_{C1}=\Delta I_{C2}$，这样使两管的集电极电位的变化也相同，即 $\Delta V_{C1}=\Delta V_{C2}$，$u_o=\Delta V_{C1}-\Delta V_{C2}=0$，输出电压仍等于零，由此看出，差分放大电路有效抑制了零点漂移，这是它的最大特点。

差分放大电路有两个输入端子，可以输入不同种类的信号，分述如下。

1. 共模输入

在差分放大电路的两个输入端同时输入大小相等、极性相同的信号 $u_{i1}=u_{i2}$，这种输入称为共模输入。这样一对大小相等、极性相同的信号称为共模信号，通常用 u_{ic} 表示。

当输入信号为共模信号（即 $u_{i1}=u_{i2}$）时，因电路完全对称，两三极管集电极电位 V_{C1}、V_{C2} 大小相等、极性相同，则 $u_o=V_{C1}-V_{C2}=0$，共模电压放大倍数 $A_{uc}=u_o/u_{ic}=0$。可见差分放大电路对共模信号有很强的抑制作用。实际上，差分放大电路对零点漂移的抑制作用是抑制共模信号的一个特例。因为如果将每管的集电极的漂移电压折合到各自的输入端，就相当于给差分放大电路增加了一对共模信号。

2. 差模输入

在差分放大电路的两个输入端分别输入大小相等、极性相反的信号，即 $u_{i1}=-u_{i2}$，这种输入称为差模输入。而把这样一对大小相等、极性相反的信号称为差模信号。差模信号通常用 u_{id} 表示。

当输入信号为差模信号（即 $u_{i1}=-u_{i2}$）时，因电路对称，两三极管集电极电位 V_C 的变化大小相等、极性相反，设 $\Delta V_{C1}=\Delta V_C$，则 $\Delta V_{C2}=-\Delta V_C$，差模输出电压 $u_o=\Delta V_{C1}-\Delta V_{C2}=2\Delta V_C$，可见在差模输入方式下，差模输出电压是单管输出电压的两倍。即差分放大电路可以有效地放大差模信号。

3. 比较输入

在差分放大电路的两个输入端分别输入一对大小、极性任意的信号，这种输入方式称为比较输入方式。

为了使问题简化，通常把这对既非共模又非差模的信号分解为共模信号 u_{ic} 和差模信号 u_{id} 的组合。例如：u_{i1} 和 u_{i2} 是两个输入信号，设 $u_{i1}=10\ \text{mV}$，$u_{i2}=6\ \text{mV}$，有 $u_{i1}=8\ \text{mV}+2\ \text{mV}$，$u_{i2}=8\ \text{mV}-2\ \text{mV}$，可见，8 mV 是两输入信号的共模分量 u_{ic}，而+2 mV 和−2 mV 为两输入信号的差模分量，因此可得

$$u_{i1}=u_{ic}+u_{id1}$$

$$u_{i2}=u_{ic}+u_{id2}$$

由前面分析可知，差分放大电路放大的是两个输入信号之差，而对共模信号没有放大作用，故有“差分”放大电路之称。比较输入方式广泛应用于自动控制系统中，例如有两个信号，一个为测量信号（或者反馈信号）u_{i1}，一个为给定的参考信号 u_{i2}，两个信号在输入端比较后，得出差值 $u_{id1}-u_{id2}$，经放大后，输出电压为

$$u_o = A_{ud}(u_{id1} - u_{id2}) \qquad (3.1)$$

式中，A_{ud} 为电压放大倍数。偏差电压信号 $u_{id1} - u_{id2}$ 可正可负，但它只反映两信号的差值，并不反映其大小。如果两信号相等，则输出电压 $u_o = 0$，说明不需调节，而一旦出现偏差，偏差信号将被放大输出并送至执行机构，即可根据极性和变化幅度实现对某一生产过程（如炉温、水位等）的自动调节或控制。

三、典型差分放大电路的分析

差分放大电路的分析

以上的分析是在电路两侧完全对称的前提下进行的，但理想化的完全对称电路是不存在的。因此，完全依赖电路的对称性来抑制零点漂移作用有限。实际上，图 3.1 所示差分放大电路中每一个管子的集电极电位的漂移并没有得到控制。如果采用单端输出（输出取自一个管子的集电极和地之间），漂移就不能得到抑制，还应从抑制每一个管子的零点漂移范围出发解决问题。为此，常采用图 3.2 所示的差分放大电路。与图 3.1 比较，取消了基极电阻 R_{B2}，增加了发射极电阻 R_E，R_E 的作用就是稳定静态工作点，更加有效抑制漂移，一般 R_E 的取值较大，为了补偿 R_E 的压降，在发射极电路引入一个负电源，保证三极管有合适的静态工作点。当温度 T 升高使 I_{C1}、I_{C2} 均增加时，抑制漂移的过程如下：

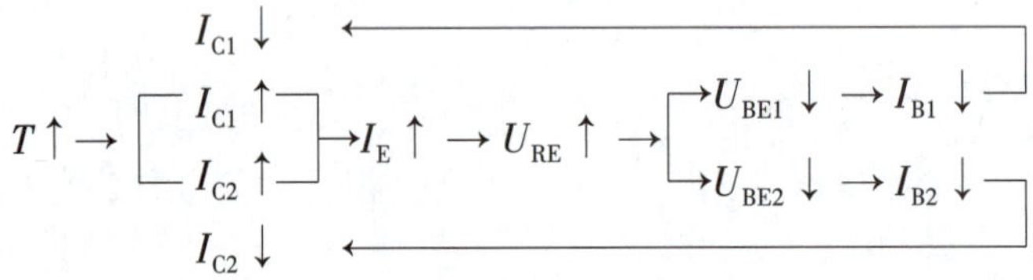

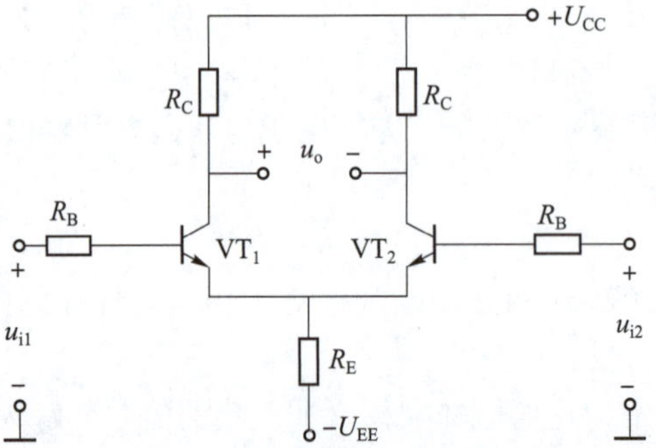

图 3.2 典型差分放大电路

可见，R_E 的作用和静态工作点稳定电路的工作原理是一样的，都是利用电流负反馈改变三极管的 U_{BE}，从而抑制 I_C 的变化。因 R_E 对每个三极管的漂移均起到了抑制作用，能有效地抑制零点漂移，因此称为共模抑制电阻。而对差模信号来说，两个三极管 VT_1、VT_2 的发射极电流 I_{E1}、I_{E2} 一个增大时另一个必然减小，在电路对称的情况下，增加量等于减小量，故流过电阻 R_E 的电流保持不变，也就是说，R_E 对差模信号没有影响。

R_E 越大，负反馈作用越强，抑制零漂的效果越好。但 U_{CC} 一定时，过大的 R_E 会使集电极电流减小，影响静态工作点和电压放大倍数。为此引入负电源 $-U_{EE}$ 来抵消 R_E 两端的直流压降，以获得合适的静态工作点。

1. 静态分析

电路共有 U_{CC} 和 U_{EE} 正负两路电源，负电源 U_{EE} 通过电阻 R_E 为两个管子提供偏流，因两侧电路完全对称，所以，$I_{B1}=I_{B2}$，$I_{C1}=I_{C2}$，$I_{E1}=I_{E2}$，$U_{CE1}=U_{CE2}$，流过 R_E 的电流 I_E 为 I_{E1} 与 I_{E2} 之和，静态分析只需计算一侧即可，由图 3.3 的单管直流通路可得

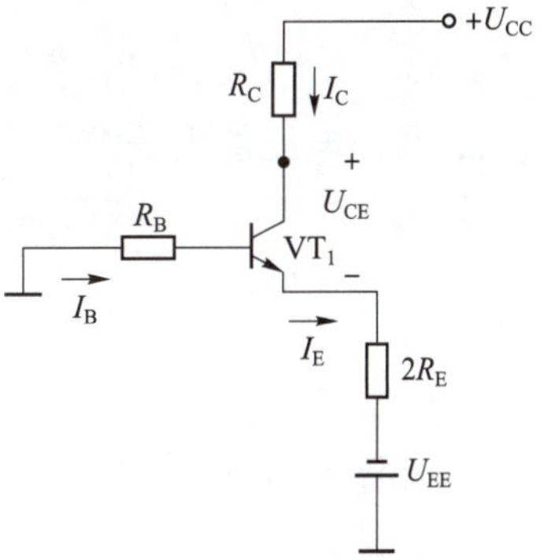

图 3.3　单管直流通路

$$R_BI_B+U_{BE}+2R_EI_E=U_{EE}$$

因前两项数值远小于第三项，忽略后有

$$I_C\approx I_E\approx\frac{U_{EE}}{2R_E} \text{或} 2R_EI_E-U_{EE}=V_E\approx 0$$

说明发射极具有零电位。

三极管的基极电流为

$$I_B\approx I_C/\beta\approx U_{EE}/(2\beta R_E)$$

三极管的集-射极电压为

$$U_{CE}=U_{CC}+U_{EE}-I_C(R_C+2R_E)$$

2. 动态分析

当输入差模信号时，差模输出电压是单管输出电压的两倍，故图 3.2 所示差分放大电路的电压放大倍数为

$$A_{ud}=\frac{u_{od}}{u_{id}}=\frac{u_{o1}-u_{o2}}{u_{i1}-u_{i2}}=\frac{2u_{o1}}{2u_{i1}}=A_{ud1}=A_{ud2}=-\beta\frac{R_C}{R_B+r_{be}} \tag{3.2}$$

可见，双端输入、双端输出时，差分放大电路的差模电压放大倍数等于组成该差分放大电路的单管放大电路的电压放大倍数。在这种接法中，牺牲了一个三极管的放大作用，换来了抑制零点漂移的效果。

当在输出 u_o 间接入负载电阻 R_L 时，差模电压放大倍数为

$$A_{ud}=-\beta\frac{R_L'}{R_B+r_{be}} \tag{3.3}$$

式中：$R_L'=R_C//(R_L/2)$。因为在输入差模信号时，VT_1、VT_2 管的集电极电位变化相反，一边增大、一边减小，且大小相等，故负载电阻 R_L 的中点相当于交流“地”，等效到一侧的放大电路中，每管各带一半负载。

两输入端之间的差模输入电阻为

$$r_i=2(R_B+r_{be}) \tag{3.4}$$

两集电极之间的差模输出电阻为

$$r_o\approx 2R_C \tag{3.5}$$

四、差分放大电路的性能指标

1. 差模电压放大倍数 A_{ud}

差分放大电路输入差模信号时，输出信号 u_o 与差模输入信号 u_{id} 之比称为差模电压放大

倍数，即

$$A_{ud}=\frac{u_o}{u_{id}} \tag{3.6}$$

2. 共模电压放大倍数 A_{uc}

差分放大电路输入共模信号时，输出信号 u_o 与共模输入信号 u_{ic} 之比称为共模电压放大倍数，即

$$A_{uc}=\frac{u_o}{u_{ic}} \tag{3.7}$$

3. 共模抑制比 K_{CMR}

差模电压放大倍数与共模电压放大倍数之比的绝对值定义为共模抑制比，即

$$K_{CMR}=\left|\frac{A_{ud}}{A_{uc}}\right| \tag{3.8}$$

共模抑制比常用分贝表示，定义为

$$K_{CMR}=20\lg\left|\frac{A_{ud}}{A_{uc}}\right| \tag{3.9}$$

K_{CMR} 越大，表明电路性能越好。

任务 2　集成运算放大器

任务导入

集成运算放大器

随着电子元器件制造技术和计算机技术的不断进步，由单个元件连接起来的分立电路已逐渐被淘汰。集成电路（俗称芯片，IC）以其体积小、质量轻、价格便宜、功耗低等优点正逐步取代分立元件电路。所谓集成电路，是指采用半导体制作工艺，在一块较小的单晶硅片上将许多晶体管及电阻器等元件连接成完整的电子电路并加以封装，使之具有特定功能的电路。集成电路按其处理信号的不同，可以分为模拟集成电路和数字集成电路两类。集成运算放大器、集成稳压电源、集成功率放大器、模/数转换器等属于模拟集成电路，而 CMOS 电路、TTL 电路属于数字集成电路。

一、集成运算放大电路的构成

集成运算放大器由四部分构成，分别为输入级、中间级、输出级以及各级的偏置电路，其电路框图如图 3.4 所示。

1. 输入级

输入级又称前置级，一般都采用差分放大电路，有同相和反相两个输入端。一般要求输入电阻高、抑制零点漂移和共模干扰信号的能力强、差模放大倍数高、静态电流小。输入级的好坏直接影响集成运算放大器的质量。

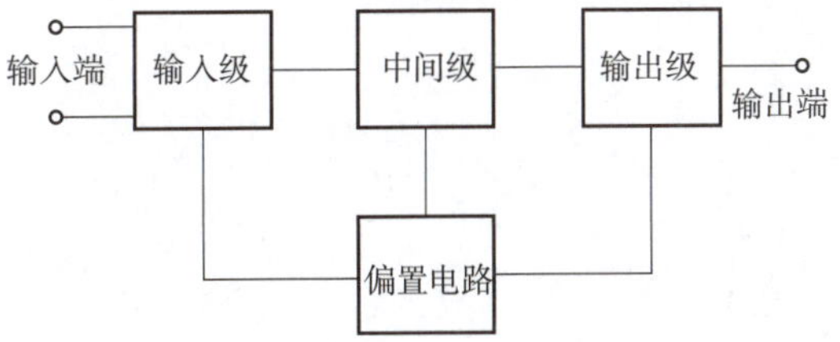

图 3.4　集成运算放大器电路框图

2. 中间级

中间级是集成运算放大器的主放大器，主要作用是提供足够大的电压放大倍数，故而也称为电压放大级。要求中间级本身具有较高的电压增益，一般采用共发射极放大电路。

3. 输出级

输出级的主要作用是输出足够大的电压和电流以满足负载的需要，同时还要有较低的输出电阻和较高的输入电阻，以起到将放大级和负载隔离的作用。为保证输出电阻小（即带负载能力强），得到大电流和高电压输出，输出级一般由射极输出器或互补功率放大电路构成。输出级设有保护电路，以保护输出级不致损坏。有些集成运算放大器中还设有过热保护等。

4. 偏置电路

偏置电路的作用是给上述各级电路提供稳定、合适的偏置电流，从而确定合适的静态工作点，一般采用恒流源电路。

常见的集成运算放大器有双列直插式、扁平式、圆壳式等，引脚数有 8 引脚、14 引脚等，其外形如图 3.5 所示。

图 3.5　集成运算放大器实物图

（a）双列直插式；（b）扁平式；（c）圆壳式

二、集成运算放大器的电压传输特性

集成运算放大器的符号如图 3.6（a）所示。它有两个输入端：一个为同相输入端，另一个为反相输入端，在符号图中分别用“+”“-”表示；有一个输出端。所谓同相输入端是指反相输入端接地，输入信号加到同相输入端，则输出信号和输入信号极性相同，其对“地”电压（即电位）用 u_+ 表示。所谓反相输入端，是指同相输入端接地，输入信号加到反相输入端，则输出信号和输入信号极性相反，其对“地”电压（即电位）用 u_- 表示。集成运算放大器的外引脚排列因型号而异。图 3.6（b）所示为国产集成运算放大器 F007 的各引脚作用。输出端一般画在输入端的另一侧，在符号边框内标有“+”号，其对“地”的电压（即电位）用 u_o 表示。实际的运算放大器还必须有正、负电源端，还可能有补偿端和调零端。在简化符号中，电源端、调零端等都不画。

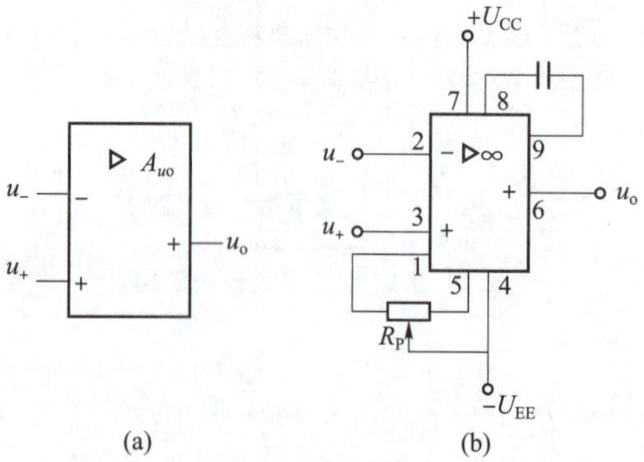

图 3.6　集成运算放大器

（a）集成运算放大器符号；（b）F007 各引脚作用

集成运算放大器的输出电压 u_o 与输入电压（即同相输入端与反相输入端之间的差值电压）之间的关系 $u_o = f(u_+ - u_-)$（见图 3.7）称为电压传输特性。从图 3.7 所示曲线可以看出，电压传输特性包括线性区和饱和区两部分。

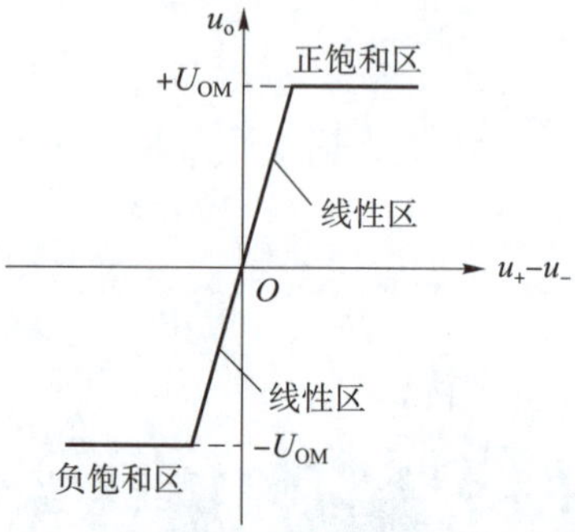

图 3.7　集成运算放大器电压传输特性

在线性区，曲线的斜率为电压放大倍数，即

$$u_o = A_{od}(u_+ - u_-) \tag{3.10}$$

由于受电源电压的限制，u_o 不可能随 $|u_+ - u_-|$ 的增加而无限增加。当 u_o 增加到一定值后，便进入了正、负饱和区。

由于集成运算放大器的线性区很窄且电压放大倍数 A_{od} 很大，可达几十万倍，所以即使输入电压很小，在不引入深度负反馈的情况下集成运算放大器也很难在线性区稳定工作。

三、集成运算放大器的主要技术指标

集成运算放大器的参数反映了它的性能，要想合理地选择和正确地使用集成运算放大器，就必须了解其各主要参数的意义。

1. 输入失调电压 U_{os}

理想的运算放大器，当输入电压为零时，输出电压 u_o 也应为零。但是实际的运算放大器，当输入电压为零时，由于元件参数的不对称性等原因，输出电压 $u_o \neq 0$。如在输入端加一个适当的补偿电压使输出电压为零，则外加的这个补偿电压即为输入失调电压 U_{os}。U_{os} 是表征运算放大器内部电路对称性的指标，一般为几毫伏，其值越小越好。高质量的集成运算放大器可达 1 mV 以下。

2. 输入失调电流 I_{os}

输入失调电流是指输入信号为零时，两个输入端静态基极电流之差，用于表征差分级输入电流不对称的程度。I_{os} 一般在 1 nA～5 μA，其值越小越好。

3. 最大输出电压 U_{opp}

它是指使集成运算放大器输出电压和输入电压保持不失真关系的最大输出电压。

4. 开环差模电压放大倍数 A_{od}

它是指集成运算放大器在无外加反馈回路的情况下输出电压与输入差模信号电压之比，常用分贝（dB）表示。其值越大，运算精度越高，目前最高可达 140 dB 以上。

5. 差模输入电阻 r_{id}

r_{id} 是指集成运算放大器输入差模信号时该放大器的输入电阻。r_{id} 越大，对信号源的影响越小，其值一般在数百千欧以上，以场效应晶体管为输入级的可达 10^6 MΩ。

6. 输出电阻 r_o

r_o 是集成运算放大器开环工作时，从输出端向里看进去的等效电阻，其值越小，说明集成运算放大器带负载的能力越强。

7. 共模抑制比 K_{CMR}

K_{CMR} 是差模电压放大倍数与共模电压放大倍数之比的绝对值，即 $K_{CMR} = |A_{ud}/A_{uc}|$，常用分贝表示。该值越大，说明输入差分级各参数对称程度越好。一般为 100 dB 上下，品质好的可达 160 dB。

8. 最大差模输入电压 U_{idm}

U_{idm} 是指同相输入端和反相输入端之间所能承受的最大电压值。所加电压若超过 U_{idm}，则可能使输入级的三极管反向击穿而损坏。

除了以上介绍的指标外，还有最大输出电压幅值、带宽、转换速率、电源电压抑制比等。实用中，考虑到价格低廉与采购方便，一般应选择通用型集成运算放大器；特殊需要时，则应选择专用型集成运算放大器。

四、理想运算放大器

理想集成运算放大器

一般情况下，在分析集成运算放大器电路时，为了简化分析，通常将实际的运算放大器看成是一个理想的运算放大器，即将集成运算放大器的各项参数理想化。构成理想运算放大器的主要条件是：

（1）开环差模电压放大倍数 $A_{od} \to \infty$；

（2）差模输入电阻 $r_{id} \to \infty$；

（3）输出电阻 $r_o \to 0$；

（4）共模抑制比 $K_{CMR} \to \infty$；

（5）无内部干扰和噪声。

实际运算放大器要看作理想运算放大器时，上述条件达到以下要求即可：电压放大倍数达到$10^4 \sim 10^5$倍；输入电阻达到$10^5\ \Omega$；输出电阻小于几百欧姆；输入最小信号时，有一定信噪比，共模抑制比大于等于 60 dB。由于实际运算放大器的参数比较接近理想运算放大器，因此由理想化带来的误差非常小，在一般的工程计算中可以忽略不计。

理想运算放大器的符号如图 3.8 所示。在本书中，如果没有特别注明，所有电路图中的运算放大器均作为理想运算放大器处理。

理想运算放大器的电压传输特性如图 3.9 所示。

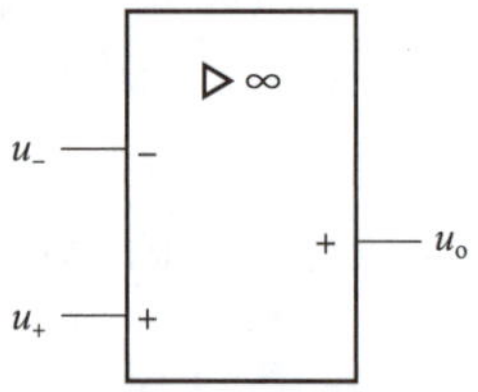

图 3.8　理想运算放大器符号

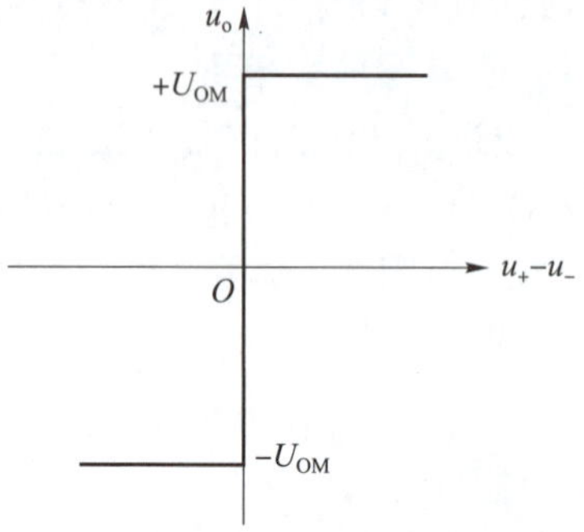

图 3.9　理想运算放大器电压传输特性

从图 3.9 可以看出，由于理想运算放大器的开环差模电压放大倍数$A_{od} \to \infty$，因此线性区几乎与纵轴重合。在不加负反馈的情况下，只要$|u_+ - u_-|$从零开始有微小的增加，运算放大器就很快进入饱和区，即

$$u_+ > u_- \text{ 时}, u_o = +U_{OM}$$

$$u_+ < u_- \text{ 时}, u_o = -U_{OM}$$

在引入深度负反馈后，理想运算放大器工作在线性区，可以得出以下重要的结论。

（1）虚短路（简称虚短）：即集成运算放大器两输入端的电位相等，$u_+ = u_-$。

由于运算放大器的输出电压为有限值，而理想集成运算放大器的$A_{od} \to \infty$，则

$$u_+ - u_- = \frac{u_o}{A_{od}} = 0 \text{ 即} \quad u_+ = u_-$$

从上式看，两个输入端好像是短路，但又未真正短路，故将这一特性称为虚短。

（2）虚断路（简称虚断）：即集成运算放大器两输入端的输入电流为零，$i_+ = i_- = 0$。

由于运算放大器的输入电阻一般都在几百千欧以上，流入运算放大器同相输入端和反相输入端中的电流十分微小，比外电路中的电流小几个数量级，往往可以忽略，这相当于将运算放大器的输入端开路，即$i_+ = i_- = 0$。显然，运算放大器的输入端不可能真正开路，故将这一特性称为虚断。

（3）虚地：当运算放大器的同相输入端（或反相输入端）接地时，根据“虚短”的概念可知，运算放大器的另一端也相当于接地，称为虚地。

在分析运算放大器应用电路时，运用虚短、虚断、虚地的概念，可以大大简化运算放大器电路分析的工作量。

任务 3　运算放大器在信号运算方面的应用

任务导入

集成运算放大器外接反馈电路后，就可以实现对输入信号的比例、加、减、积分和微分等运算。运算电路是集成运算放大器的线性应用电路，由于对模拟量进行上述运算时，要求输出信号反映输入信号的某种运算结果，这就要求输出电压在一定范围内变化，故集成运算放大器应工作在线性区，所以电路中必须引入深度负反馈。

比例运算放大电路

一、比例运算

比例运算电路满足输出信号与输入信号之间比例运算的关系，它是各种运算电路的基础。比例运算电路包括同相比例运算电路和反向比例运算电路。

1. 同相比例运算电路

同相比例运算电路如图 3.10 所示。输入信号经电阻 R_2 加至同相输入端，反相输入端经电阻 R_1 接地，在输出端与反相输入端之间接反馈电阻 R_f。

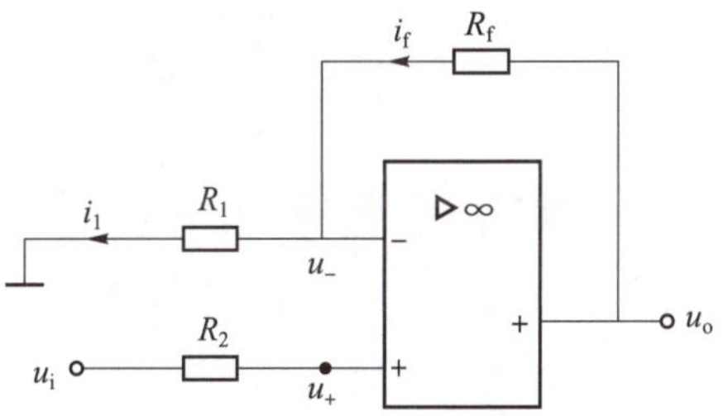

图 3.10　同相比例运算电路

根据理想运算放大器工作在线性区时虚短、虚断的特性，可得

$$u_+ = u_- = u_i$$

$$i_1 = i_f$$

而

$$i_1 = \frac{u_-}{R_1} = \frac{u_i}{R_1}$$

$$i_f = \frac{u_o - u_-}{R_f} = \frac{u_o - u_i}{R_f}$$

所以

$$u_o = \left(1 + \frac{R_f}{R_1}\right) u_i \tag{3.11}$$

上式说明，输出电压 u_o 随输入电压 u_i 按正比变化，即输出与输入成正比。

闭环电压放大倍数为

$$A_{uf} = \frac{u_o}{u_i} = 1 + \frac{R_f}{R_1} \tag{3.12}$$

上式表明，集成运算放大器的输出电压与输入电压之间仍成比例关系，比例系数取决于反馈网络的电阻值 R_f、R_1，而与集成运放本身的参数无关。

当 $R_1 \to \infty$(断开）或 $R_f = 0$ 时，$A_{uf} = \frac{u_o}{u_i} = 1$，即 $u_o = u_i$，称为电压跟随器，如图 3.11 所示，它是同相输入放大器的特例。

2. 反相比例运算电路

反相比例运算电路如图 3.12 所示。输入信号 u_i 经电阻 R_1 加至反相输入端，同相输入端经电阻 R_2 接地，在输出端与反相输入端之间接反馈电阻 R_f，下面分析其输入、输出信号之间的关系。

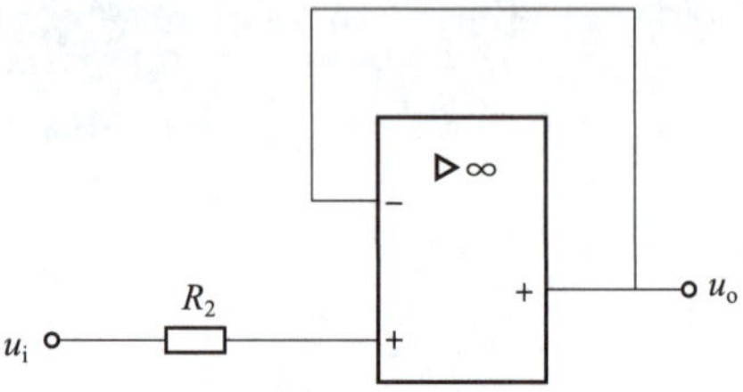

图 3.11　电压跟随器

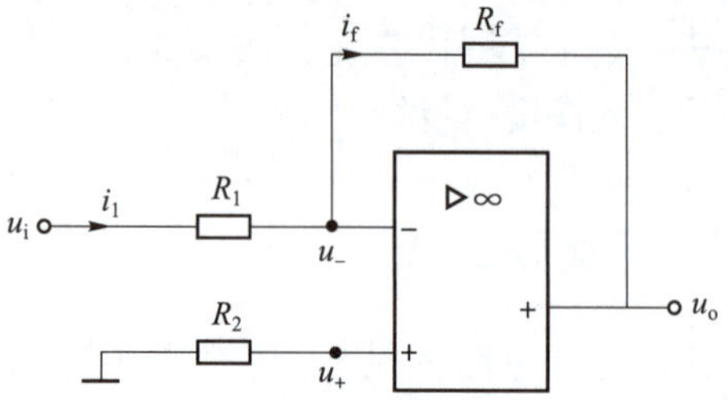

图 3.12　反相比例运算电路

利用理想运算放大器工作在线性区时虚短、虚断的特性，有

$$i_1 = i_f$$

$$u_+ = u_- = 0$$

及

$$i_1 = \frac{u_i - u_-}{R_1} = \frac{u_i}{R_1}$$

$$i_f = \frac{u_- - u_o}{R_f} = -\frac{u_o}{R_f}$$

所以

$$u_o = -\frac{R_f}{R_1}u_i \tag{3.13}$$

从上式可以看出，u_o 与 u_i 成反比，故称为反相比例运算电路。

电压放大倍数为

$$A_{uf} = \frac{u_o}{u_i} = -\frac{R_f}{R_1} \tag{3.14}$$

图 3.12 中的电阻 R_2 称为平衡电阻，$R_2 = R_1 // R_f$，其作用是消除静态基极电流对输出电压的影响。

当 $R_1 = R_f$ 时，$A_{uf} = \frac{u_o}{u_i} = -1$，即 $u_o = -u_i$，称为反相器。

例 3.1　在图 3.12 中，已知 $R_1 = 10\ \text{k}\Omega$，$R_f = 500\ \text{k}\Omega$。求电压放大倍数 A_{uf} 及平衡电阻 R_2。

解 $A_{uf}=-\dfrac{R_f}{R_1}=-\dfrac{500}{10}=-50$

$$R_2=R_1//R_f=\frac{10\times500}{10+500}=9.8(\text{k}\Omega)$$

二、加法运算

加法运算电路

在反相比例运算电路的基础上，增加若干输入支路，就构成了反相加法运算电路，如图 3.13 所示。此时三个输入信号电压产生的电流都流向 R_f，其输出是三个输入信号的比例和。

由于同相输入端经电阻 R_2 接地，则 $u_+=u_-=0$，列出各支路电流方程

$$i_{13}=\frac{u_{i3}-0}{R_{13}}=\frac{u_{i3}}{R_{13}}$$

$$i_{12}=\frac{u_{i2}-0}{R_{12}}=\frac{u_{i2}}{R_{12}}$$

$$i_{11}=\frac{u_{i1}-0}{R_{11}}=\frac{u_{i1}}{R_{11}}$$

$$i_f=\frac{0-u_o}{R_f}=-\frac{u_o}{R_f}$$

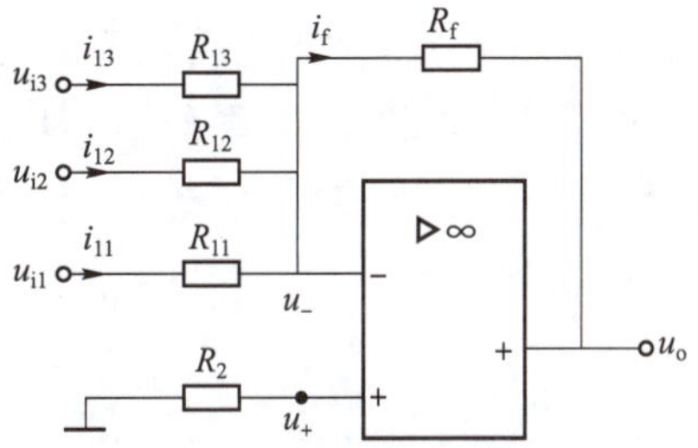

图 3.13　反相加法运算电路

利用虚断概念，$i_-=0$，$i_f=i_{11}+i_{12}+i_{13}$，据此可得

$$u_o=-R_f\left(\frac{u_{i1}}{R_{11}}+\frac{u_{i2}}{R_{12}}+\frac{u_{i3}}{R_{13}}\right)=-\left(\frac{R_f}{R_{11}}u_{i1}+\frac{R_f}{R_{12}}u_{i2}+\frac{R_f}{R_{13}}u_{i3}\right)\tag{3.15}$$

当 $R_{11}=R_{12}=R_{13}=R_1$ 时，

$$u_o=-\frac{R_f}{R_1}(u_{i1}+u_{i2}+u_{i3})$$

当 $R_{11}=R_{12}=R_{13}=R_f$ 时，

$$u_o=-(u_{i1}+u_{i2}+u_{i3})$$

平衡电阻 $R_2=R_{11}//R_{12}//R_{13}//R_f$。

减法运算电路

三、减法运算

两个输入信号相减的运算电路如图 3.14 所示。

此为运算放大器两个输入端均有输入信号的情况（称为双端输入），由图 3.14 可以得出

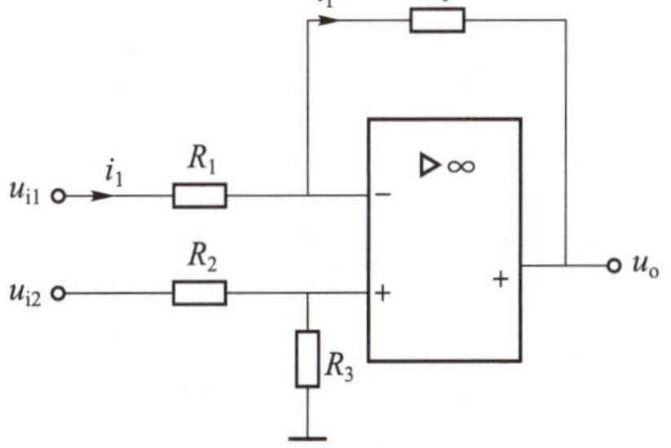

图 3.14　减法运算电路

$$u_+=u_-=\frac{u_{i2}}{R_2+R_3}R_3$$

$$i_1=\frac{u_{i1}-u_-}{R_1}$$

$$i_f = \frac{u_- - u_o}{R_f}$$

$$i_1 = i_f$$

整理后可得

$$u_o = \left(1 + \frac{R_f}{R_1}\right)\frac{R_3}{R_2 + R_3}u_{i2} - \frac{R_f}{R_1}u_{i1} \tag{3.16}$$

当 $R_1 = R_2$ 且 $R_3 = R_f$ 时，

$$u_o = \frac{R_f}{R_1}(u_{i2} - u_{i1})$$

当 $R_1 = R_f$ 时，

$$u_o = u_{i2} - u_{i1}$$

即输出电压正比于输入电压之差，实现了对输入电压的减法运算。

例 3.2 试求图 3.15（a）、图 3.15（b）两电路中输出电压与输入电压的运算关系，其中 $R_1 = R_2 = 10\ \text{k}\Omega$，$R_3 = 5\ \text{k}\Omega$，$R_f = 20\ \text{k}\Omega$。

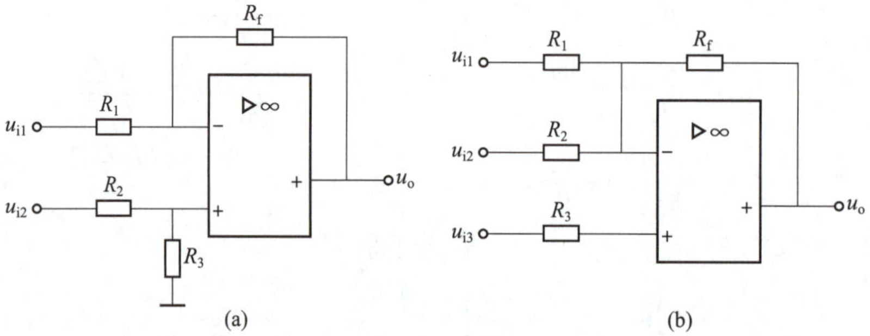

图 3.15 例 3.2 图

解 对于图 3.15（a），根据式（3.16）可得

$$u_o = u_{i2} - 2u_{i1}$$

对图 3.15（b），反相输入端 u_- 应用 KCL 并利用虚短、虚断的概念，有

$$\frac{u_{i1} - u_{i3}}{R_1} + \frac{u_{i2} - u_{i3}}{R_2} = \frac{u_{i3} - u_o}{R_f}$$

整理可得

$$u_o = -\frac{R_f}{R_1}u_{i1} - \frac{R_f}{R_2}u_{i2} + \left(1 + \frac{R_f}{R_1} + \frac{R_f}{R_2}\right)u_{i3} = -2u_{i1} - 2u_{i2} + 5u_{i3}$$

四、积分运算

积分运算电路

在反相比例运算电路中，用电容 C_f 代替 R_f 作为反馈元件，如图 3.16 所示，就构成了反相积分运算电路。

由图 3.16 可得

$$i_1 = i_f = \frac{u_i}{R_1}$$

$$u_o = -u_C = -\frac{1}{C_f}\int i_f \mathrm{d}t = -\frac{1}{C_f R_1}\int u_i \mathrm{d}t \quad (3.17)$$

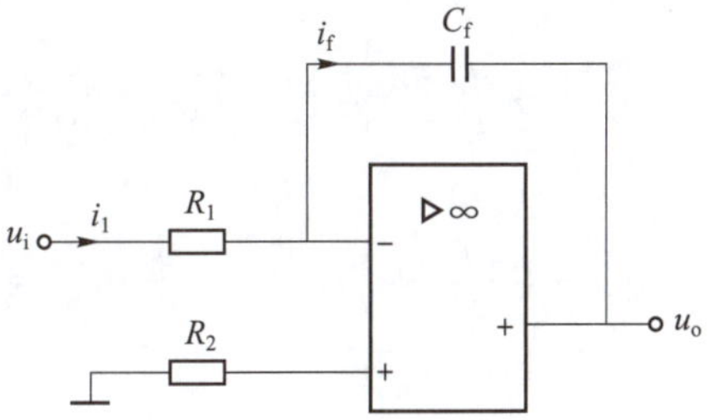

图 3.16　反相积分运算电路

由此可见，输出电压 u_o 为输入电压 u_i 对时间的积分，负号表示输出电压与输入电压相位相反，$C_f R_1$ 称为积分常数。平衡电阻 $R_2 = R_1$。

例 3.3　试求图 3.17 所示电路的输出电压与输入电压的关系式。

解　由图 3.17 可得

$$i_1 = i_f = \frac{u_i}{R_1} = \frac{-u_o - u_C}{R_f} \text{ 及 } u_C = \frac{1}{C_f}\int i_f \mathrm{d}t$$

整理可得

$$u_o = -\left(\frac{R_f}{R_1}u_i + \frac{1}{C_f R_1}\int u_i \mathrm{d}t\right)$$

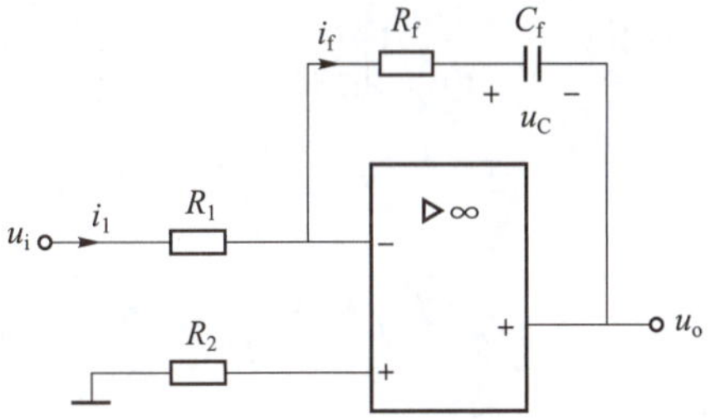

图 3.17　例 3.3 图

由上式可知，u_o 与 u_i 之间是反相比例关系和积分关系的叠加，图 3.17 所示电路称为比例-积分调节器（简称 PI 调节器）。其作用是将被调节参数快速调整到预先的设定值，以提高精度，保证控制系统的稳定性。

五、微分运算

微分运算电路

由于微分运算是积分运算的逆运算，所以只需将积分电路中的反馈电容和反相输入端电阻交换位置即可构成微分运算电路，如图 3.18 所示。

由图 3.18 可得

$$i_1 = C_1\frac{\mathrm{d}u_C}{\mathrm{d}t} = C_1\frac{\mathrm{d}u_i}{\mathrm{d}t}$$

$$i_f = -\frac{u_o}{R_f}$$

$$i_1 = i_f$$

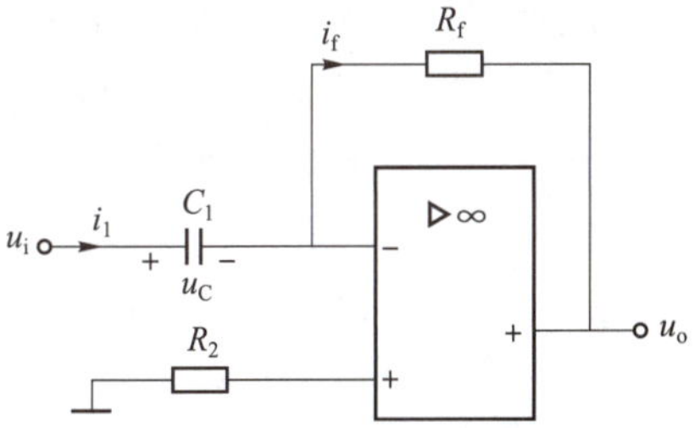

图 3.18　微分运算电路

整理可得

$$u_o = -R_f C_1 \frac{\mathrm{d}u_i}{\mathrm{d}t} \quad (3.18)$$

由式（3.18）可知，输出电压正比于输入电压的微分。当输入信号频率较高时，电容的容抗$\left(X_C = \frac{1}{\omega C}\right)$减小，放大倍数增大，因而这种微分电路对输入信号中的高频干扰非常敏感，工作时稳定性不高，故很少应用。平衡电阻 $R_2 = R_f$。

例 3.4　试求图 3.19 所示电路中的输出电压与输入电压的运算关系式。

解

$$u_o = -R_f i_f - u_{Cf} = -R_f i_f - \frac{1}{C_f}\int i_f \mathrm{d}t$$

$$i_f = i_1 + i_C = \frac{u_i}{R_1} + C_1 \frac{du_i}{dt}$$

所以

$$u_o = -R_f\left(\frac{u_i}{R_1} + C_1\frac{du_i}{dt}\right) - \frac{1}{C_f}\int\left(\frac{u_i}{R_1} + C_1\frac{du_i}{dt}\right)dt$$

$$= -\left(\frac{R_f}{R_1} + \frac{C_1}{C_f}\right)u_i - \frac{1}{C_f R_1}\int u_i dt - C_f C_1 \frac{du_i}{dt}$$

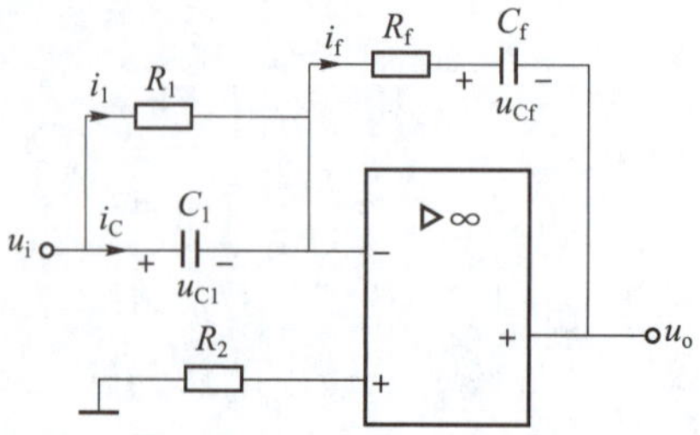

图 3.19　例 3.4 图

由输入与输出电压的关系式可见，图 3.19 电路是反相比例、积分和微分运算三者的组合，称为比例-积分-微分调节器（简称 PID 调节器），在自动控制系统中有着广泛应用。

任务 4　运算放大器在信号处理方面的应用

任务导入

在信号处理方面，集成运算放大器可用来构成有源滤波器、电压比较器、采样保持器等。这里只介绍前两种电路，采样保持器留待数字电子技术部分介绍。

一、有源滤波器

有源滤波器　　有源滤波器（动画）

滤波器是一种能使部分频率的信号顺利通过而其他频率的信号受到很大衰减的装置。在信息处理、数据传送和抑制干扰等方面经常使用。早期的滤波电路多由电阻、电容、电感组成，为无源滤波器。由于其在低频下工作时所用电感较大且品质因数较低，因而影响滤波效果。近些年来，产生了由集成运算放大器组成的有源滤波电路，它不仅体积小，选择性好，而且还可使所处理信号放大。它的不足之处是集成运算放大器需要电源，且工作电流过大时集成运算放大器会饱和，在高频下集成运算放大器的增益会下降，故在高频下运用受限。

1. 低通滤波器

低通滤波器是指低频信号能通过而高频信号不能通过的滤波器。图 3.20 为由集成运算放大器组成的基本低通滤波器。在图 3.20（a）中，*RC* 网络接到集成运算放大器的同相输入端，图 3.20（b）中把 *RC* 网络接到了反相输入端。

图 3.21 所示为一阶低通滤波器归一化的对数幅频特性曲线。由图可以看出，增益随频率的升高而下降。当 $\omega=\omega_0$ 时，增益下降 3 dB，此时 $f_0=\omega_0/(2\pi)$，称为截止频率。曲线表明，低于 f_0 的信号能顺利通过，而高于 f_0 的信号则受到衰减（衰减速度为−20 dB/dec），因而属于低通滤波器。

为了提高滤波效果，使输出信号在 $f>f_0$ 时衰减得更快，可在图 3.20（a）的基础上再加上一节 *RC* 网络，如图 3.22（a）所示，成为二阶有源滤波电路，相应地，图 3.20 为一

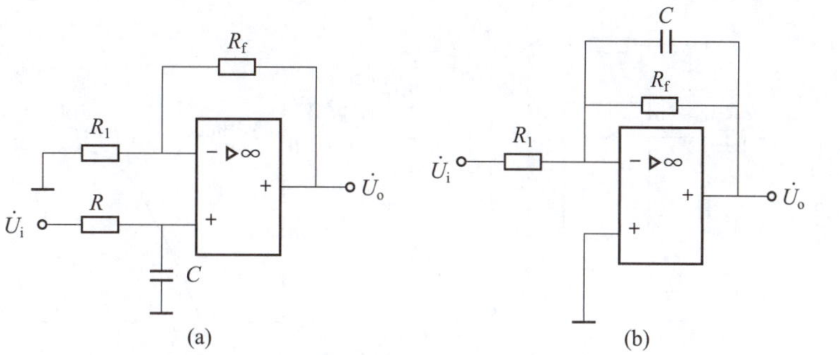

图 3.20　基本低通滤波器

(a) 滤波电路接到运算放大器同相输入端；(b) 滤波电路接到运算放大器反相输入端

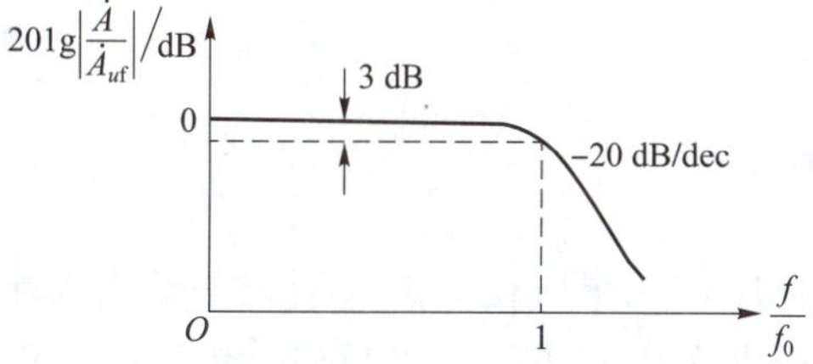

图 3.21　一阶低通滤波器归一化的对数幅频特性曲线

阶有源滤波电路。图 3.22 中第一个电容 C 的下端未接地，而是接到输出端，目的是引入反馈。其作用是，在 $f<f_0$ 又近于 f_0 范围内，因 $\dot{U}_o$ 与 $\dot{U}_i$ 相位差小于 90°，故 $\dot{U}_o$ 经 C 反馈至输入端，将使 $\dot{U}_i'$ 幅度加强，使这部分输出幅度增大；而在 $f\gg f_0$ 范围内，$\dot{U}_o$ 与 $\dot{U}_i$ 基本反相，C 的反馈也能使 $\dot{U}_i'$ 幅度下降，有利于高频衰减。

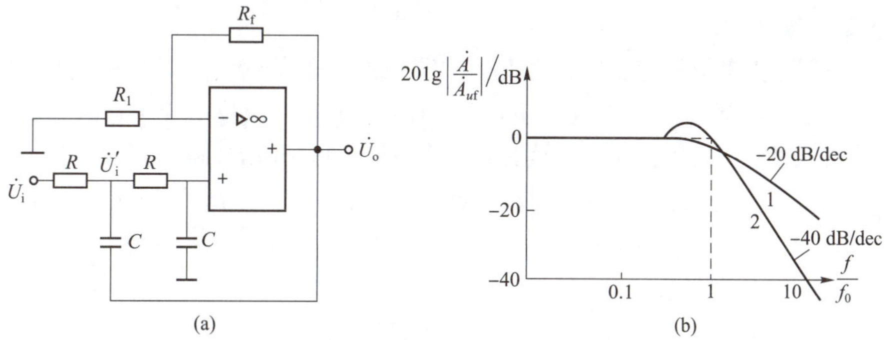

图 3.22　二阶低通有源滤波器

(a) 电路图；(b) 幅频特性

图 3.22 (b) 对两种低通滤波器幅频特性做了比较。在 $f>f_0$ 时，二阶滤波（线 2）能提供−40 dB/dec 的衰减，滤波效果优于一阶滤波（线 1）。

2. 高通滤波器

高通滤波器是指高频信号能通过而低频信号不能通过的滤波器。将低通滤波器中起滤波作用的电阻、电容互换，即成为高通有源滤波器。其电路图与幅频特性如图 3.23 所示。

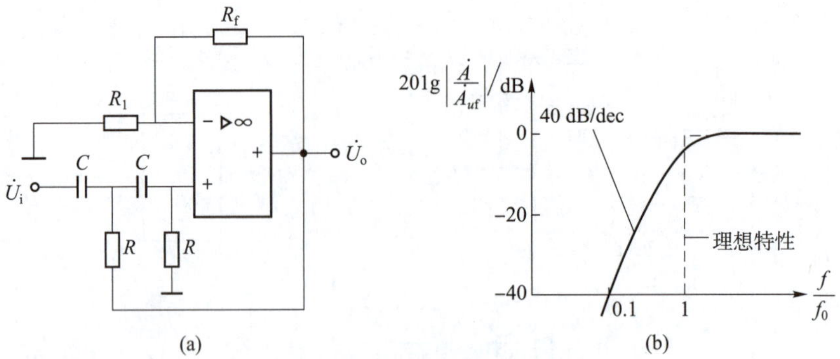

图 3.23　二阶高通有源滤波器

（a）电路图；（b）幅频特性

二、电压比较器

电压比较器

电压比较器即将输入电压接入集成运算放大器的一个输入端而将参考电压接入另一个输入端，将两个电压进行幅度比较，由输出状态反映所比较的结果。所以，它能鉴别输入电平的相对大小，常用于超限报警、模/数转换及非正弦波产生等电路。

集成运算放大器用作比较器时，常工作于开环状态，所以只要有差分信号输入（哪怕是微小的差模信号），输出值就立即达到正饱和或负饱和，也就是说，输出电压不是接近于正电源电压，就是接近于负电源电压。为了使输入输出特性在转换时更加陡直，常在电路中引入正反馈。

1. 过零比较器

过零比较器是参考电压为 0 V 的比较器。图 3.24（a）即为一个过零比较器。同相输入端接地，输入信号经电阻 R_1 接至反相输入端。图中 VZ 是双向稳压管。它由一对反相串联的稳压管组成，设双向稳压管对称，故其在两个方面的稳压值 U_Z 相等，都等于一个稳压管的稳压值加上另一个稳压管的导通压降。若未接 VZ，只要输入电压不为零，则输出必为

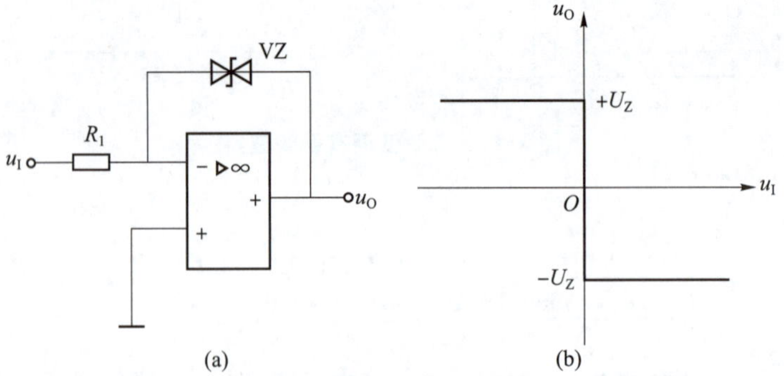

图 3.24　简单过零比较器

（a）电路图；（b）传输特性

正、负饱和值，超过双向稳压管的稳压值 U_Z。因而，接入 VZ 后，当运算放大器输入不为零时，本应达正、负饱和值的输出必使 VZ 中一个稳压管反向击穿，另一个正向导通，从而为集成运算放大器引入了深度负反馈，使反相输入端成为虚地，VZ 两端电压即为输出电压 u_O。这样，集成运算放大器的输出电压就被 VZ 钳位于 U_Z 值。

当 $u_I>0$ 时，　$u_->0$，$u_O=-U_Z$

当 $u_I<0$ 时，　$u_-<0$，$u_O=+U_Z$

可见，$u_I=0$ 处（即 $u_+=u_-$）是输出电压的转折点。其传输特性如图 3.24（b）所示。显然，若输入正弦波，则输出为正负极性的矩形波，如图 3.25 所示。

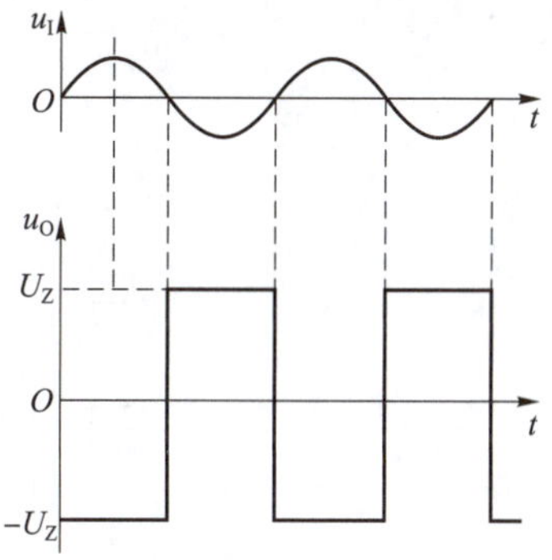

图 3.25　简单过零比较器波形图

在集成运算放大器反相输入端另接一个固定的电压 U_{REF} 就成为图 3.26（a）所示的电平检测比较器。

由叠加定理，得

$$u_-=\frac{R_1}{R_1+R_2}U_{REF}+\frac{R_2}{R_1+R_2}u_I$$

由前述知，$u_+=u_-=0$ 点为输出电压的过零点（正负输出的转折点），所以令上式等于零，可得

$$u_I=\frac{R_1}{R_2}U_{REF} \tag{3.19}$$

令

$$U_T=-\frac{R_1}{R_2}U_{REF}$$

U_T 为参考电压，则：

当 $u_I>U_T$ 时，　$u_->0$，$u_O=-U_Z$

当 $u_I<U_T$ 时，　$u_-<0$，$u_O=+U_Z$

其传输特性如图 3.26（b）所示。由图可见，当输入电压在参考电压 U_T 附近有微小变化时，输出电压即在正负最大值之间跃变。由此，该电路可用来检测输入信号的电平。

过零比较器非常灵敏，但其抗干扰能力较差。特别是当输入电压处于参考电压附近时，由于零漂或干扰，输出电压会在正负最大值之间来回变化，甚至会造成监测装置的误动作。为此，引入下面的迟滞比较器。

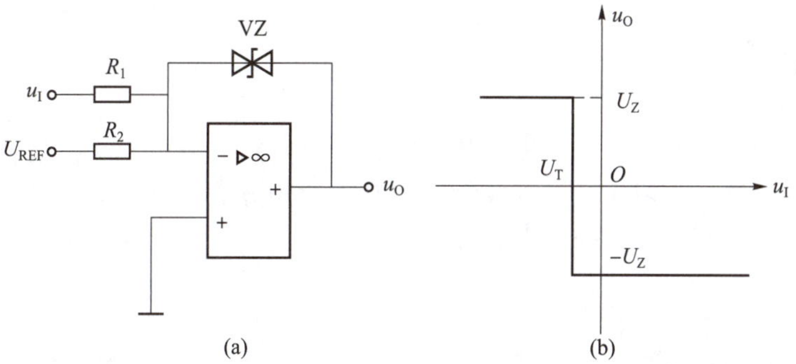

图 3.26　电平检测比较器

（a）电路图；（b）传输特性

2. 迟滞比较器

迟滞比较器（也称滞回比较器），如图 3.27（a）所示。它是从输出端引出一个反馈电阻到同相输入端，使同相输入端电位随输出电压变化而变化，达到移动过零点的目的。

当输出电压为正最大 U_{OM} 时，同相输入端电压为

$$u_+ = \frac{R_2}{R_2 + R_f} U_{OM} = U_T \tag{3.20}$$

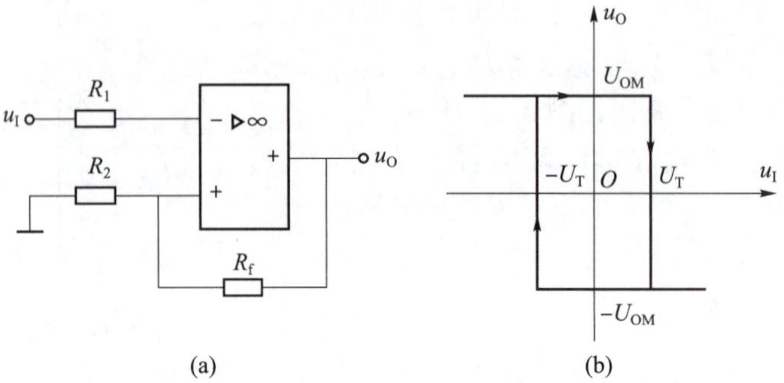

图 3.27　迟滞比较器

（a）电路图；（b）传输特性

只要 $u_I<U_T$，输出总是 U_{OM}。一旦 u_I 从小于 U_T 加大到刚大于 U_T，输出电压立即从 U_{OM} 变为 $-U_{OM}$。

此后，当输出为 $-U_{OM}$ 时，同相输入端电压为

$$u_+ = \frac{R_2}{R_2 + R_f}(-U_{OM}) = -U_T \tag{3.21}$$

只要 $u_I>-U_T$，输出总是 $-U_{OM}$。一旦 u_I 从大于 U_T 减小到刚小于 U_T，输出电压立即从 $-U_{OM}$ 变为 U_{OM}。

可见，输出电压从正变负，又从负变正，其参考电压 U_T 与 $-U_T$ 是不同的两个值。这就使比较器具有迟滞特性，传输特性具有迟滞回线的形状，如图 3.27（b）所示。两个参考电压之差 $U_T-(-U_T)$ 称为“回差”。

技能任务　反向比例运算放大电路的制作

任务描述

通过集成运算放大器的工作原理和基本运算放大电路的分析方法，结合示波器测量信号电压及相位的方法，学习集成运算放大器的基本使用方法，掌握集成运算放大器基本运算电路的测试方法，提高学生的动手能力。

一、实验电路

实验电路如图 3.28 所示。

二、实验设备与器件

设备：数字型万用表 1 只，示波器 1 台，信号发生器 1 台，直流稳压电源 1 台。

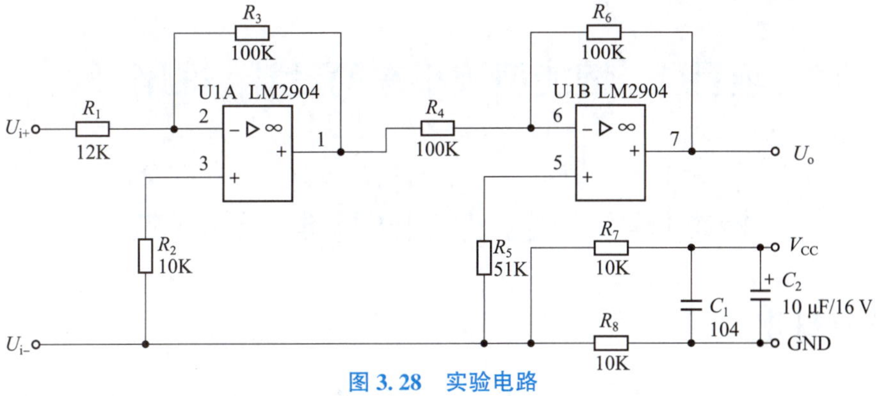

图 3.28　实验电路

元器件：见表 3.1。

表 3.1　实验元器件

序号	名称	规格	数量	备注
1	电阻	10K　1/4 W	3	
2	电阻	12K　1/4 W	1	
3	电阻	51K　1/4 W	1	
4	电阻	100K　1/4 W	3	
5	电容	0.1 μF	1	
6	电解电容	10 μF/16 V	1	
7	集成运放	LM2904	1	

三、实验步骤

(1) 输入信号：输入正弦交流信号 $u_i = 100\sqrt{2}\sin(100\pi \cdot t)$ mV。

(2) 用示波器同时测量输入和第一级运算放大器输出信号，观察并记录输入、输出信号波形，计算电压放大倍数。

(3) 用示波器同时测量输入和第二级运算放大器输出信号，观察并记录输入、输出信号波形，分析电路功能并写出输入与输出关系表达式。

课前预习：

(1) 复习集成运算放大器的工作原理，掌握基本运算电路。

(2) 复习用双踪示波器测量信号电压及相位的方法。

(3) 查阅集成运算放大器 LM2904 数据手册，了解其主要参数及引脚定义、功能。图 3.29 所示为 LM2904 引脚功能图。

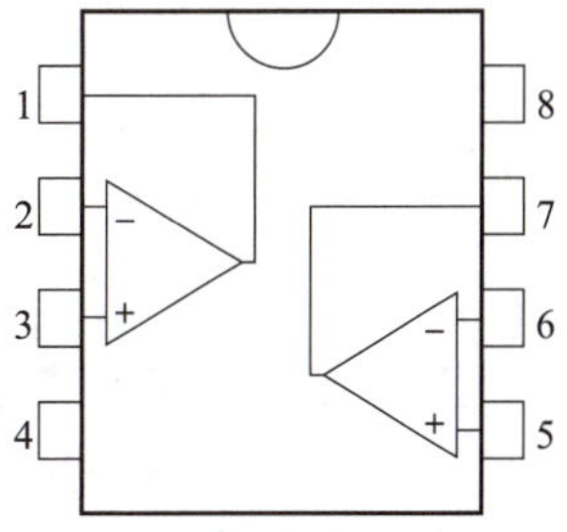

图 3.29　LM2904 引脚功能图

课后思考：

(1) 根据实验数据和波形说明电路完成的功能、各元件的作用。

(2) 若将输入信号加大到 $u_i = 500\sqrt{2}\sin(100\pi \cdot t)$ mV，输出信号是否失真？

(3) 在不改变输入输出关系的条件下，试将本实验电路改用同相比例运算电路。

项目2　智能循迹小车的设计与制作

技能任务　设计与制作智能循迹小车

任务描述

利用所给材料制作一台循迹小车，要求在白色的场地上沿一条 15 mm 宽的黑色跑道自动行驶，不管跑道如何弯曲小车都能自动行驶。

一、实验电路图及其系统框图

D2-1 型循迹小车整机的工作原理图如图 3.30 所示，电路由线路检测电路、电压比较电路、驱动电路和执行电路组成。LM393 是双路电压比较器集成电路，由两个独立的精密电压比较器构成，它的作用是比较两个输入电压，根据两路输入电压的高低改变输出电压的高低。

输出有两种状态：接近开路或者下拉接近低电平，LM393 采用集电极开路输出，所以必须加上拉电阻才能输出高电平。LM393 通过随时比较两路光敏电阻的大小来实现控制功能。高亮度发光二极管发出的光线照射在跑道上，当照于白色路线时反射的光线较强，这时光敏电阻可以接收到较强的反射光，表现的电阻值较低，而当照射于黑色路线时，反射光较弱，表现的电阻值较高，循迹小车就是根据这一原理作为轨道识别而工作的。

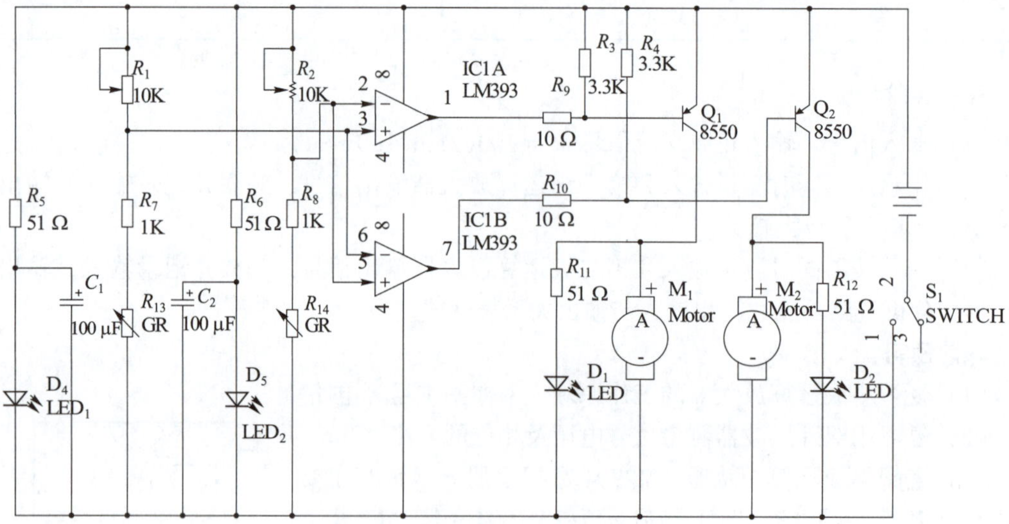

图 3.30　D2-1 型循迹小车整机工作原理图

循迹小车系统工作流程如图 3.31 所示。

二、实验设备与器件

（1）D2-1 型循迹小车套件一套。

（2）电烙铁：由于焊接的元件多，所以使用的是外热式电烙铁，功率为 30 W。

（3）螺丝刀、镊子等必备工具。

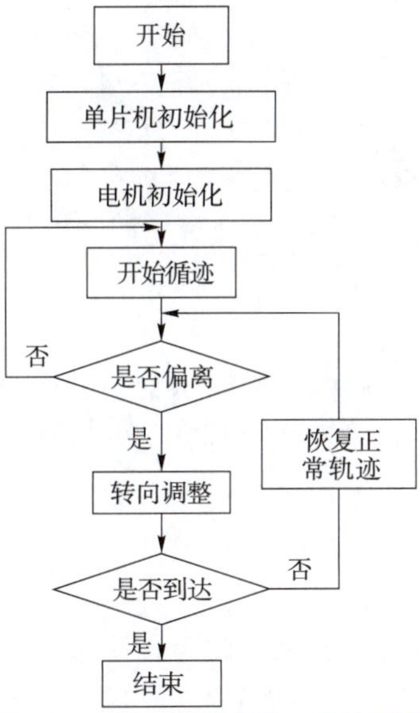

图 3.31　循迹小车系统工作流程图

(4) 松香和锡，由于锡的熔点低，焊接时，焊锡能迅速散布在金属表面使焊接牢固，焊点光亮美观。

(5) 元器件清单，见表 3.2。

表 3.2　实验元器件清单

电子元器件清单			
标号	名称	规格	数量
IC1	电压比较器	LM393	1
	集成电路座	8 脚	1
C_1	电解电容	100 μF	1
C_2		100 μF	1
R_1	可调电阻	10K	1
R_2		10K	1
R_3	色环电阻	3.3K	1
R_4		3.3K	1
R_5		51 Ω	1
R_6		51 Ω	1
R_7		1K	1
R_8		1K	1
R_9		10 Ω	1
R_{10}		10 Ω	1
R_{11}		51 Ω	1
R_{12}		51 Ω	1
R_{13}	光敏电阻	CDS5	1
R_{14}		CDS5	1
D_1	ϕ3.0 发光二极管	LED	1
D_2		LED	1
D_4	ϕ5.0 发光二极管	LED_1	1
D_5		LED_2	1
Q_1	三极管	8550	1
Q_2		8550	1
S_1	开关	SWITCH	1

机械零部件清单			
序号	名称	规格	数量
1	减速电机	JD3-100	2
2	车轮轮片 1		2
3	车轮轮片 2		2
4	车轮轮片 3		2
5	硅胶轮胎	25×2.5	2
6	车轮螺丝	M3×10	4
7	车轮螺母	M3	4
8	轮毂螺丝	M2×7	2
9	万向轮螺丝	M3×30	1
10	万向轮螺母	M5	1
11	万向轮	M5	1
其他配件清单			
序号	名称	规格	数量
1	电路板	D2-1	1
2	连接导线	红色	1
3		黑色	1
4	胶底电池盒	AA×2	1
5	说明书	A4	1

三、实验步骤

1. 组装前准备

（1）三极管的检查。

①分清高频管与小功率低频管。

②测量各三极管β值，再以β值选择某级配用的三极管。

③尽量选I_{CEO}小的三极管。

（2）电阻检查。

电阻阻值有用数字表示的，有用颜色码表示的，但都要用万用表一一测量，若阻值误差为10%左右可照常选用，不必强求原来的标称值。选用的功率应大于在电路中耗散功率的2倍以上，以防止电阻过热、变值乃至烧毁。因受热而损伤的电阻不能再用，带开关的电位器也要按其在电路中的功能要求检测。

2. 电路装配

（1）按电路图和电路板上的标识符依次将色环电阻、8脚IC座、开关、电位器、三极管、电解电容、3.0发光二极管焊接在电路板上，注意IC座的方向不要焊错，为了调试方便，芯片暂不安装。

（2）将电池盒按照电路板上的穿线孔和标识符的位置安装在电路板上，注意电源焊盘的极性不要焊反，通常红色导线为电源正极。

（3）将电路板正面向上，万向螺丝穿入孔中，并旋入万向螺母和万象轮，拧紧。

（4）将电路板底面向上，将板子上标识符为5.0的发光二极管和光敏电阻焊接在板子上，要求发光二极管和光敏电阻距离万向轮球面5 mm左右即可。

（5）在电池盒内装入2节AA电池，开关拨在“ON”位置上，此时传感器的2个发光二极管应当发光，如果不发光，则可能是二极管接反了，这时请将极性对调，将开关拨在“OF”上断电待用。

（6）将硅胶轮胎套在车轮上。

（7）将车轮用螺丝固定在减速电机轴上。

（8）将连接导线分成两截后上锡，分别焊接在两台减速电机上待用。

（9）按电路板上的标识符将电机粘结在电路板上。

（10）按标识符将电机上的引线焊接在电机板上。

3. 电路焊接

（1）电路焊接部分比较简单，焊接顺序按照元件高度从低到高的原则，首先焊接8个电阻，焊接时务必用万用表确认阻值是否正确，焊接有极性的元件如三极管、绿色指示灯、电解电容时务必分清楚极性，焊接绿色LED时注意引脚长的是正极，并且焊接时间不能太长，否则容易焊坏，D_4、D_5、R_{13}、R_{14}可以暂时不焊，集成电路芯片可以不插，初步焊接完成后请务必细心核对，防止粗心大意。

（2）两对线路检测传感器的安装顺序在全部电子元件的最后，其他元件焊接完成后，将万向轮装上，传感器元件焊接时与其他元件相反，装于线路板的焊接面，其高度应根据万向轮螺栓高度来定，安装时可以将线路板焊接面朝上，然后元件顶面与半个导向圆螺母齐平为宜，实际上传感器与地面距离为5 mm左右。

4. 电路调试

(1) 为了方便调试，先不装电机，取一张白纸，画一个黑圈，接通电源，可看到两侧指示灯点亮，将小车放于白纸上，让探测器照于黑圈上，调节本侧电位器，让这一侧的灯照到黑圈时指示灯灭，照到白纸时亮，反复调节两侧探测器，直到两侧全部符合上述变化规律为止。

(2) 两电机的转向与电流方向有关，焊好引线后先不要把电机粘于线路板上，装上电池，打开开关，查看电机转向，必须确保装上车轮后小车向前进的方向转动，若相反，应将电机两线互换，无误后撕去泡沫胶上的纸，将电机粘于线路板上，粘时尽量让两电机前后一致，且要保证两车轮的灵活转动。

(3) 试测驱动电路，将开关拨在“ON”位置上，将 8 脚 IC 的第 1 脚、第 7 脚、第 4 脚连接起来。这时的减速电机应当向着前方转动，否则调换相应电机的引线位置即可。如果电机不转，请检查三极管是否焊反，基极电阻阻值（10 Ω）是否正确。

(4) 断电将 LM393 芯片插入 8 脚 IC 座上，上电后调节相应的电位器使小车能够在黑线上正常行走且不会跑出黑线的范围。

拓展阅读

本学习情境主要介绍了集成运算放大器的结构符号、集成运算放大器线性应用及分析方法，如果想正确选择、使用集成运算放大器，还需了解运算放大器的优值系数这个技术指标。集成运算放大器性能的好坏，一般用优值系数 K 来衡量。其定义为

$$K=\frac{SR}{I_{ib}U_{os}}$$

式中，SR 为转换速率，单位为 V/ms，其值越大，表明运算放大器的交流特性越好；I_{ib} 为运算放大器的输入偏置电流，单位是 nA；U_{os} 为输入失调电压，单位是 mV。I_{ib} 和 U_{os} 的值越小，表明运算放大器的直流特性越好。所以，对于放大音频、视频等交流信号的电路，选转换速率大的运算放大器比较合适；对于处理微弱的直流信号的电路，选用精度比较高的运算放大器比较合适。实际选择集成运算放大器时，除考虑优值系数之外，还应考虑其他因素。例如信号源的性质、负载的性质、环境条件、集成运算放大器的输出电压和电流是否满足要求等。

在使用集成运算放大器时，应注意以下几个问题。

1. 消振

运算放大器在接入深度负反馈的条件下，很容易产生自激振荡，破坏正常工作。为了使运算放大器能稳定工作，通常外接 RC 消振电路或电容。近年来随着集成工艺水平的提高，目前大多数运算放大器内部自带消振元件。

2. 调零

由于运算放大器的内部参数不可能完全对称，所以当运算放大器的输入信号为零时，输出信号往往不为零。在实际应用时，需要外接调零电路进行补偿。

3. 电源供给方式

集成运算放大器有两个电源接线端，但有不同的电源供给方式，主要有单电源供电方

式和对称双电源供电方式两种。不同的电源供给方式对输入信号的要求也是不同的。大多数的运算放大器采用对称双电源供电方式，在这种方式下，可将信号源直接接到运算放大器的输入脚上，输出电压的振幅可达正负对称电源电压。

4. 保护

运算放大器的安全保护分为以下三个方面：

（1）输入保护。若集成运算放大器输入的差模或共模电压过高，超出集成运算放大器的极限参数范围，则会损坏输入级的三极管。为此，常在输入端接入反向并联的二极管，限制输入电压。

（2）输出保护。为避免输出端电压过高损坏运算放大器，可外接稳压二极管和限流电阻。有的运算放大器内置了输出保护电路，使用时就无须再加输出保护了。

（3）电源保护。电源常见故障就是电源正、负极接反，可外接二极管来进行保护。

情境小结

（1）差动放大器有较好的抑制零点漂移的效果。利用差动放大器对称电路结构，零点漂移可以在输出端被抵消；利用差动放大器发射极电阻对共模信号的负反馈作用，抑制了每一只管子的零点漂移。通常是采用长尾电路和具有恒流源的差动放大电路。差动放大电路有四种连接方式，要掌握各种连接方式的特点。

（2）集成运算放大器是放大倍数很高的直接耦合多级放大电路。它一般由输入级、中间级、输出级和偏置电路四部分组成。为了抑制零点漂移和提高抗干扰能力（提高共模抑制比），常采用差动放大电路作输入级；为获得较高的电压放大倍数，中间级多采用多级电压放大器；为获取足够的输出信号以推动负载工作，常用射极输出器作电路输出级；偏置电路以恒流源电路为主，为各部分电路提供偏置电流。

（3）为了使用集成运算放大器，应熟悉理解各项参数的意义。集成运算放大器的主要参数是选用集成运算放大器的依据。尤其要熟记、理解理想运算放大器参数的含义以及其虚短、虚断的概念，它是分析集成运算放大器电路的基础。

（4）集成运算放大器的传输特性分为线性区和非线性区。由于集成运算放大器的开环电压放大倍数很大，因此它的线性工作范围很小。集成运算放大器能做成各种基本的运算电路，这时它工作在线性区。集成运算放大器还能做成电压比较器等，这时它工作在非线性区，通过检测集成运算放大器的输出电压的极性，就可判断输入电压的正负或比较它们的大小。

（5）要熟记和理解各种基本的运算电路的结构及输出与输入的关系，它们是集成运算放大器应用的基础。

（6）集成运算放大器使用时应注意：①根据电路技术指标的要求，适当选择集成运算放大器的类型，要做到选择合理、经济。②选好器件后，要确认各外线端子的作用，切勿接错。③有测试仪器的条件下，应先进行参数测试，然后再接入电路中。④电源电压极性不能接反，不能超过规定数值。⑤输入差模电压不能超过规定的值，如果可能出现这种情况，可在两个输入端之间并接二极管对输入到集成运算放大器的信号进行限幅。⑥共模输入也不能超过规定的值，如果有可能出现，也要采用限幅措施。

练习与提高

一、简答题

1. 集成运算放大器一般由哪几部分组成？各部分的作用如何？

2. 何谓“虚短”“虚断”？什么输入方式下才有“虚地”？若把“虚地”真正接“地”，集成运算放大器能否正常工作？

3. 应用集成运算放大器芯片连接成各种运算电路时，为什么首先要对电路进行调零？

二、计算题

1. 差动放大电路如图 3.32 所示，已知 $U_{CC}=U_{EE}=12\ V$，$R_C=R_E=5.1\ k\Omega$，三极管的 $\beta=100$，$r_{bb}=200\ \Omega$，$U_{BEQ}=0.7\ V$，试求：

（1）VT_1、VT_2的静态工作点 I_{CQ1}、U_{CEQ1} 和 I_{CQ2}、U_{CEQ2}；

（2）差模电压放大倍数 A_{ud}；

（3）差模输入电阻和输出电阻。

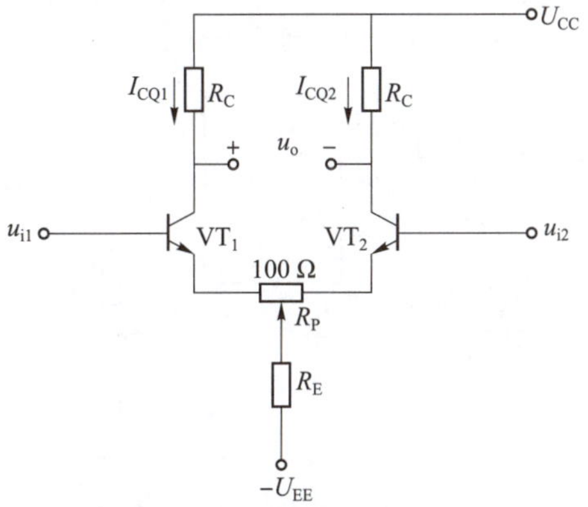

图 3.32　计算题第 1 题图

2. 差动放大电路如图 3.33 所示，已知三级管的 $\beta=100$，$r_{bb}=200\ \Omega$，$U_{BEQ}=0.7\ V$，试求：

（1）各管的静态工作电流 I_{CQ1}、I_{CQ2}；

（2）差模电压放大倍数 A_{ud}、共模电压放大倍数 A_{uc}、共模抑制比 K_{CMR} 的分贝值。

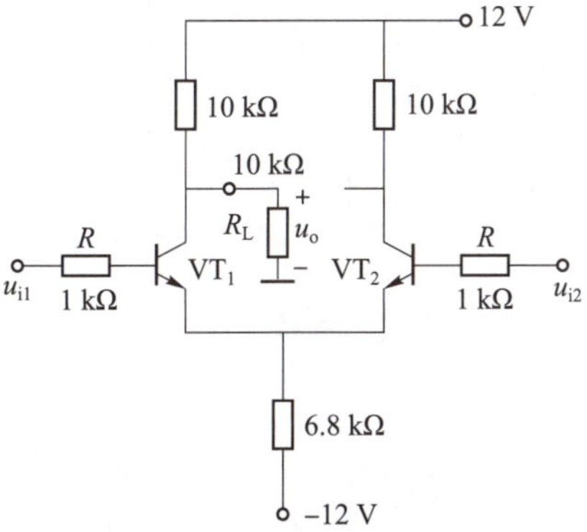

图 3.33　计算题第 2 题图

3. 电路如图 3.34 所示，集成运算放大器输出电压的最大幅值为 ±12 V，试求当 u_i 为 0.5 V、1 V、1.5 V 时 u_o 的值。

4. 写出图 3.35 中输入电压 u_i 与输出电压 u_o 的运算关系式。

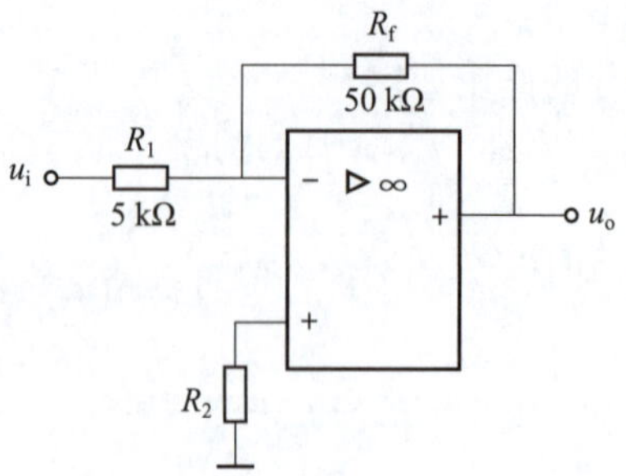

图 3.34　计算题第 3 题图

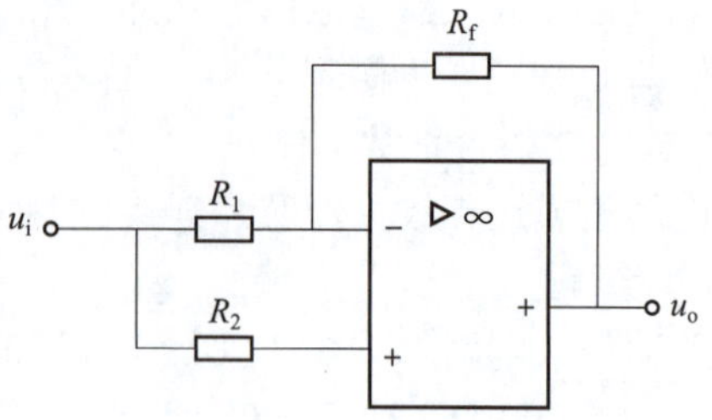

图 3.35　计算题第 4 题图

5. 试求图 3.36 所示电路中输出电压与输入电压的运算关系式。

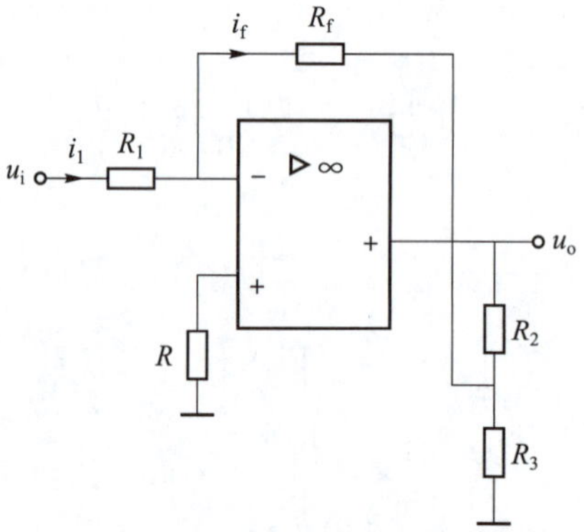

图 3.36　计算题第 5 题图

6. 在图 3.37 所示的同相比例运算电路中，已知 $R_1 = 1\ \text{k}\Omega$，$R_2 = 2\ \text{k}\Omega$，$R_3 = 10\ \text{k}\Omega$，$R_f = 5\ \text{k}\Omega$，$u_i = 1\ \text{V}$，求 u_o。

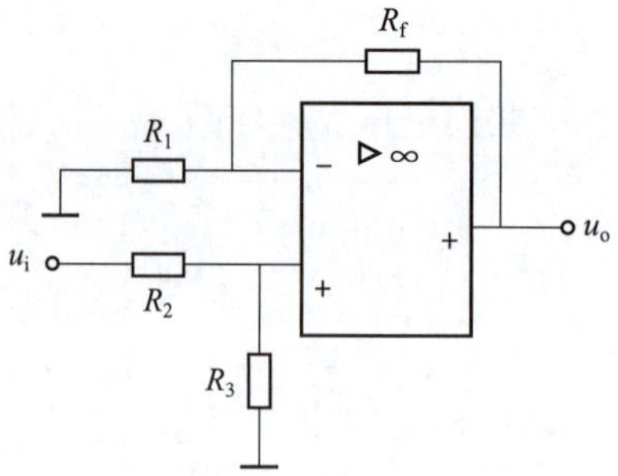

图 3.37　计算题第 6 题图

情境四

病房呼叫系统的设计与制作

情境引入

电子电路按其处理信号的不同通常可分为模拟电路和数字电路。在前几个学习情境中讨论的是对时间和幅值都是连续的模拟信号进行传输、处理的模拟电路，例如温度、压力、音频等；而数字电路处理的是时间和幅值上都是离散的数字信号。数字电路及其组成器件是构成各种数字电子系统，尤其是数字电子计算机的基础。随着微型计算机的迅速发展和广泛应用，数字电子技术迈进了一个新的阶段。如今，数字电子技术不仅广泛应用于现代数字通信、雷达、自动控制、遥测、遥控、数字计算机、数字测量仪表等各个领域，而且进入千家万户的日常生活。

情境目标

知识目标：

1. 了解数字电路的基本概念；
2. 掌握数制及不同数制间的转换方法；
3. 了解不同代码的含义及特点；
4. 掌握基本逻辑关系；
5. 掌握基本门电路的组成、工作原理及逻辑功能；
6. 熟悉常见集成门电路的逻辑功能及应用的注意事项。

技能目标：

1. 会进行数制之间的转换；
2. 能够正确理解基本逻辑关系的含义及相应门电路的逻辑功能；
3. 能够根据工作要求选择合适的集成门；
4. 掌握逻辑问题的分析工具和方法；
5. 能够对电路的工作原理及故障进行分析与判别。

素质目标：

1. 培养学生良好的实践操作及团队协作能力；
2. 树立良好的工程意识；
3. 能按照 8S 标准完成实践及实践后的整理工作，遵守安全操作规程。

项目 1　逻辑代数基础

数字电路与模拟电路所处理的信号关系不同，数字电路主要关注于输出与输入之间的逻辑关系，即电路的逻辑功能；而模拟电路中则要研究输出与输入之间信号的大小、相位变化等。门电路是具有一定逻辑关系的开关电路，是构成组合逻辑电路的基本单元，是数字电路学习与分析的重要基础。

数字电路基础（微课）

电子电路中有两种不同类型的信号：模拟信号与数字信号。模拟信号是一种连续信号，如图 4.1（a）所示；数字信号则是一种离散信号，它在时间和幅值上都是离散的，如图 4.1（b）所示。

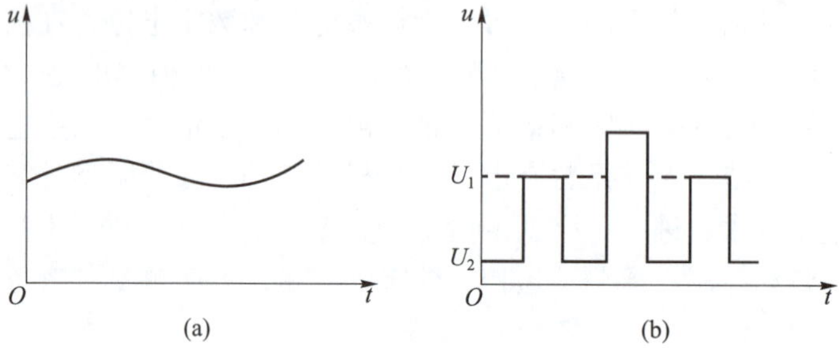

图 4.1　模拟信号和数字信号

（a）模拟信号；（b）数字信号

对数字信号进行传输、处理的电子线路称为数字电路，如数字电子钟、数字万用表、数字电子计算机等都是由数字电路组成的。在数字电路中采用只有 0、1 两种数字组成的数字信号，这里的 0 和 1 不表示数值，仅表示状态，0 和 1 可以表示电位的低和高，也可以表示脉冲信号的无和有。

数字电路的分类方法有很多，常用的一般按以下几种方法来分类：

（1）按电路组成有无集成元器件来分，可分为分立元件数字电路和集成数字电路。

（2）按集成电路的集成度来分，可分为小规模集成电路（SSI）、中规模集成电路（MSI）、大规模集成电路（LSI）和超大规模集成电路（VLSI）。

（3）按构成电路的半导体器件来分，可分为双极型电路和单极型电路。

（4）按电路有无记忆功能来分，可分为组合逻辑电路和时序逻辑电路。

任务 1　数制与码制

任务导入

人类是从动物进化来的，最初没有数字的概念，由于漫长的生活实践和分配生活用品等方面的需要，数字的概念就逐渐产生了，最开始人们用手指计数，由于无法保留，又用石子计数，但是每次想看有多少的时候都要重数一遍，同时也不方便保存，后来又出现了结绳计数，但是绳子的长度有限，怎么办呢？于是人们想到了一个办法，就是进位，比如打 1 条鱼系一个绳结，系到第 10 个就用一个大结替换原来的 10 个小结，这样就可以记录很多信息了，那么系到几个绳结时用大绳结替换掉呢？这就是数制，我们现代人常用的数制有哪些呢？数字电路中使用哪种数制呢？接下来我们一起来学习吧。

一、数制及数制间的转换

二、十进制之间的转换（微课）

二–八、十六进制之间的转换

（一）数制

数字电路中经常要遇到计数的问题，而一位数不够就要用多位数表示。多位数中每一位的构成方法以及从低位到高位的进位规则称为数制。在日常生活中，人们习惯用十进制，有时也使用十二进制、六十进制。而在数字电路中多采用二进制，也常采用八进制和十六进制。下面将对这几种进制逐一加以介绍。

数制（微课）

1. 十进制

大家都熟悉，十进制是用十个不同的数字符号 0、1、2、3、4、5、6、7、8、9 来表示数的，所以计数的基数是 10。超过 9 的数必须用多位数表示，其中低位数和相邻的高位数之间的关系是“逢十进一”，故称为十进制。例如：

$$306.25=3\times10^2+0\times10^1+6\times10^0+2\times10^{-1}+5\times10^{-2}$$

等号右边的表示形式，称为十进制数的多项式表示法，也称按权展开式。同一数字符号所处的位置不同，所代表的数值不同，即权值不同。例如 3 处在百位，代表 300，即 3×100，也可以说 3 的权值是 100。容易看出，上式各位的权值分别为 10^2、10^1、10^0、10^{-1}、10^{-2}。

所以，对于十进制的任意一个 n 位的整数都可以表示为

$$\begin{aligned}[N]_{10} &= k_{n-1}\times10^{n-1}+k_{n-2}\times10^{n-2}+\cdots+k_1\times10^1+k_0\times10^0\\ &=\sum_{i=0}^{n-1}k_i\times10^i\end{aligned}$$

此外，任何一个十进制数例如 306.25，可以书写成 $(306.25)_{10}$ 或 306.25D（D 表示十进制）的形式。

2. 二进制

在明白了十进制组成的基础上，对二进制就不难理解了。二进制的基数为 2，即它所使用的数字符号只有两个，即 0 和 1，它的进位规则是“逢二进一”。

例如，二进制数 11011.101 可写成

$$(11011.101)_2=1\times2^4+1\times2^3+0\times2^2+1\times2^1+1\times2^0+1\times2^{-1}+0\times2^{-2}+1\times2^{-3}=(27.625)_{10}$$

所以，对于二进制的任意一个 n 位的整数都可以表示为

$$\begin{aligned}[N]_2 &= k_{n-1}\times2^{n-1}+k_{n-2}\times2^{n-2}+\cdots+k_1\times2^1+k_0\times2^0\\ &=\sum_{i=0}^{n-1}k_i\times2^i\end{aligned}$$

此外，任何一个二进制数例如 11011.101，可以书写成 $(11011.101)_2$ 或 11011.101B（B 表示二进制）的形式。

二进制的优点是它只有两个数字符号，因此它们可以用任何具有两个不同稳定状态的

元件来表示，如晶体管的饱和与截止、继电器的闭合与断开、灯的亮与灭等。只要规定其中的一种状态为 1，另一种状态就表示为 0。多个元件的不同状态组合就可以表示一个数，因此数的存储、传送可以简单可靠地进行。在数字系统和计算机内部，数据的表示与存储都是以这种形式进行的。很显然，十进制的数字符号需要具有十个稳定状态的元件来表示，这给技术上带来了许多困难，而且也不经济。

二进制的第二个优点是运算规律简单，这必然导致其相应运算控制电路的简单化。

当然二进制也有缺点。用二进制表示一个数时，它的位数过多，使用起来不方便也不习惯。为了便于读写，通常有两种解决办法：一种是原始数据还用十进制表示，在送入机器时，将原始数据转换成数字系统能接受的二进制数，而在运算处理结束后，再将二进制数转换成十进制数，表示最终结果；另一种办法是使用八进制或十六进制。

3. 八进制

八进制的基数为 8，即它所使用的数字符号只有 8 个，它们是 0、1、2、3、4、5、6、7，它的进位规则是“逢八进一”。

例如，八进制数 61 可以写成

$$(61)_8=6\times8^1+1\times8^0=(49)_{10}$$

所以，对于八进制的任意一个 n 位的整数都可以表示为

$$\begin{aligned}[N]_8 &= k_{n-1}\times8^{n-1}+k_{n-2}\times8^{n-2}+\cdots+k_1\times8^1+k_0\times8^0\\ &=\sum_{i=0}^{n-1}k_i\times8^i\end{aligned}$$

此外，任何一个八进制数例如 61，可以书写成（$(61)_8$或 61Q（Q 表示八进制）的形式。

4. 十六进制

十六进制的基数为 16，即它所使用的数字符号有 16 个，它们是 0、1、2、3、4、5、6、7、8、9、A、B、C、D、E、F，它的进位规则是“逢十六进一”。

例如，十六进制数 1A5 可以写成

$$(1A5)_{16}=1\times16^2+10\times16^1+5\times16^0=(421)_{10}$$

所以，n 位十六进制整数的表达式为

$$\begin{aligned}[N]_{16} &= k_{n-1}\times16^{n-1}+k_{n-2}\times16^{n-2}+\cdots+k_1\times16^1+k_0\times16^0\\ &=\sum_{i=0}^{n-1}k_i\times16^i\end{aligned}$$

此外，任何一个十六进制数例如 1A5，可以写成（$(1A5)_{16}$或 1A5H（H 表示十六进制）的形式。

表 4.1 给出了几种进位制间的对应关系。

表 4.1　几种进位制间的对应关系

十进制	二进制	八进制	十六进制	十进制	二进制	八进制	十六进制
0	0000	00	0	4	0100	04	4
1	0001	01	1	5	0101	05	5
2	0010	02	2	6	0110	06	6
3	0011	03	3	7	0111	07	7

续表

十进制	二进制	八进制	十六进制	十进制	二进制	八进制	十六进制
8	1000	10	8	12	1100	14	C
9	1001	11	9	13	1101	15	D
10	1010	12	A	14	1110	16	E
11	1011	13	B	15	1111	17	F

（二）数制间的相互转换

同一个数可以用不同的进位制表示，例如十进制数 49，表示成二进制数是 $(110001)_2$，表示成八进制是 $(61)_8$，表示成十六进制是 $(31)_{16}$。一个数从一种进位制表示变成另一种进位制表示，称为数制转换。下面介绍数制间转换的方法。

1. 二进制数、八进制数、十六进制数转换为十进制数

二进制数、八进制数、十六进制数转换为十进制数可以采用多项式替代法。具体方法是：将二进制数（或八进制数，或十六进制数）用多项式表示法写出，然后按十进制运算规则算出相应的十进制数值即可。现举例说明。

例 4.1　将二进制数 $(11011.101)_2$转换为十进制数。

$$(11011.101)_2=1\times2^4+1\times2^3+0\times2^2+1\times2^1+1\times2^0+1\times2^{-1}+0\times2^{-2}+1\times2^{-3}$$
$$=16+8+0+2+1+0.5+0+0.125=(27.625)_{10}$$

例 4.2　将十六进制数 3F5H 转换为十进制数。

$$(3F5)_{16}=3\times16^2+15\times16^1+5\times16^0=(1013)_{10}$$

2. 十进制数转换为二进制数

将整数部分和小数部分分别进行转换。整数部分采用基数连除法；小数部分采用基数连乘法，转换后再合并。

整数部分采用基数连除法，先得到的余数为低位，后得到的余数为高位，转换过程如下。

例 4.3　将 $(44.375)_{10}$转换为二进制数。

整个推算过程如下：

除数	被除数/商		余数	
2	44		余数	低位 ↑
2	22	………	$0=K_0$	
2	11	………	$0=K_1$	
2	5	………	$1=K_2$	
2	2	………	$1=K_3$	
2	1	………	$0=K_4$	
	0	………	$1=K_5$	高位

运算		整数	
0.375			
× 2		整数	高位 ↓
0.750	………	$0=K_{-1}$	
0.750			
× 2			
1.500	………	$1=K_{-2}$	
0.500			
× 2			
1.000	………	$1=K_{-3}$	低位

小数部分采用基数连乘法，先得到的整数为高位，后得到的整数为低位。

所以，$(44.375)_{10}=(101100.011)_2$。

3. 二进制数与八进制数之间的转换

将二进制数转换成八进制数，因为三位二进制数正好表示 0~7 八个数字，所以一个二

进制数转换成八进制数时，只要从最低位开始，每三位分为一组，每组都对应转换为一位八进制数。若最后不足三位，可在前面加 0，然后按原来的顺序排列就得到八进制数。

反之，如将八进制数转换成二进制数，只要将每位八进制数写成对应的三位二进制数，按原来的顺序排列起来即可。

4. 二进制数与十六进制数之间的转换

将二进制数转换为十六进制数，因为四位二进制数正好可以表示 0~F 十六个数字，所以转换时可以从最低位开始，每四位二进制数分为一组，每组对应转换为一位十六进制数。最后不足四位时可在前面加 0，然后按原来顺序排列就可得到十六进制数。

反之，十六进制数转换成二进制数，可将十六进制数的每一位，用对应的四位二进制数来表示。

二、码制与编码

码制与编码

（微课）

如前所述，在数字电路和计算机内部，数据和信息是以二进制形式存在的，对于各种字符，如字母、标点符号及汉字等信息，机器是如何识别和处理的呢？这就要涉及数码和编码的问题。数码不但可以用来表示数量的大小，还可以用来表示不同的事物。当用数码作为代号表示事物的不同时，称其为代码。一定的代码有一定的规则，这些规则称为码制。给不同事物赋予一定代码的过程称为编码。编码方式即码制有多种，下面介绍常用的数的编码与字符的编码。

1. 数的编码

人们最熟悉、最习惯的是十进制计数系统，而在数字电路和计算机中数字只能用二进制表示。用二进制表示十进制数时，位数过多不便于读写，为了解决这一矛盾，可以把十进制数的每位数字用若干位二进制数码表示。通常称这种用若干位二进制数码表示一位十进制数的编码方法为二–十进制编码，简称 BCD 码。

常见的 BCD 码有 8421 码和 2421 码等。8421BCD 码是最基本、最常见的一种 BCD 码。它是将十进制数的每个数字符号用 4 位二进制数码来表示。该四位二进制数每位都有固定的权值，从左至右各位的权值分别为 8、4、2、1，故称 8421 码。表 4.2 列出了 8421 码与十进制数的对应关系。

表 4.2　8421 码与十进制数的对应关系

十进制	8421 码	十进制	8421 码
0	0000	5	0101
1	0001	6	0110
2	0010	7	0111
3	0011	8	1000
4	0100	9	1001

从表 4.2 中可以看出，每个十进制数字符号所对应的二进制代码就是与该十进制数字等值的二进制数。因此，在 8421BCD 码中不可能出现 1010、1011、1100、1101、1110、1111。

任何一个十进制数要写成 8421 码表示时只要把该十进制数的每位转换成相应的 8421 码即可。例如：

$$(129)_{10}=(000100101001)_{8421}$$

同样，任何一个 8421 码表示的数，也可以方便地转换成普通十进制数。例如：

$$(0101011110010001)_{8421}=(5791)_{10}$$

采用 BCD 码表示的数与二进制编码表示的数相比，转换方便、直观。

2. 字符的编码

前面讨论了怎样用二进制代码表示十进制数。在实际使用中，除了十进制数外，还经常需要用二进制代码表示各种符号，如英文字母、标点符号、运算符号等。通常把这种用以表示各种符号（包括字母、数字、标点符号、运算符号以及控制符号等）的二进制代码称为字符代码。

最常见的字符代码是现已被广泛采用的 ASCII 码（American Standard Code for Information Interchange——美国信息交换标准码）。ASCII 码的位数为 7，因此可表示 2^7 即 128 个字符。它不仅包括各种打印字符，如大写和小写字母、十进制数字、若干标点符号和专用符号，还包括各种控制字符，如回车（CR）、换行（LF）、换页（FF）、传输结束（EOT）等。

例如：字符“A”~“Z”的 ASCII 码为 $(1000001)_2\sim(1011010)_2$，表示成十六进制为 $(41)_{16}\sim(5A)_{16}$；字符“a”~“z”的 ASCII 码为 $(1100001)_2\sim(1111010)_2$，表示成十六进制为 $(61)_{16}\sim(7A)_{16}$；字符“0”~“9”的 ASCII 码为 $(0110000)_2\sim(0111001)_2$，表示成十六进制为 $(30)_{16}\sim(39)_{16}$。

任务 2 逻辑函数的表示和化简

任务导入

基本逻辑关系

逻辑函数是由美国数学家 George Boole 在 19 世纪提出的，因此也称为布尔代数，是分析和设计数字逻辑电路的数学工具。逻辑函数也叫开关代数，是研究只用 0 和 1 构成的数字系统的数学。

模拟电路中，输入量和输出量都是任意实数的模拟量，输入量和输出量之间的关系是一种函数关系，可以用加减乘除等数学运算将其表示出来，而数字电路的输入量和输出量都是数字量，用 0 和 1 表示不同的逻辑状态，它们之间的关系是一种逻辑关系，如果约定高电平用逻辑“1”表示，低电平用逻辑“0”表示，便称为“正逻辑系统”。反之，如果高电平用逻辑“0”表示，低电平用逻辑“1”表示，便称为“负逻辑系统”，本书如无特别说明均采用正逻辑系统。

逻辑关系是渗透在生产和生活中的各种因果关系的抽象概括。事物之间的逻辑关系是多种多样的，也是十分复杂的，但最基本的逻辑关系只有三种，即与逻辑关系、或逻辑关系和非逻辑关系。

一、与逻辑关系

逻辑与（动画）

1. 定义

当决定某一事件的各个条件全部具备时，这个事件才会发生，否则这个事件就不会发生，这样的因果关系称为与逻辑关系。

例如，图4.2中，若以F代表灯，A、B、C代表各个开关，约定：开关闭合为逻辑“1”，开关断开为逻辑“0”；灯亮为逻辑“1”，等灭为逻辑“0”。从图4.2可知，由于A、B、C三个开关串联接入电路，只有当开关A、B、C都闭合时灯F才会亮，这时F和A、B、C之间便存在与逻辑关系。

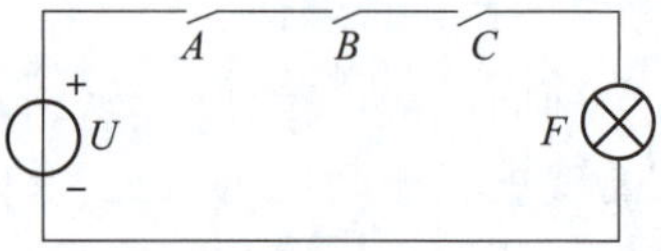

图4.2　与逻辑关系示意图

2. 逻辑关系的表示方法

表示这种逻辑关系有多种方法，具体如下。

（1）用逻辑符号表示。

与逻辑关系的逻辑符号如图4.3所示。

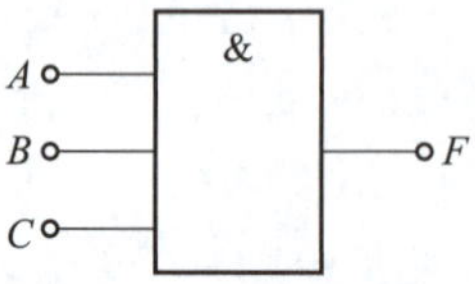

图4.3　与逻辑符号

（2）用逻辑关系式表示。

与逻辑关系也可以用输入、输出的逻辑关系式来表示，若输出（判断结果）用F表示，输入（条件）分别用A、B、C表示，则记成

$$F=ABC$$

因此，与逻辑关系也叫逻辑乘。

（3）用真值表表示。

如果把输入变量A、B、C所有取值的组合列出后，对应地列出它们的输出变量F的逻辑值，如表4.3所示，这种用“1”“0”表示与逻辑关系的图表称为真值表。

表4.3　与逻辑关系真值表

A	B	C	F
0	0	0	0
0	0	1	0
0	1	0	0
0	1	1	0
1	0	0	0
1	0	1	0
1	1	0	0
1	1	1	1

从表4.3中可见，与逻辑关系可采用“见0为0，全1为1”的口诀来记忆。

二、或逻辑关系

逻辑或（动画）

1. 定义

当决定事件的各个条件中只要有一个或一个以上具备时事件就会发生，这样的因果关系称为或逻辑关系。

例如，图 4.4 中，由于各个开关是并联的，只要开关 A、B、C 中任一个开关闭合（条件具备），灯就会亮（事件发生）$F=1$，这时，A、B、C 之间就存在或逻辑关系。

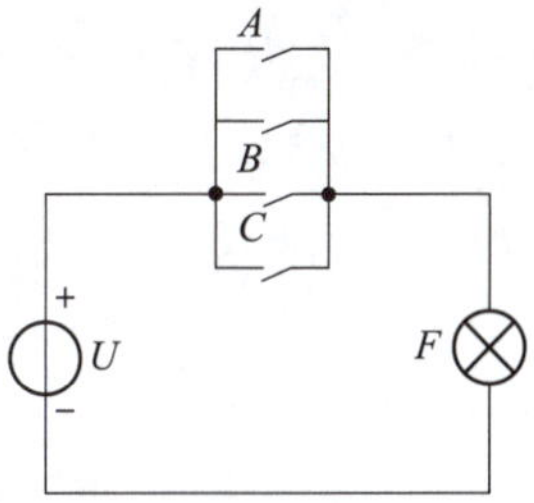

图 4.4　或逻辑关系示意图

2. 逻辑关系的表示方法

表示这种逻辑关系有多种方法，具体如下。

（1）用逻辑符号表示。

或逻辑关系的逻辑符号如图 4.5 所示。

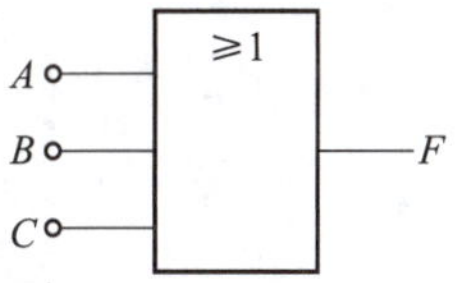

图 4.5　或逻辑符号

（2）用逻辑关系式表示。

或逻辑关系也可以用输入、输出的逻辑关系式来表示，若输出（判断结果）用 F 表示，输入（条件）分别用 A、B、C 表示，则记成

$$F=A+B+C$$

因此，或逻辑关系也叫逻辑加，式中，“+”符号称为“逻辑加号”。

（3）用真值表表示。

如果把输入变量 A、B、C 所有取值的组合列出后，对应地列出它们的输出变量 F 的逻辑值，就得到或逻辑关系真值表，见表 4.4。

表 4.4　或逻辑关系真值表

A	B	C	F
0	0	0	0
0	0	1	1
0	1	0	1
0	1	1	1
1	0	0	1
1	0	1	1
1	1	0	1
1	1	1	1

从表 4.4 中可见，或逻辑关系可采用“见 1 为 1，全 0 为 0”的口诀来记忆。

三、非逻辑关系

逻辑非（动画）

1. 定义

决定事件的条件只有一个。当这个条件具备时事件就不会发生；条件不存在时，事件就会发生。这样的关系称为非逻辑关系。如图 4.6 所示，只要开关 A 闭合（条件具备），灯就不会亮（事件不发生）即 $F=0$，开关打开（$A=0$），灯就亮即 $F=1$。这时 A 与 F 之间就存在非逻辑关系。

2. 逻辑关系的表示方法

表示这种逻辑关系有多种方法，具体如下。

（1）用逻辑符号表示。

非逻辑关系的逻辑符号如图 4.7 所示。

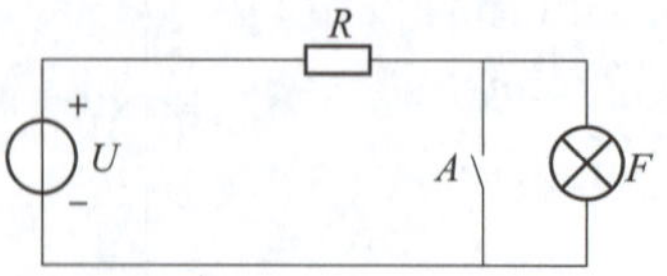

图 4.6　非逻辑关系示意图

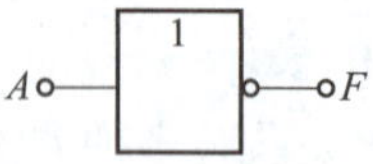

图 4.7　非逻辑符号

（2）用逻辑关系式表示。

非逻辑关系式可表示成 $F=\overline{A}$。

（3）用真值表表示。

非逻辑关系真值表见表 4.5。

表 4.5　非逻辑关系真值表

A	F
0	1
1	0

四、常用复合逻辑关系

复合逻辑关系

"与""或""非"是三种最基本的逻辑关系，其他任何复杂的逻辑关系都可以在这三种逻辑关系的基础上得到。下面就来分析几种常用的复合逻辑关系。

1. 与非逻辑关系

与非逻辑的功能是只有输入全部为 1 时，输出才为 0，否则输出为 1，即"见 0 为 1，全 1 为 0"。其逻辑表达式为（以两个输入端为例，以下同）

$$F=\overline{AB}$$

它是与逻辑和非逻辑的组合，其运算顺序是先与后非。

2. 或非逻辑关系

或非逻辑的功能是只有全部输入都是 0 时，输出才为 1，否则输出为 0，即"见 1 为 0，全 0 为 1"。其逻辑表达式为

$$F=\overline{A+B}$$

它是或逻辑和非逻辑的组合，其运算顺序是先或后非。

3. 异或逻辑关系

异或逻辑的功能是当两个输入端的输入相反时，输出为 1；当两个输入端的输入相同时，输出为 0。即"相反时为 1，相同时为 0"。其逻辑表达式为

$$F=A\overline{B}+\overline{A}B=A\oplus B$$

4. 同或逻辑关系

同或的逻辑功能是当两个输入端的输入相同时，输出为1；当两个输入端的输入相反时，输出为0。即“相同时为1，相反时为0”。其逻辑表达式为

$$F=\overline{A}\,\overline{B}+AB=A\odot B$$

几种常用的复合逻辑关系见表4.6。

表 4.6　几种常用的复合逻辑关系

函数名称 / 功能	与非			或非			异或			同或		
表达式	$F=\overline{AB}$			$F=\overline{A+B}$			$F=A\oplus B$			$F=A\odot B$		
逻辑符号	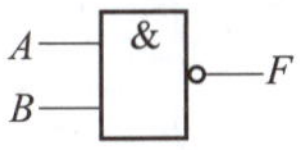			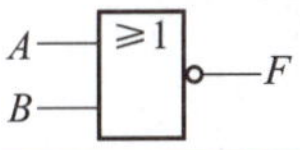			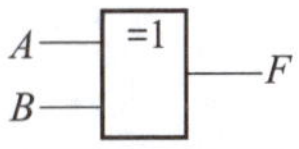			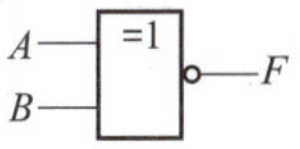		
真值表	A	B	F	A	B	F	A	B	F	A	B	F
	0	0	1	0	0	1	0	0	0	0	0	1
	0	1	1	0	1	0	0	1	1	0	1	0
	1	0	1	1	0	0	1	0	1	1	0	0
	1	1	0	1	1	0	1	1	0	1	1	1

五、逻辑函数及其基本运算

逻辑函数的表示方法（微课）　逻辑函数的表示方法（动画）

逻辑代数反映了数字电路的输出信号与输入信号之间的逻辑关系。逻辑函数的表示方法有真值表、逻辑表达式、逻辑图、波形图等。只要知道其中一种表示形式，就可以转化为其他几种表示形式。

（一）表示方法

1. 真值表

将输入、输出的所有可能的取值组合一一对应地列出。

真值表列写方法：每一个变量均有0、1两种取值，n个变量共有2^n种不同的取值，将这2^n种不同取值按顺序排列起来，同时在相应位置上填入函数的值，便可得到逻辑函数真值表。

例如：函数 $F=A\overline{B}+\overline{A}B$。

当A、B取值相同时，函数值为0；当A、B取值不同时，函数值为1，其真值表见表4.7。

表 4.7　真值表

A	B	F
0	0	0
0	1	1
1	0	1
1	1	0

2. 逻辑表达式

把逻辑函数的输入、输出关系写成与、或、非等逻辑运算的组合式，称为逻辑表达式，通常采用与或逻辑表达式的形式。

将函数值为1的各个状态表示成全部变量（值为1的表示成原变量，值为0的表示成反变量）的与项（例如$A=0$、$B=1$时函数F的值为1，则对应的与项为$\overline{A}B$），然后相加，即得到函数的与或表达式。如表4.7的逻辑表达式为$F=A\overline{B}+\overline{A}B$。

3. 逻辑图

把相应的逻辑关系用逻辑符号和连线表示出来。

例如 $F=AB+CD$ 的逻辑图表示法如图 4.8 所示。

4. 波形图

由输入变量的所有可能取值组合的高、低电平及其对应的输出函数值的高、低电平所构成的图形。$F=AB+BC$ 的波形图如图 4.9 所示。

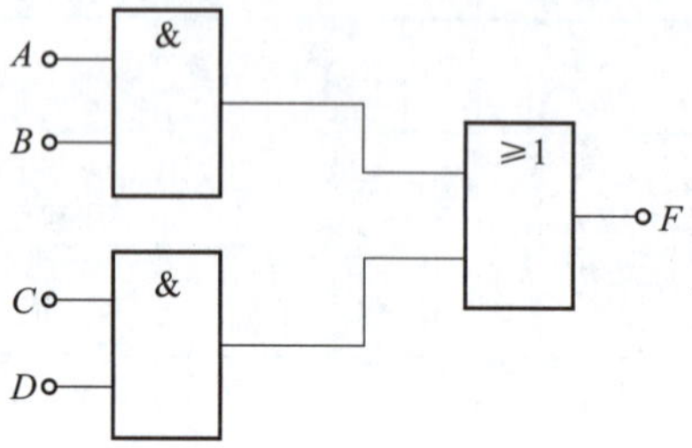

图 4.8 逻辑图表示法

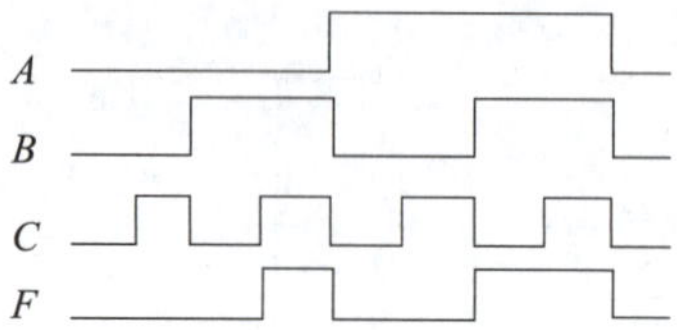

图 4.9 波形图

（二）基本定律

根据前面所学习的逻辑与、或、非运算的基本法则，可推导出逻辑运算的基本定律，如表 4.8 所示。

表 4.8 逻辑函数的基本运算定律

基本运算定律		公式
基本运算	与	$A\cdot 0=0$　$A\cdot 1=A$　$A\cdot A=A$　$A\cdot\overline{A}=0$
	或	$A+0=A$　$A+1=1$　$A+A=A$　$A+\overline{A}=1$
	非	$A+\overline{A}=1$　$A\cdot\overline{A}=0$　$\overline{\overline{A}}=A$
结合律		$(A+B)+C=A+(B+C)$
交换律		$A+B=B+A$　$AB=BA$
分配律		$A(B+C)=AB+AC$　$A+BC=(A+B)(A+C)$
摩根定律(反演律)		$\overline{ABC}=\overline{A}+\overline{B}+\overline{C}$　$\overline{A+B+C}=\overline{A}\cdot\overline{B}\cdot\overline{C}$
吸收律		$A+AB=A$　$A(A+B)=A$　$A+\overline{A}B=A+B$　$A(\overline{A}+B)=AB$ $AB+\overline{A}B=B$　$(A+B)\cdot(A+C)=A+BC$
包含律		$AB+\overline{A}C+BC=AB+\overline{A}C$　$AB+\overline{A}C+BCD=AB+\overline{A}C$

表 4.8 中每一个公式都可以用真值表或基本逻辑运算法则进行证明，下面举例说明。

例 4.4 证明摩根定律（反演律）。

为简单起见，以证明公式 $\overline{A+B}=\overline{A}\cdot\overline{B}$ 为例，列出真值表如表 4.9 所示。

表 4.9 例 4.4 真值表

A	B	$\overline{A+B}$	$\overline{A}\cdot\overline{B}$
0	0	1	1
0	1	0	0
1	0	0	0
1	1	0	0

由表 4.9 可见，公式成立。

用真值表的方法对逻辑定律进行证明，这种方法自变量较多时，是比较麻烦的，但它是直接可证明，不依赖其他定律。

例 4.5　证明吸收律 $A(A+B)=A$。

证明：$A(A+B)=AA+AB=A+AB=A(1+B)=A$

例 4.6　证明包含律 $AB+\overline{A}C+BC=AB+\overline{A}C$。

证明：
$$\begin{aligned}AB+\overline{A}C+BC &= AB+\overline{A}C+(A+\overline{A})BC\\ &= AB+\overline{A}C+ABC+\overline{A}BC\\ &= AB(1+C)+\overline{A}C(1+B)\\ &= AB+\overline{A}C\end{aligned}$$

在证明其他逻辑等式或进行逻辑函数的化简时，可直接利用上面给出的基本定律。

（三）基本规则

1. 代入准则

任何一个含有某变量 A 的等式，如果将所有出现 A 的位置都代之以一个逻辑函数 F，则等式仍然成立。这个准则称为代入准则。

因为任何一个逻辑函数也和逻辑变量一样，只有 0 和 1 两种可能的取值，所以代入准则是成立的。

例如在 $A(B+C)=AB+AC$ 中，将所有出现 A 的地方都用函数 $E+F$ 代替，则等式仍成立，即得

$$(E+F)(B+C)=(E+F)B+(E+F)C$$

代入规则可以扩展到所有基本定律和定理的应用范围。值得注意的是，在使用代入准则时，一定要把等式中所有需要代换的变量全部置换掉，否则代换后所得的等式将不成立。

2. 反演准则

将一个逻辑函数表达式 F 中所有的与运算符变为或运算符，或运算符变为与运算符，0 变为 1，1 变为 0，原变量变为反变量，反变量变为原变量，所得到的新的逻辑函数表达式就是 $\overline{F}$，这就是反演准则。

反演准则是反演律的推广。利用反演准则可以很容易地求出函数的“反”。运用反演准则时必须注意以下两个原则：

（1）保持原来的运算优先级，即先进行与运算，后进行或运算，并注意优先考虑括号内的运算。

（2）对于反变量以外的非号应保留不变。

例 4.7　试求 $F=\overline{A}\,\overline{B}+CD+0$ 的反函数 $\overline{F}$。

解　根据反演准则可得

$$\overline{F}=(A+B)\cdot(\overline{C}+\overline{D})\cdot 1=(A+B)\cdot(\overline{C}+\overline{D})$$

例 4.8　已知 $F=A[\overline{B}+(C\,\overline{D}+\overline{E}F)]$，求 $\overline{F}$。

解　根据反演准则可得

$$\overline{F}=\overline{A}+\{B[(\overline{C}+D)\cdot(E+\overline{F})]\}$$

3. 对偶准则

设 F 是一个逻辑函数表达式，如果将 F 中所有的与运算符变为或运算符，或运算符变

为与运算符，0 变为 1，1 变为 0，所得到的新的逻辑函数表达式就是 F 的对偶式，记作 F'。所谓对偶准则，是指当某个逻辑恒等式成立时，其对偶式也成立。

考察前面的逻辑代数的基本运算定律表，不难看出，这些公式总是成对出现的，例如：$A+B=B+A$ 和 $AB=BA$（交换律），$A(B+C)=AB+AC$ 和 $A+BC=(A+B)(A+C)$（分配律）等，这些式子都互为对偶式。

六、逻辑函数的化简

根据逻辑问题归纳出来的逻辑代数式往往不是最简逻辑表达式，对逻辑函数进行化简和变换，可以得到最简的逻辑函数式和所需要的形式，设计出最简洁的逻辑电路。这对于节省元器件、优化生产工艺、降低成本、提高系统可靠性及提高产品在市场的竞争力都是非常重要的。因为只有当表达式最简单时，构成的逻辑电路才是最经济的。显然逻辑函数式的化简，直接关系到数字电路的复杂程度和性能指标。

（一）公式化简法

根据前面介绍的逻辑函数相等的概念，可以知道一个逻辑函数可以有各种不同的表达式，例如 $F=(A+B)(A+C)$，也可以写成 $F=A+BC$，如果把它们分类，主要有与或表达式、或与表达式、与非与非表达式、或非或非表达式以及与或非表达式等。即使对同一种类型来说，函数的表达式也不是唯一的。

逻辑函数的公式法化简

由于表达式的繁简不同，实现它们的逻辑电路也不相同。一般来说，如果表达式比较简单，那么实现它们的逻辑电路使用的元件就比较少，结构就比较简单。

那么，什么样的逻辑函数是最简的呢？下面以与或表达式为例。所谓最简的与或表达式，通常是指：

（1）表达式中的乘积项（或项）的个数最少。

（2）在满足（1）的前提下，每个乘积项中变量的个数最少。

只要得到了最简与或表达式，就不难得到其他类型的最简表达式。

为了简化逻辑电路，就需要得到最简表达式，所以就需要对逻辑函数进行化简。常用的化简方法有公式化简法（代数化简法）和卡诺图法。本部分介绍公式化简法。

公式化简法是运用逻辑代数的基本定律和准则对逻辑函数进行化简，由于实际的逻辑表达式是多种多样的，公式化简尚无一套完整的方法。能否以最快的速度进行化简，从而得到最简表达式，这与经验和对公式的掌握与运用的熟练程度有密切的关系。

例 4.9 化简函数 $F=\overline{AB}C+\overline{AB}\overline{C}$。

解 由分配律可得 $F=\overline{AB}C+\overline{AB}\overline{C}$

$$=\overline{AB}(C+\overline{C})=\overline{AB}$$

例 4.10 化简函数 $F=AB+\overline{A}C+\overline{B}C$。

解 由分配律得 $F=AB+\overline{A}C+\overline{B}C$

$$=AB+(\overline{A}+\overline{B})C$$

由反演律得 $F=AB+\overline{AB}C$

由吸收律得 $F=AB+C$

例 4.11　化简函数 $F=AC+\overline{C}D+ADE$。

解　$F=AC+\overline{C}D+ADE=CA+\overline{C}D+ADE$

由包含律可得 $F=CA+\overline{C}D$

$=AC+\overline{C}D$

代数化简法的优点是：在某些情况下用起来很简便，特别是当变量较多时这一点体现得更加明显。但它的缺点也很突出：要求能灵活运用逻辑代数的基本定律和准则。由于化简过程因人而异，因而没有明确的、规律的化简步骤，因此不便于通过计算机自动实现逻辑函数的化简。此外，代数化简法有时也不容易判断化简结果是否最简。当然，如果熟悉逻辑代数的基本原理和公式，对于实际逻辑电路的设计还是很有用处的。

（二）卡诺图化简法

最小项与卡诺图

1. 逻辑函数的最小项

设 A、B、C 是三个逻辑变量，由这三个逻辑变量可构成许多乘积项，如 ABC、$A(B+C)$、$AB\overline{C}$等。其中有一类特殊的乘积项，它们是：$\overline{A}\,\overline{B}\,\overline{C}$、$\overline{A}\,\overline{B}C$、$\overline{A}B\overline{C}$、$\overline{A}BC$、$A\overline{B}\,\overline{C}$、$A\overline{B}C$、$AB\overline{C}$、$ABC$。这八个乘积项的特点是：

（1）每项都包含这 3 个变量。

（2）每个变量都以原变量 A、B、C 或以反变量 $\overline{A}$、$\overline{B}$、$\overline{C}$ 的形式出现，但同一变量的原变量和反变量不能同时出现在一项中。

这八个乘积项称为变量 A、B、C 的最小项。除了这八项，其余的项都不是最小项。

对于 n 个逻辑变量，有 2^n个最小项。

为了书写方便，我们给最小项进行编号。每个最小项对应的编号是 m_i。以三变量 A、B、C 为例，它的八个最小项所对应的编号如下：

$\overline{A}\,\overline{B}\,\overline{C}=000$，	$m_0=0$	$A\overline{B}\,\overline{C}=100$，	$m_4=4$
$\overline{A}\,\overline{B}C=001$，	$m_1=1$	$A\overline{B}C=101$，	$m_5=5$
$\overline{A}B\overline{C}=010$，	$m_2=2$	$AB\overline{C}=110$，	$m_6=6$
$\overline{A}BC=011$，	$m_3=3$	$ABC=111$，	$m_7=7$

编号的方法是：当乘积项中变量的次序确定后（例如按 A、B、C 次序），乘积项中原变量记为 1，反变量记为 0，例如 $AB\overline{C}$ 记为 110，对应的二进制编号是 110，十进制编号为 6，即 $m_6=6$。

2. 逻辑函数的最小项表达式

大家已经知道，一个逻辑函数的表达式不是唯一的。当它被表示成最小项之和时，这时的表达式就称为逻辑函数的最小项表达式。

例如，逻辑函数 $F(A,B,C)=AB+\overline{A}C$，利用逻辑代数的基本公式，可以将它化为

$$F(A,B,C)=AB+\overline{A}C=AB(C+\overline{C})+\overline{A}(B+\overline{B})C$$

$$=ABC+AB\overline{C}+\overline{A}BC+\overline{A}\,\overline{B}C$$

此式由四个最小项组成，这个由最小项之和构成的表达式就是函数 $F(A, B, C)$ 的最小项表达式。这个表达式也可以写成：

$$F(A,B,C) = m_7 + m_6 + m_3 + m_1 = m_1 + m_3 + m_6 + m_7$$

为了简化书写，这个表达式可写成

$$F(A,B,C) = \sum m(1,3,6,7)$$

任何逻辑函数都可以化成最小项表达式的形式，并且任何逻辑函数最小项表达式的形式都是唯一的。

将逻辑函数化为最小项表达式形式的方法可以用如上公式法，也可以用真值表法。例如函数 $F(A,B,C) = AB + \overline{A}C$，其真值表如表 4.10 所示。

表 4.10　真值表

A	B	C	$F(A, B, C) = AB + \overline{A}C$	A	B	C	$F(A, B, C) = AB + \overline{A}C$
0	0	0	0	1	0	0	0
0	0	1	1	1	0	1	0
0	1	0	0	1	1	0	1
0	1	1	1	1	1	1	1

找出真值表中所有 F 值为 1 的行，每一行相应的变量组合为最小项表达式中的一项。逻辑函数 $F(A,B,C) = AB + \overline{A}C$ 有 4 项为 1，对应的变量组合分别为：$\overline{A}\,\overline{B}C$、$\overline{A}BC$、$AB\overline{C}$、$ABC$，所以其最小项表达式为

$$F = \overline{A}\,\overline{B}C + \overline{A}BC + AB\overline{C} + ABC = \sum m(1,3,6,7)$$

3. 卡诺图

逻辑函数的卡诺图就是将这个逻辑函数的最小项表达式中的各个最小项相应地填入一个特定的方格内，这个方格图就是卡诺图。因此卡诺图是逻辑函数的一种图形表示法。下面介绍卡诺图的画法。

（1）因为 n 个变量有 2^n 个最小项，首先画一个矩形，将这个矩形分成 2^n 个小格。

（2）每个小格按最小项 m_i 编号，如图 4.10 所示画出了二变量、三变量、四变量和五变量的卡诺图及其编号。

为了说明编号的方法，下面以三变量为例。因为 $2^3=8$，所以三变量对应的方格数为 8，因为变量 AB 可能的取值有 00、01、11、10（应当注意，变量 AB 的取值不是按自然二进制码 00、01、10、11 的顺序排列），而 C 的取值可能有 0 或 1，因此第一行第一列小方格对应着 $A=0$，$B=0$，$C=0$，即 $\overline{A}\,\overline{B}\,\overline{C}$，故其编号为 m_0 记为 0；第一行第二列小方格对应着 $A=0$，$B=1$，$C=0$，即 $\overline{A}B\overline{C}$，其编号为 m_2，记为 2，其他的编号依次类推，这里就不再一一说明了。

在编号时还有一个原则，那就是相邻两个方格的二进制编号只能有一位不同。例如二变量卡诺图，第一行第一列小方格的二进制编号为 00，第一行第二列小方格的二进制编号为 10，第一位相同，都是 0，第二位不同。再比如三变量卡诺图，编号为 6 的小方格与编号为 4 的方格，前者的二进制编号是 110，后者的二进制编号是 100，只有第二位不同。

A→ B↓	0	1
0	0	2
1	1	3

(a)

AB→ C↓	00	01	11	10
0	0	2	6	4
1	1	3	7	5

(b)

AB→ CD↓	00	01	11	10
00	0	4	12	8
01	1	5	13	9
11	3	7	15	11
10	2	6	14	10

(c)

ABC→ DE↓	000	001	011	010	100	101	111	110
00	0	4	12	8	16	20	28	24
01	1	5	13	9	17	21	29	25
11	3	7	15	11	19	23	31	27
10	2	6	14	10	18	22	30	26

(d)

图 4.10　二到五变量的卡诺图

(a) 二变量；(b) 三变量；(c) 四变量；(d) 五变量

(3) 在对小方格编好号后，就可根据逻辑函数的最小项表达式，将表达式中存在的项，填入相应的格中，而不存在的项则略去不填。

例如有逻辑函数

$$F(A,B,C)=m_1+m_3+m_6+m_7=\sum m(1,3,6,7)$$

则相应的卡诺图如图 4.11 所示。

AB→ C↓	00	01	11	10
0			6	
1	1	3	7	

图 4.11　按最小项填写的卡诺图

4. 逻辑函数的卡诺图化简法

用卡诺图对逻辑函数进行化简的出发点是最小项表达式，化简的目标是最简表达式，通常是最简与或表达式，化简的工具则是逻辑函数的卡诺图。下面将介绍如何用卡诺图对逻辑函数进行简化。

逻辑函数的卡诺图化简法

卡诺图化简逻辑函数的基本原理是公式 $AB+A\bar{B}=A$。在此式中，两个乘积项被合并成一项。相同的因子 A 被保留下来，而互补因子 B 和 $\bar{B}$ 则被消去了。由于卡诺图编号的原则是相邻方格的二进制编号只能有一位不同，因此可以依据上面的这个公式，对相邻项进行化简。

例如逻辑函数：

$$F(A,B,C)=\bar{A}\,\bar{B}C+\bar{A}B\bar{C}+AB\bar{C}=m_1+m_2+m_6$$

其卡诺图如图 4.12 所示。

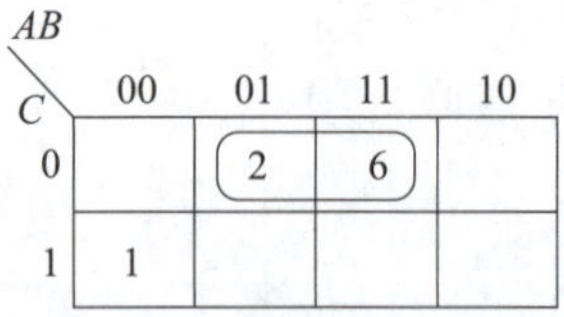

图 4.12　化简三变量的卡诺图示例

编号为 2 的方格与编号为 6 的方格相邻，对应的最小项分别为 $\overline{A}B\overline{C}$ 和 $AB\overline{C}$，因为

$$\overline{A}B\overline{C}+AB\overline{C}=(A+\overline{A})B\overline{C}=B\overline{C}$$

所以这两项可以合并为一项，相同的因子 B 和 $\overline{C}$ 被保留下来，而不同的因子 A 和 $\overline{A}$ 则被消去了。编号为 1 的方格无合并项所以保留，化简结果为 $F(A,B,C)=\overline{A}\,\overline{B}C+B\overline{C}$。

再例如有四变量的逻辑函数 $F(A,B,C,D)$，其卡诺图如图 4.13 所示。

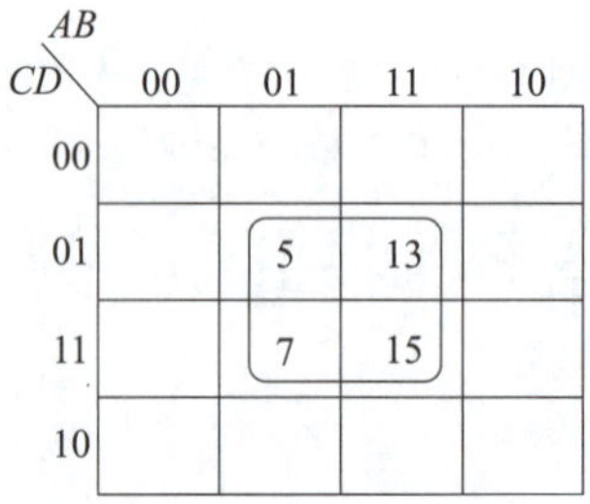

图 4.13　化简四变量的卡诺图示例

编号为 5、13、7、15 的四个相邻方格对应的最小项分别为：$\overline{A}B\overline{C}D$、$AB\overline{C}D$、$\overline{A}BCD$ 和 $ABCD$。由于

$$\begin{aligned}F&=\overline{A}B\overline{C}D+AB\overline{C}D+\overline{A}BCD+ABCD\\&=(A+\overline{A})B\overline{C}D+(A+\overline{A})BCD\\&=B\overline{C}D+BCD=BD\end{aligned}$$

所以化简结果 $F(A,B,C,D)=BD$。四项被合并成一项，只保留了相同的因子 B 和 D。

综上所述，可以得出卡诺图对逻辑函数进行化简的步骤如下：

(1) 将逻辑函数正确地用卡诺图表示出来。

(2) 将取值为 1 的相邻小方格圈成矩形或方形，相邻小方格包括左右上下相邻的小方格、同行及同列两端的小方格、最上行与最下行及最左列与最右列两端的小方格。所圈取值为 1 的相邻小方格的个数应为 $2^n(n=0,1,2,3,\cdots)$，即 1、2、4、8、…，不允许 3、6、10、12 等。

(3) 圈的个数应最少，圈内小方格个数应尽可能多。每圈一个圈时，必须包含至少一个在已圈过的圈中未出现过的最小项，否则得不到最简式。每一个取值为 1 的小方格可被圈多次（因为 $A+A=A$），但不能遗漏。

(4) 相邻的两项可合并为一项，并消去一个因子；相邻的四项可合并为一项，并消去两个因子；依此类推，相邻的 2^n 项可合并为一项，并消去 n 个因子。

(5) 将合并的结果相加，即为所求的最简与或式。方格圈的个数越少，化简后的乘积项就越少。

例 4.12　将 $F = ABC + AB\overline{C} + \overline{A}BC + A\overline{B}C$ 用卡诺图表示并化简。

解　卡诺图如图 4.14 所示，根据图中三个圈可得

$$F = AB + AC + BC$$

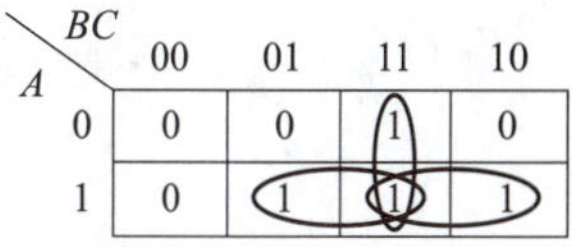

图 4.14　例 4.12 卡诺图

例 4.13　用卡诺图化简逻辑函数 $F(A,B,C,D) = \sum m(1,2,4,6,9)$。

第一步，画出逻辑函数的卡诺图，如图 4.15 所示。

第二步，对相邻项进行合并。从图 4.15 上很容易看出，1 号和 9 号相邻，合并结果为 $\overline{B}\overline{C}D$；4 号和 6 号相邻，合并结果为 $\overline{A}B\overline{D}$；2 号和 6 号相邻，合并结果为 $\overline{A}C\overline{D}$。

至此，所有项都被圈完，最简与或表达式为

$$F(A,B,C,D) = \overline{B}\overline{C}D + \overline{A}C\overline{D} + \overline{A}B\overline{D}$$

这里，6 号被使用两次，但第二次使用时包含了一个新的最小项 2 号或 4 号。

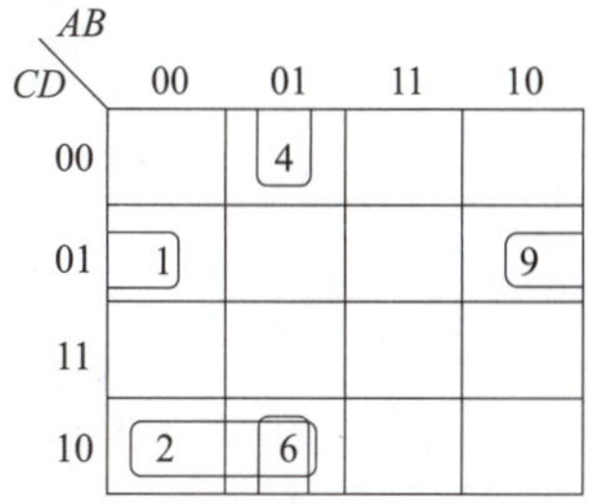

图 4.15　例 4.13 卡诺图

5. 含有无关项的逻辑函数的卡诺图化简法

在实际问题中，有时变量会受到实际逻辑问题的限制，使某些取值不可能出现。或者对结果没有影响，这些变量的取值所对应的最小项就称为无关项或任意项。

例 4.14　有一个“四舍五入”逻辑电路，如图 4.16 所示。输入十进制数 X 按 8421 编码，即 $X = 8A+4B+2C+D \leq 9$。要求当 $X \geq 5$ 时，输出 $F=1$；否则，$F=0$。试求其逻辑表达式。

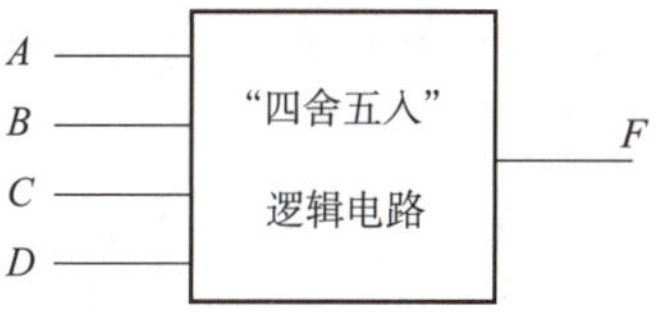

图 4.16　例 4.14 图

解　根据题意，列出真值表，如表 4.11 所示。

在本例题中，由于输入变量 A、B、C、D 的后六种组合（1010~1111）是不可能出现的，因此它们所对应的 F 值也是没有意义的。即这六个最小项是无关项，它们对应的 F 值是 1 或 0 都无关紧要。为了便于化简逻辑函数，在真值表中仍然列出这六种组合，而把它们对应的 F 值记为 d。

我们可以这样来理解 d：d 表示 F 的值既可以是 1，也可以是 0。

表 4.11　“四舍五入”逻辑电路真值表

X	A	B	C	D	F	X	A	B	C	D	F
0	0	0	0	0	0	8	1	0	0	0	1
1	0	0	0	1	0	9	1	0	0	1	1
2	0	0	1	0	0	—	1	0	1	0	d
3	0	0	1	1	0	—	1	0	1	1	d
4	0	1	0	0	0	—	1	1	0	0	d
5	0	1	0	1	1	—	1	1	0	1	d
6	0	1	1	0	1	—	1	1	1	0	d
7	0	1	1	1	1	—	1	1	1	1	d

这样，F 的表达式可以写为

$$F(A,B,C,D)=\sum m(5,6,7,8,9)+\sum d(10,11,12,13,14,15)$$

如果不利用无关最小项，那么根据卡诺图化简法，如图 4.17 所示，只能得

$$F(A,B,C,D)=A\overline{B}\overline{C}+\overline{A}BD+\overline{A}BC$$

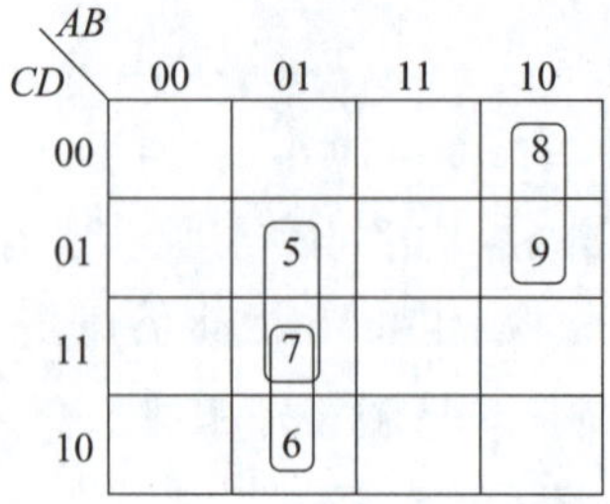

图 4.17　不利用无关最小项的卡诺图化简

但是如果把无关最小项考虑进去，情况就不同了。如图 4.18 所示，在无关最小项的小格内标以 d，既可以将它们认为是 1，也可以将它们认为是 0，因此在这里将它们看成是 1，则根据卡诺图化简法，可得

$$F(A,B,C,D)=A+BC+BD$$

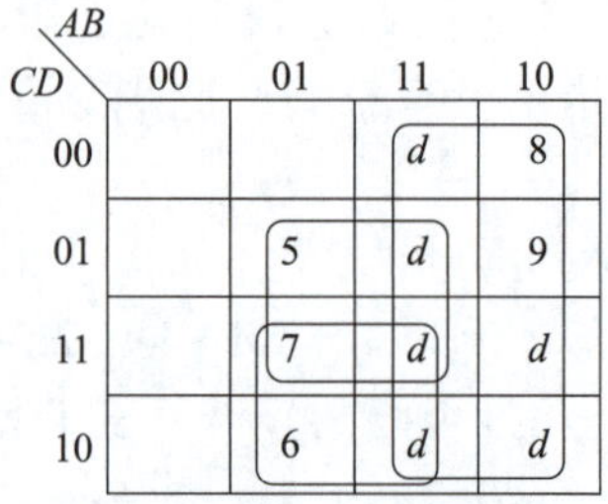

图 4.18　利用无关最小项的卡诺图化简

可见，考虑无关最小项与不考虑无关最小项化简结果很不一样。这说明经过恰当选择无关最小项之后，往往可以得到较简单的逻辑表达式。

项目 2　基本门电路

任务 1　分立元件门电路

任务导入

门电路是一种具有一定逻辑关系的开关电路，它是数字电路的基本逻辑单元。我们已经知道基本逻辑关系分别为与逻辑、或逻辑和非逻辑，能够实现这些逻辑关系的电路分别称为与门、或门和非门。由这 3 种基本门电路还可以组成其他多种复合门电路。

分立元件门电路（微课）

门电路可以用电阻、电容、二极管和三极管等分立元件组成，但目前广泛使用的是集成门电路。对于数字电路的初学者来说，从分立元件的角度来认识门电路到底是怎样实现“与”“或”“非”运算是非常直观和易于理解的，因此首先从分立元件构成的逻辑门电路谈起。

一、二极管与门电路

二极管与门电路的原理如图 4. 19（a）所示，图中 A、B 是与门的输入信号或称为输入变量，F 是输出信号或称为输出变量。假定二极管工作在理想开关状态，那么：

当 $A=0$ V、$B=0$ V 时，VD_A、VD_B 均导通，输出 $F=0$ V。

当 $A=5$ V、$B=5$ V 时，VD_A、VD_B 均截止，输出 $F=5$ V。

当 $A=0$ V、$B=5$ V 时，VD_A 导通、VD_B 截止，输出 $F=0$ V。

当 $A=5$ V、$B=0$ V 时，VD_A 截止、VD_B 导通，输出 $F=0$ V。

如果约定 +5 V 电压代表逻辑“1”，0 V 电压代表逻辑“0”，图 4. 19（a）所示电路的输入输出关系如表 4. 12 所示。

图 4. 19（b）为与门电路的波形图。

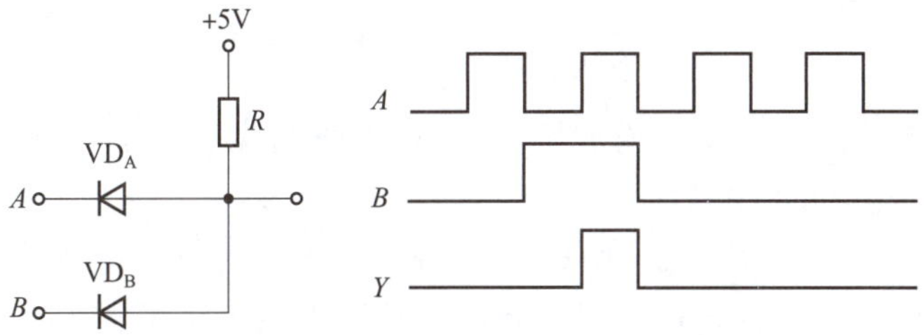

（a）　　（b）

图 4. 19　二极管与门电路及波形

（a）二极管与门电路；（b）波形图

表 4.12　二极管与门电路输入输出关系

变量	逻辑值（电压）	逻辑值（电压）	逻辑值（电压）	逻辑值（电压）
A	0(0 V)	1(+5 V)	0(0 V)	1(+5 V)
B	0(0 V)	0(0 V)	1(+5 V)	1(+5 V)
F	0(0 V)	0(0 V)	0(0 V)	1(+5 V)

二、二极管或门电路

二极管开关特性（动画）

二极管或门电路原理如图 4.20（a）所示，图 4.20（b）为或门电路的波形图。

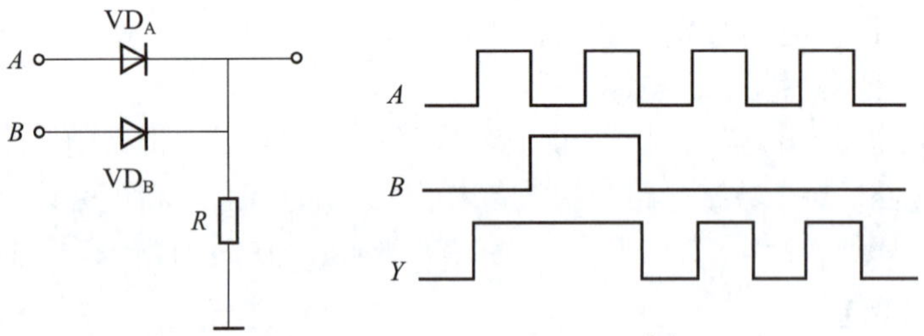

（a）　（b）

图 4.20　二极管或门电路及波形

（a）二极管或门电路；（b）波形图

或门电路的输入与输出之间的逻辑关系如表 4.13 所示。

表 4.13　二极管或门电路输入输出关系

变量	逻辑值（电压）	逻辑值（电压）	逻辑值（电压）	逻辑值（电压）
A	0(0 V)	1(+5 V)	0(0 V)	1(+5 V)
B	0(0 V)	0(0 V)	1(+5 V)	1(+5 V)
F	0(0 V)	1(+5 V)	1(+5 V)	1(+5 V)

三、三极管非门电路

三极管开关特性-动画

非门也称反相器。由三极管构成的非门电路如图 4.21（a）所示，图 4.21（b）为非门电路的波形图。

通过设计合理的参数，使三极管只工作在饱和区和截止区。故当输入 A 为高电平（$A=+5$ V）时，三极管饱和导通，输出 F 为低电平（$F=0$ V）；当输入 A 为低电平（$A=0$ V）时，三极管截止，输出 F 为高电平（$F=+5$ V）。其输入输出关系见表 4.14。

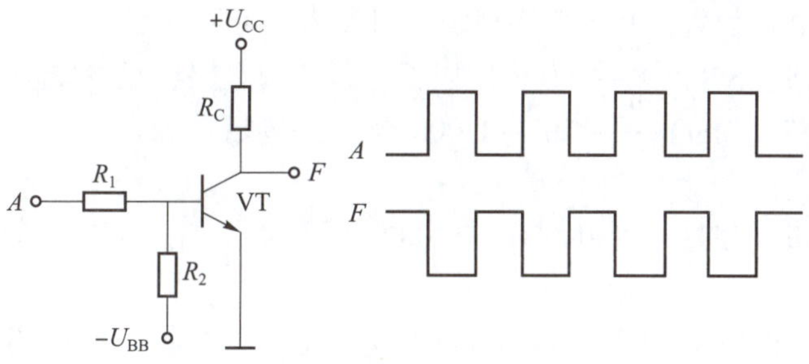

(a)　　　　(b)

图 4.21　三极管非门电路及波形

（a）三极管非门电路；（b）波形图

表 4.14　三极管非门电路输入输出关系

变量	逻辑值（电压）	逻辑值（电压）
A	0(0 V)	1(+5 V)
F	1(+5 V)	0(0 V)

上面介绍的三种数字电路，分别用二极管、三极管实现了“与”“或”“非”运算，实际上实现这些逻辑运算的电路可以是多种多样的，门电路还可以由二极管、三极管共同构成，这里就不一一介绍了。

在实际电路中，允许电平在一定范围内变化，一般高电平可以在 3~5 V 波动，低电平可以在 0~0.4 V 波动。各种实际电路都规定了高电平下限和低电平上限的大小，在实际使用中应注意保证高电平大于或等于高电平下限，低电平应小于或等于低电平上限；否则就会破坏电路的逻辑功能。

此外，上述电路都将高电平规定为+5 V，低电平规定为 0 V，这种电平称为 TTL 电平。当然，也可以采用其他电平标准，如 RS-232 标准（+3~+15 V 代表逻辑 0，-3~-15 V 代表逻辑 1）或 CMOS 电平（0 V 代表逻辑 0，3~15 V 代表逻辑 1）等。

任务 2　集成门电路

任务导入

集成门电路介绍（微课）

前面介绍了用分立元件构成的逻辑门电路。如果把这些电路中的全部元件和连线都制造在一块半导体材料的芯片上，再把这个芯片封装在一个壳体中，就构成了一个集成门电路，一般称为集成电路。与分立元件电路相比，集成电路有许多显著的优点，如体积小、耗电少、质量轻、可靠性高等。所以集成电路受到了人们极大的重视并得到了广泛应用。

自从 1959 年世界上第一块集成电路诞生以来，半导体技术取得了飞速发展，根据在一块芯片上含有门电路数目的多少（又称集成度），集成电路可分为小规模集成电路（SSI）、中规模集成电路（MSI）、大规模集成电路（LSI）和超大规模集成电路（VLSI）。虽然这几种集成电路所含门电路的数目并无严格规定，但大体上可划分如下：

小规模集成电路（SSI）——100 个门以下，包括门电路、触发器等。

中规模集成电路（MSI）——100～1 000 个门，包括计数器、寄存器、译码器、比较器等。

大规模集成电路（LSI）——1 000～10 000 个门，包括各类专用的存储器，各类 ASIC 芯片等。

超大规模集成电路（VLSI）——10 000 个门以上，包括各类 CPU 等。

目前构成集成电路的半导体器件按材料不同主要有两大类：一种是双极型器件，一种是单极型器件。

双极型器件有：

（1）TTL（晶体管-晶体管逻辑电路），这是一种最“古老”的半导体。虽然 TTL 得到广泛的应用，但在高速、高抗干扰和高集成度方面还远远不能满足需要，因而出现了其他类型的双极型集成电路。

（2）ECL（射极耦合逻辑电路），是一种新型的高速数字集成电路。

（3）HTL（高阈值集成电路），是一种噪声容限比较大，抗干扰能力较强的数字集成电路。

（4）I^2L（集成注入逻辑电路），可以构成集成度很高的数字电路。

单极型器件有：

NMOS、PMOS、CMOS 集成电路等。CMOS 集成电路因具有功耗低、输入阻抗高、噪声容限高、工作温度范围宽、电源电压范围宽和输出幅度接近于电源电压等优点，得到飞速发展，从普通的 CMOS 发展到高速 CMOS 和超高速 CMOS。

除此之外，自 1970 年以来发展起来的电荷耦合器件（CCD）是一种新型 MOS 器件，它能存储大量信息。

下面对它们分别加以介绍。

一、TTL 门电路

TTL 集成电路是双极型集成电路的典型代表。这种电路在结构上采用半导体晶体管器件，我们先来学习一下 TTL 集成与非门电路。

1. TTL 与非门

图 4.22 是一个小规模 TTL 与非门集成电路原理图。该电路由三部分组成，第一部分是由多发射极三极管 VT_1 构成的输入与逻辑，可把它的集电结看成一个二极管，而把发射结看成与前者背靠背的两个二极管，如图 4.23所示。

TTL 与非门（微课）

这样，VT_1 的作用和二极管与门的作用完全相似；第二部分是 VT_2 构成的反相放大器；第三部分是由 VT_3、VT_4 组成的输出电路，用以提高输出的负载能力和抗干扰能力。

该电路是这样工作的：

只要输入有一个或几个为低电平（0 V）时，对应于输入端接低电平的发射结处于正向偏置。这时电源通过 R_1 为三极管 VT_1 提供基极电流。VT_1 的基极电位不足以向 VT_2 提供正向基极电流，所以 VT_2 截止，VT_3 和 VT_4 导通，输出高电平（+5 V）。

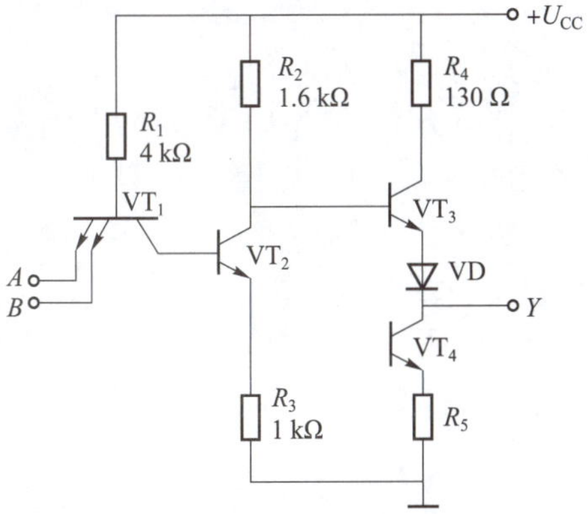

图 4.22　TTL 与非门电路

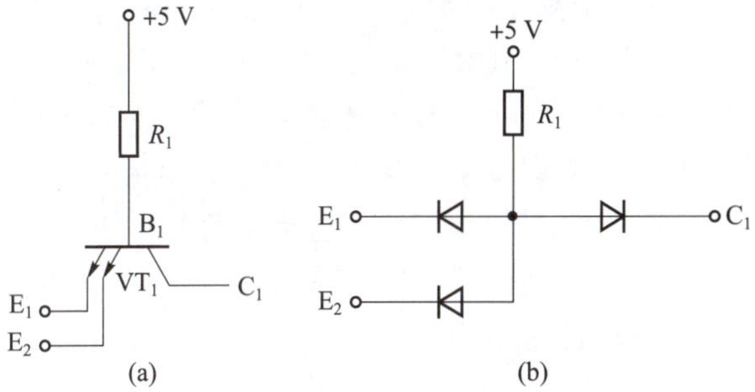

图 4.23　多发射极晶体管及其等效图

（a）多发射极晶体管；（b）等效图

如果输入全为高电平（+5 V），VT_1 的两个发射结反向偏置，电源通过 R_1 和 VT_1 的集电结向 VT_2 提供足够大的基极电流，使 VT_2、VT_4 导通，VT_3 截止，输出低电平（0 V）。

可见，这是一个与非门。

同样地，也可用类似的结构构成 TTL 与门、或门、或非门、异或门、与或非门等，这里就不再一一介绍了。集成门电路的符号与分立元件门电路完全相同。

2. 集电极开路与非门

在工程实践中，往往需要将两个门的输出端并联以实现与逻辑功能，这种功能称为线与。但普通 TTL 门电路的输出端并不能并联相接，即不能线与，否则由于电路特性原因，导致两个门损坏。

但是对图 4.22 所示的 TTL 与非门电路，如果将其 VT_3 省去，并将其输出管 VT_4 的集电极开路，就变成了集电极开路与非门，也称 OC 门，如图 4.24（a）所示。

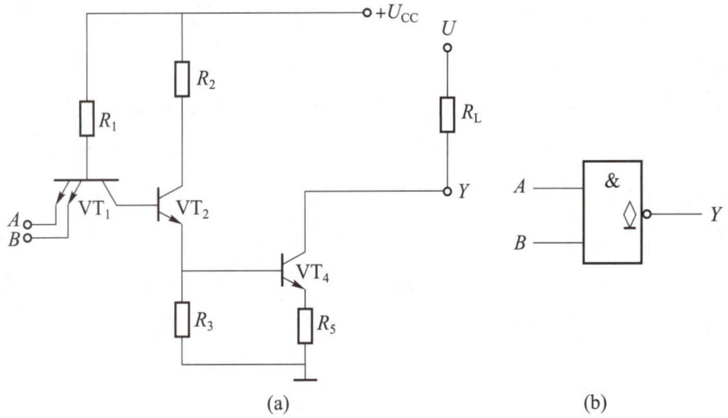

图 4.24　集电极开路与非门

（a）电路原理图；（b）逻辑符号

OC 门在使用时需外接负载电阻 R_L，使开路的集电极与+5 V 电源接通，它的功能与图 4.22 所示的 TTL 与非门电路是一样的，都可完成与非运算，其逻辑符号如图 4.24（b）所示。

用同样的方法，可以做成集电极开路与门、或门、或非门等各种 OC 门。

要实现线与的时候，几个 OC 门的输出端相连，而后接电源 U_{CC} 和电阻 R_L，如图 4.25 所示。当 OC_1 门的输入全为高电平，而其他门的输入有低电平时，OC_1 门的输出管 VT_4 饱和导通（$Y_1=0$），其他门的输出管截止（$Y_2=0$）。这时负载电流全部流入 OC_1 门的输出管，$Y=0$。由于有限流电阻 R_L 的存在，电流不会太大，所以不会损坏管子。

在 OC 门的输出端可以直接接负载，如继电器、指示灯、发光二极管等，如图 4.26 所示（图中接有继电器线圈 KA）。而普通 TTL 与非门不允许直接驱动电压高于 5 V 的负载，否则与非门将被损坏。

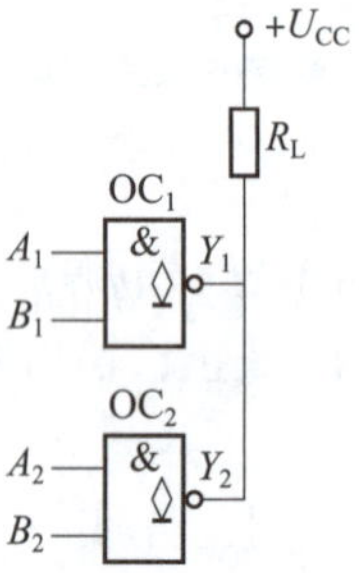

图 4.25　线与电路图

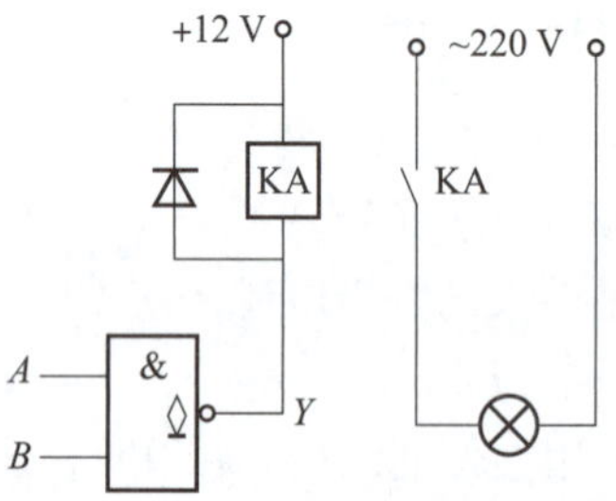

图 4.26　OC 门的输出端直接接继电器

3. TTL 三态门

三态门与普通门电路不同。普通门电路的输出只有两种状态：高电平或低电平，即1 或 0；而三态门输出有三种状态：高电平、低电平、高阻态，其中高阻态也称悬浮态。以图 4.22 所示的 TTL 与非门为例，如果设法使 VT_3、VT_4 都截止，输出端就会呈现出极大的电阻，称这种状态为高阻态。高阻态时，输出端就像一根悬空的导线，其电压值可浮动在0~5 V 的任意值上。

三态门（微课）　三态门（动画）

三态输出与非门是在普通门的基础上，加上使能控制信号和控制电路，其电路原理如图 4.27（a）所示，与图 4.22 相比，只多了一个二极管 VD_1，其中 A 和 B 是输入端，E 是控制端或称为使能端。

当控制端 $E=0$（约为 0.3 V）时，VT_1 的基极电位约为 1 V，致使 VT_2 和 VT_4 截止。二极管 VD_1 导通，将 VT_2 的集电极电位钳位在 1 V，而使 VT_3 截止。输出端与输入端的联系断开，输出端开路，处于高阻状态。由于三态门处于高阻状态时电路不工作，所以高阻态又叫作禁止态。

当控制端 $E=1$ 时，二极管 VD_1 截止，三态门的输出状态取决于输入端 A 和 B 的状态，实现与非逻辑关系，即“见 1 为 0，全 0 为 1”。此时电路处于工作状态。其逻辑符号图如图 4.27（b）所示。由于电路结构不同，也有使能端为 0 时处于工作状态、为 1 时处于高阻态的三态门，其逻辑符号图如图 4.27（c）所示。

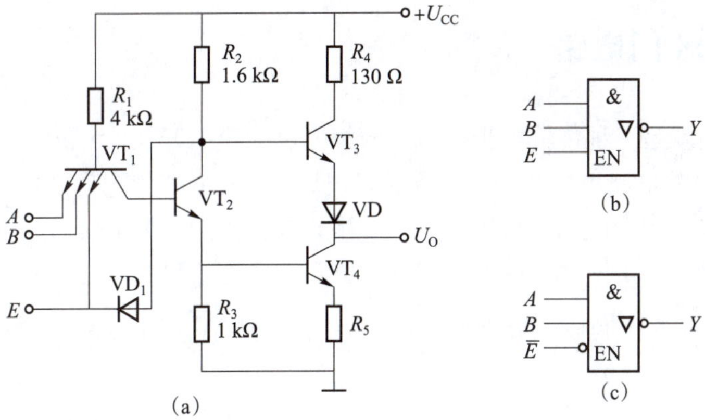

图 4.27　TTL 三态输出与非门电路图及其逻辑符号

表 4.15 是三态与非门的逻辑状态表。

表 4.15　三态与非门的逻辑状态表

控制端 E	输入端		输出端 Y
	A	B	
1	0	0	1
	0	1	1
	1	0	1
	1	1	0
0	×	×	高阻

三态门最重要的一个用途是实现多路数据的分时传输，即用一根导线轮流传送几个不同的数据，如图 4.28 所示，这根导线称为母线或总线。只要让门的控制端轮流处于高电平，这样总线就会轮流接受各三态门的输出。这种用总线来传送数据或信号的方法，在计算机中被广泛使用。三态门还可以实现数据的双向传输，如图 4.29 所示，当 $\overline{E}=0$ 时，G_1 有输出，G_2 高阻，信号由 A 传至 B；当 $\overline{E}=1$ 时，G_2 有输出，G_1 高阻，信号由 B 传至 A。

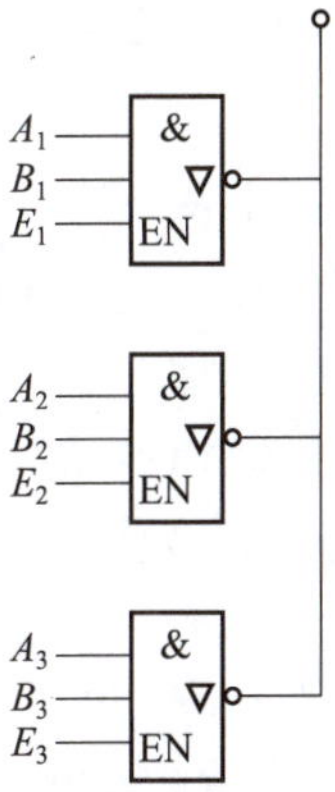

图 4.28　三态输出与非门的应用

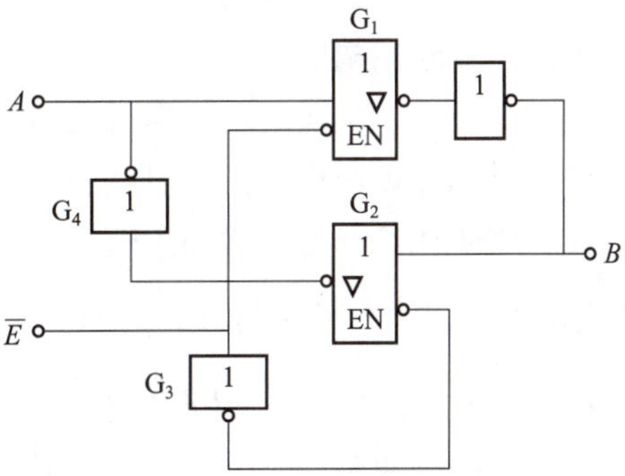

图 4.29　双数据传输

二、CMOS 门电路

CMOS 传输门就是一种传输模拟信号的模拟开关。模拟开关广泛地用于取样保持电路、斩波电路、模/数和数/模转换电路等。CMOS 传输门电路及其逻辑符号如图 4.30 所示，由 NMOS 管 VT_1 和 PMOS 管 VT_2 并联而成。两者的源极相连作为输入端，漏极相连作为输出端（输入端和输出端可以对调）。两管的栅极作为控制极，分别加一对互为反量的控制电压 C 和 $\overline{C}$ 进行控制。

CMOS 门电路

CMOS 传输门（微课）

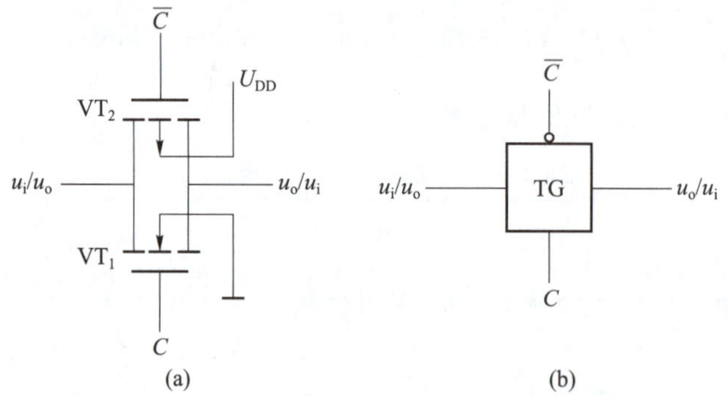

图 4.30　CMOS 传输门电路及其逻辑符号

（a）电路原理图；（b）逻辑符号

设两管的开启电压绝对值均为 3 V。如果在 VT_1 管的栅极加+10 V，在 VT_2 管的栅极加 0 V，当输入电压 u_i 在 0~10 V 范围内连续变化时，传输门开通，u_i 可传输到输出端，即 $u_o=u_i$。因为，当 u_i 在 0~7 V 范围内变化时，VT_1 导通；当 u_i 在 3~10 V 范围内变化时，VT_2 导通。可见，当 u_i 在 0~10 V 范围内连续变化时，至少有一个管导通，这相当于开关接通。如果在 VT_1 管的栅极加 0 V，在 VT_2 管的栅极加+10 V，当 u_i 在 0~10 V 范围内连续变化时，两管都截止，传输门关断，相当于开关断开，u_i 不能传输到输出端。

由上可知，CMOS 传输门的开通和关断取决于栅极上所加的控制电压。当 $\overline{C}$ 为 1（C 为 0）时，传输门开通，反之则关断。

三态输出 CMOS 门电路

三态输出 CMOS 门电路比三态输出 TTL 门电路要简单得多，但两者功能是一样的。图 4.31 是三态输出 CMOS 门电路及其逻辑符号。

图 4.31 是在 CMOS 非门电路的基础上增加了一个 P 沟道 MOS 管 VT_1' 和一个 N 沟道 MOS 管 VT_2' 作为控制管。当控制端 $\overline{EN}=1$ 时，VT_1' 和 VT_2' 均截止，输出处于高阻状态。而当 $\overline{EN}=0$ 时，VT_1' 和 VT_2' 均导通，电路处于工作状态，于是得出

$$F=\overline{A}$$

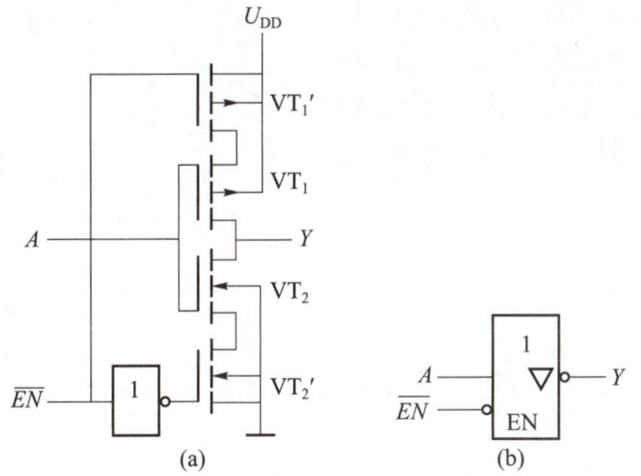

图 4.31　三态输出 CMOS 门电路及其逻辑符号

(a) 电路原理图；(b) 逻辑符号

三、集成电路使用中的实际问题

集成电路使用中的实际问题

集成电路可以实现各种逻辑功能，为使用者提供了方便。虽然用户不必了解集成电路内部的具体构造情况，只需按逻辑功能选用所需要的集成电路，但是为了正确有效地使用集成电路，必须了解各类集成电路的主要参数及特性，以及有关使用问题，下面对之加以介绍。

（一）有关集成电路的主要参数及其特性曲线

TTL 和 CMOS 数字集成电路的主要性能体现在如下电气参数里，如图 4.32 所示。

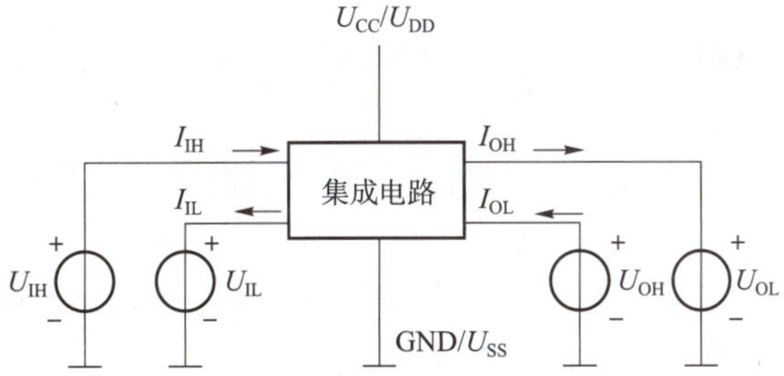

图 4.32　电气参数示意图

U_{CC}/U_{DD}：集成电路电源正极（TTL 电源正极用 U_{CC} 表示，CMOS 电源正极用 U_{DD} 表示）。

GND/U_{SS}：集成电路电源负极（TTL 电源负极用 GND 表示，CMOS 电源负极用 U_{SS} 表示）。

$U_{IH(min)}$：输入高电平的最小值（下限）。

$U_{IL(max)}$：输入低电平的最大值（上限）。

$I_{IH(max)}$：输入高电平时，输入端电流的最大值。

$I_{IL(max)}$：输入低电平时，输入端电流的最大值。

$U_{OH(min)}$：输出高电平的最小值（下限）。

$U_{OL(max)}$：输出低电平的最大值（上限）。

$I_{OH(max)}$：输出高电平时，输出端电流的最大值。

$I_{OL(max)}$：输出低电平时，输出端电流的最大值。

N_O：扇出系数。

N_I：扇入系数。

t_{pd}：传输延迟时间。

f_{cp}：最高工作频率。

上述集成电路电气参数，可以综合地反映 TTL、CMOS 集成电路的工作特性，抗干扰能力及工作的可靠性。

下面对这些参数进行介绍。

1. 工作电压

各类数字集成电路，若要正常工作除需提供数字信号外，还必须提供工作电压，否则数字集成电路不能工作。各类数字集成电路的电源电压均有一定的工作范围，不允许超出其范围，否则会影响集成电路的正常工作或损坏集成电路，且工作电压的正负极不能接反，使用时一定要注意。

2. 集成电路的输入输出高低电平

在实际电路中，高低电平的大小是允许在一定范围内变化的。输入输出高低电平的范围由 $U_{IH(min)}$、$U_{IL(max)}$、$U_{OH(min)}$、$U_{OL(max)}$ 参数决定。

3. 输入电流

输入电流的大小可以用 $I_{IL(max)}$、$I_{IH(max)}$ 两个参数表达。习惯上规定流入门电路的电流方向为正，流出门电路的电流方向为负。

4. 输出电流

输出电流的大小可以用 $I_{OL(max)}$、$I_{OH(max)}$ 两个参数表达。输出电流方向的规定与输入电流相同。

当输出高电平时，电流从集成电路输出端流向负载，也可以认为是负载从输出端拉走电流，故高电平输出电流也称为拉电流。

当输出低电平时，电流从负载流向集成电路输出端，也可以认为是负载向集成电路的输出端灌入电流，故低电平输出电流也称为灌电流。

5. 动态特性

对于任意的数字集成电路，从信号输入到信号输出之间总有一定的延迟时间，这是由器件的物理特性决定的。以与非门为例，它的输入信号与输出信号时间上的关系如图 4.33 所示。其中，t_{dr} 为前沿延迟时间，t_{df} 为后沿延迟时间，平均延迟时间为：

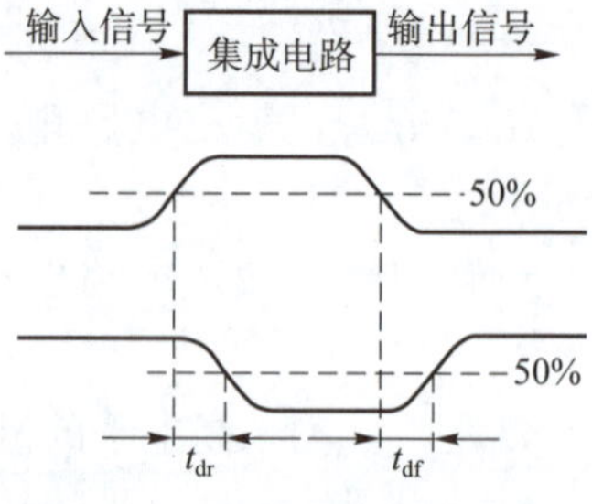

图 4.33　与非门的波形曲线

$$t_{pd} = \frac{t_{dr} + t_{df}}{2}$$

对一般集成电路，其延迟时间用平均延迟时间衡量。单位是 ns。它反映了集成电路的工作速度。

对于由多块集成电路串联组成的系统，系统输入到输出的总延迟是各个集成电路延迟之和。对于具有时钟控制的数字集成电路，还有最高工作频率 f_{cp} 这一指标，当电路输入时钟频率超过该指标时，数字集成电路将不能工作。

6. 驱动能力

在图 4.34 中，集成电路 A 为集成电路 B 的驱动部件，B 为 A 的负载部件。

当 A 输出高电平时，设 A 输出高电平为 U_{OHA}，输出电流为 I_{OHA}；B 输入高电平为 U_{IHB}，输入电流为 I_{IHB}，电流由 A 流向 B，即 A 向 B 提供拉电流。要使 A 驱动 B，必须满足

$$U_{OHA} \geqslant U_{IHB} \qquad |I_{OHA}| \geqslant |I_{IHB}|$$

当 A 输出低电平时，设 A 输出低电平为 U_{OLA}，输出电流为 I_{OLA}，B 输入低电平为 U_{ILB}，输入电流为 I_{ILB}，电流由 B 流向 A，即 B 向 A 灌入电流。要使 A 驱动 B，必须满足

$$U_{OLA} \geqslant U_{ILB} \qquad |I_{OLA}| \geqslant |I_{ILB}|$$

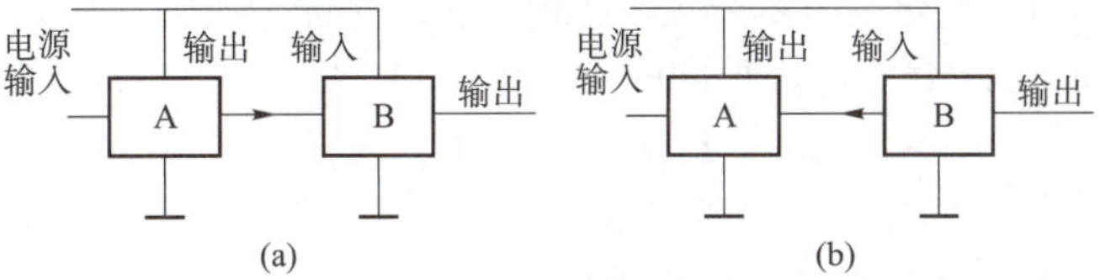

图 4.34　驱动示意

（a）A 输出高电平；（b）A 输出低电平

由上面的讨论可知，输出电流反映了集成电路某输出端的电流驱动能力，输入电流反映了集成电路某输入端的电流负载能力。I_{OH}、I_{OL} 越大，驱动能力（带负载能力）越强；I_{IH}、I_{IL} 越小，负载能力越强。

当 A 驱动 n 个 B 时，除电压条件不变外，电流应满足

$$|I_{OHA}| \geqslant n|I_{IHB}| \qquad |I_{OLA}| \geqslant n|I_{ILB}|$$

为考虑问题方便，定义

$$N_{OL} = \frac{|I_{OLA(max)}|}{|I_{ILB(max)}|}$$

N_{OL} 为输出低电平时的扇出系数。它反映了集成电路的驱动能力。

当然也可以定义输出高电平时的扇出系数 N_{OH}：

$$N_{OH} = \frac{|I_{OHA(max)}|}{|I_{IHB(max)}|}$$

但一般采用 N_{OL}，并记为 N_O。

7. 抗干扰能力

U_{OHA}、U_{OLA} 反映了集成电路 A 某输出端的电平输出，U_{IHB}、U_{ILB} 反映了集成电路 B 某输入端的电平输入，它们的关系如图 4.35 所示。

为了使 A 输出的电平在 B 的输入端得到反映，必须满足

$$U_{OHA} \geqslant U_{IHB} \qquad U_{OLA} \leqslant U_{ILB}$$

在图 4.35 中，当 U_{OH} 变为 U_A 时，B 集成电路仍然认为是接收了有效的高电平，当 U_{OH}

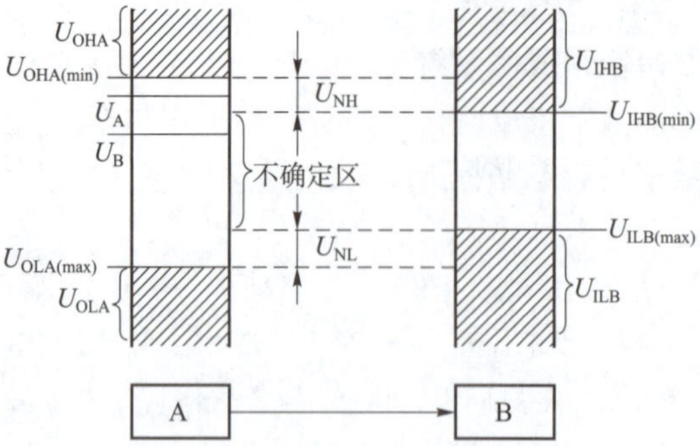

图 4.35　输入/输出电平示意图

变为 U_B 时，集成电路 B 才认为是不能认定的电平。U_A 变化的范围，可由下列公式定义

$$U_{NH}=U_{OHA(min)}-U_{IHB(min)}$$

U_{NH} 越大，表示 U_A 变化的范围越大，也就是抗干扰能力越强。所以 U_{NH} 反映了高电平的噪声容限。同理，可以定义低电平的噪声容限

$$U_{NL}=U_{ILB(max)}-U_{OLA(max)}$$

U_{NL} 越大，表示低电平抗干扰的能力越强。

（二）集成电路使用中应该注意的问题

集成电路使用时除了须接上额定的工作电压，注意保证其工作参数（输入输出电压、输入输出电流、工作频率、延迟时间等）在规定的范围外，还应注意以下一些问题。

1. TTL 集成电路使用中需注意的问题

（1）在 TTL 输出端：TTL 电路（OC 门和三态门除外）的输出端不允许并联使用，也不允许直接与+5 V 电源或地线相连，否则，将会使电路的逻辑混乱并损坏器件。

（2）在 TTL 输入端：TTL 电路输入端外接电阻要慎重，对外接电阻的阻值有特别要求，否则会影响电路的正常工作。

（3）多余输入端的处理：或门、或非门等 TTL 电路的多余输入端不能悬空，只能接地。

与门、与非门等 TTL 电路的多余输入端可以做如下处理：

悬空，相当于接高电平，但因悬空时对地呈现的阻抗很高，容易受到外界干扰；与其他输入端并联使用，这样可以增加电路的可靠性，但与其他输入端并联时，对信号的驱动电流要求增加了；直接或通过电阻（100 Ω～10 kΩ）与电源 U_{CC} 相接以获得高电平输入、直接接地以获得低电平输入，这样不仅不会造成对前级门电路的负载能力的影响，而且还可以抑制来自电源的干扰。

（4）电源滤波：TTL 器件的高速切换，将产生电流跳变，其幅度为 4～5 mA，该电流在公共走线上的压降会引起噪声干扰，因此要尽量缩短地线减少干扰。一般可在电源输入端并接 1 个 100 μF 的电容作为低频滤波，在每块集成电路电源的输入端接一个 0.01～0.1 μF 的电容作为高频滤波，如图 4.36 所示为电源滤波示意图。

（5）严禁带电操作：要在电路切断电源的时候，插拔和焊接集成电路块，否则容易引起集成电路块的损坏。

2. CMOS 集成电路使用中应注意的问题

（1）防静电：存放、运输、高温老化过程中，器件应藏于接触良好的金属屏蔽盒内或

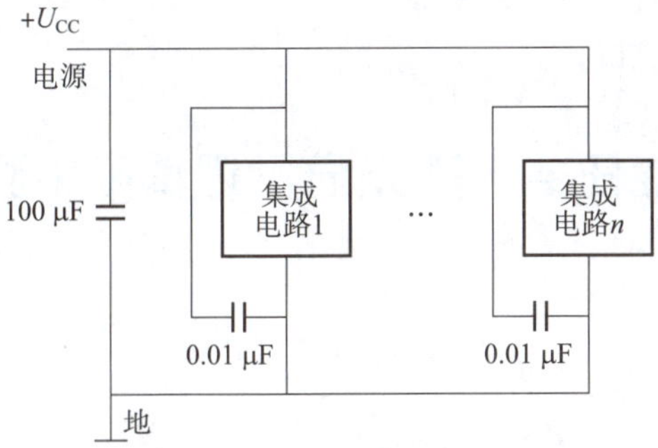

图 4.36　电源滤波示意图

用金属铝箔纸包装，防止外来感应电动势将栅极击穿。

（2）焊接：焊接时不能使用 25 W 以上的电烙铁，且电烙铁外壳必须接地良好。通常采用 20 W 内热式电烙铁，不要使用焊油膏，最好用带松香的焊锡丝，焊接时间不宜过长，焊锡量不可过多。

（3）输入输出端：CMOS 电路不用的输入端，不允许悬空，必须按逻辑要求接 U_{DD} 或 U_{SS}，否则不仅会造成逻辑混乱，而且容易损坏器件。这与 TTL 电路是有区别的。

输出端不允许直接与 U_{DD} 或 U_{SS} 连接，否则将导致器件损坏。

（4）电源：U_{DD} 接电源正极，U_{SS} 接电源负极（通常接地），不允许反接，在装接电路、插拔电路器件时，必须切断电源，严禁带电操作。

（5）输入信号：器件的输入信号 U_I，不允许超出电源电压范围（$U_{DD} \sim U_{SS}$）或者说输入端的电流不得超过±10 mA，若不能保证这一点，必须在输入端串联限流电阻起保护作用。CMOS 电路的电源电压应先接通，然后再输入信号，否则会破坏输入端的结构。关断电源电压之前，应先去掉输入信号，若信号源与电路板使用两组电源供电，开机时应先接通电路板电源，再接通信号源，关机时先断开信号源后断开电路电源。

（6）接地：所有测试仪器，外壳必须良好接地。若信号源需要换挡，最好先将其输出幅度减到最小。寻找故障时，需将 CMOS 电路的输入端与前级输出端脱开，也应用 50～100 kΩ 的电阻将输入端与地或电源相连。

总之，对各类集成电路的操作要按有关规范进行，要认真仔细，并要保护好集成电路的引脚。

3. 器件的非在线检测

集成电路器件的非在线检测是指器件安装在印制电路板之前的检测，其目的是为了检验该集成电路是否工作正常。检测的手段可以多种多样，可以用专用的测试仪，也可以自己设计专用的测试仪，甚至直接通过万用表，测试集成电路引脚的正反向内阻。下面介绍几种常用的检测数字集成电路的方法。

（1）利用 PLD 通用编程器。一般 PLD 通用编程器都附带有检测 74TTL、4000 系列、74HC 系列数字集成电路的功能，所以可以利用该功能对有关的数字集成电路进行测试。

（2）利用万用表测试集成电路各引脚的正反向内阻。先选择一块好的集成电路，测试它的各个引脚的内部正反向电阻，然后将所测得的结果列成表格，供测试其他同类型的集成电路参照，如果数值完全符合，则说明该集成电路是完好的，否则，说明是有问题的。

(3) 通过搭建简易电路的非在线检测。可以搭建专用的测试电路对特定的数字集成电路进行专门的非在线功能测试。

技能任务　声光显示逻辑电平测试

任务描述

本任务主要进行声光显示逻辑电平测试笔的制作，声光显示逻辑电平测试笔具有用发光二极管及声音同时显示被测点为高、低电平的功能。检修微机、游戏机和调试数字电路时，使用声光显示逻辑电平测试笔要比用万用表方便得多。

一、实验电路

声光显示逻辑电平测试笔电路如图4.37所示。接通电源后，如果探针悬空，那么R_1~R_4分别把D_1和D_3的输入端分压为$2U_{DD}/3$和$1U_{DD}/3$，这样，D_1输入为高电平，D_2输出为高电平；D_3输入为低电平，输出为高电平。于是，VL_2、VL_1两端电位相等，不发光。另外，D_4通过VD_1、VD_2与D_2、D_3的输出端相连，由于此时D_2和D_3输出高电平，VD_1、VD_2截止，相当于D_4输入为高电平，输出则为低电平，VL_3（黄灯）亮，表示逻辑笔等候测试。D_5和D_6构成音频振荡器，由于D_5的输入端通过R_7和R_8分别接至D_2和D_3的输出端（均为高电平），D_3的输入也为高电平，振荡器停振，D_6输出为低电平，扬声器不发声。当探针接入点存在脉冲信号，脉冲频率较低时，红、绿灯交替发光，发声的音调也交替变化。而脉冲频率较高时，红、绿灯几乎同时发光，人眼难以分辨。

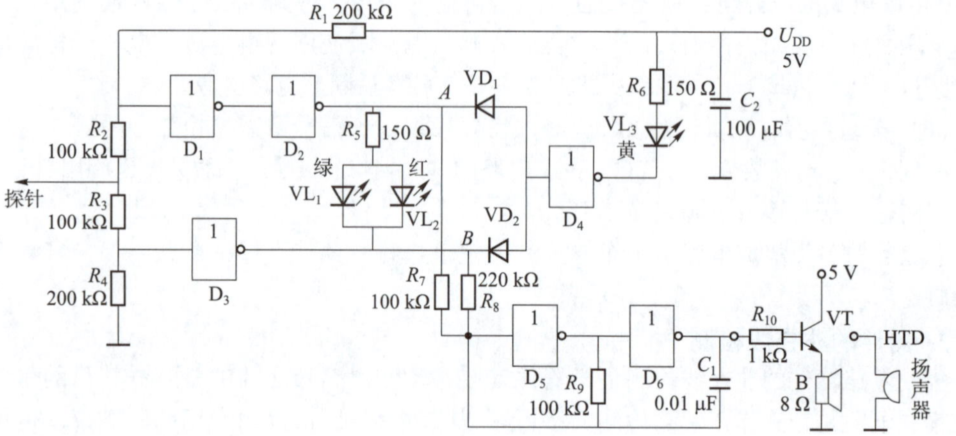

图4.37　声光显示逻辑电平测试笔电路

当探针检测电路接高电平时，则D_1、D_3都输入高电平，D_2输出高电平而D_3输出低电平，于是VL_2（红灯）亮。同时，VD_2把D_4的输入下拉为低电平，使D_4输出高电平，VL_3（黄灯）熄灭。另外，由于D_3输出变成低电平，R_8上端电位由高变低，使D_6的输入端电位处于传输特性的转折区，振荡器起振，扬声器发声。如探针接入点是高阻状态，则和探针悬空时的情况相同。

二、实验步骤

1. 元器件识别与检测

（1）CC4069 的引脚图识别。CC4069 引脚图如图 4. 38 所示。

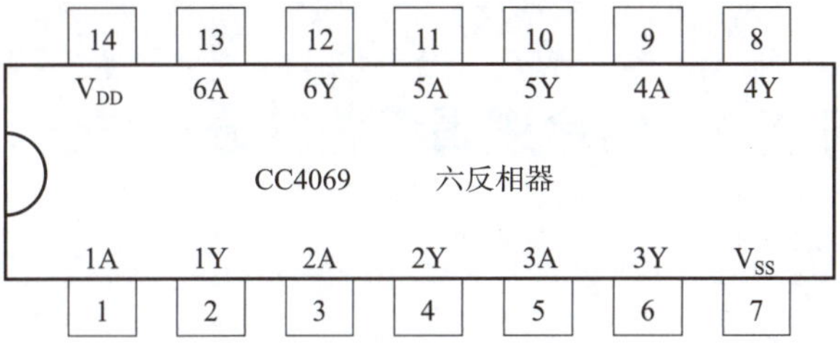

图 4. 38　CC4069 引脚图

（2）电阻、电容、发光二极管、普通二极管的检测。

（3）电动式扬声器的检测。可使用万用表电阻挡检测。将红表笔接扬声器的一根引线，黑表笔迅速触碰另一根引线，如果听到喀啦喀啦的响声，表明扬声器正常。

2. 装配与整机调试

（1）将电阻、发光二极管、普通二极管、电容和晶体管正确成形，注意元器件成形时尺寸须符合电路板插孔的间距要求。

在电路板上按测试电路图正确插装成形好的元器件，并用导线将它们连好。注意发光二极管的正、负极和三极管的 E、B、C 电极。

（2）运用仪器仪表对电路进行调试，测量相关参数。

①先组装音频振荡器（包括电阻 R_7 和 R_8），比较 A、B 两端悬空，分别接高、低电平和低、高电平三种情况的波形（用示波器）和音调。

②组装检测和显示部分的电路。

③用一段导线代替探针，分别接高、低电平和悬空，观察和记录相应的指示灯状态及扬声器音调。

④用信号发生器产生 1 Hz、100 Hz 和 1 kHz 的方波，用探针测试，观察和记录声光显示结果。

项目 3　组合逻辑电路

任务 1　组合逻辑电路的分析与设计

任务导入

浙江卫视曾经播放的《中国好声音》节目想必大家都看过，节目中有三位评委表决选手是否晋级，两位评委以上拍灯，选手就可以晋级，实现这一功能的电路叫作三人表决器，三个评委各控制一个按键，按下表示同意通过，不按表示不同意通过，当两个或者两个以上按键被按下则表示表决通过，发光二极管点亮；只有一个按键按下，或者没有按键按下表示表决不通过，发光二极管不亮。通过本次任务我们来一起制作这个有趣的逻辑电路。

组合逻辑
电路的分析

一、组合逻辑电路的分析

数字系统中常用的各种数字部件，就其结构和工作原理而言可分为两大类，即组合逻辑电路和时序逻辑电路。组合逻辑电路的特点是：电路在任意时刻的输出状态只取决于该时刻的输入状态，而与该时刻前的状态无关。

组合逻辑电路的分析，就是对给定的组合逻辑电路进行逻辑描述，找出相应的逻辑关系表达式，以确定该电路的功能，或检查和评价该电路的设计是否经济、合理等。

可以说，寻找组合逻辑电路输入、输出关系表达式的过程和方法，就是组合逻辑电路分析的过程和方法。

组合逻辑电路的分析步骤如下：

(1) 写出给定电路的逻辑表达式。

(2) 对逻辑表达式进行化简和变换，得到最简单的表达式。

(3) 根据简化后的逻辑表达式列出真值表。

(4) 根据真值表和逻辑表达式确定电路功能。

现举例说明。

例 4.15　分析图 4.39 所示电路的逻辑功能。

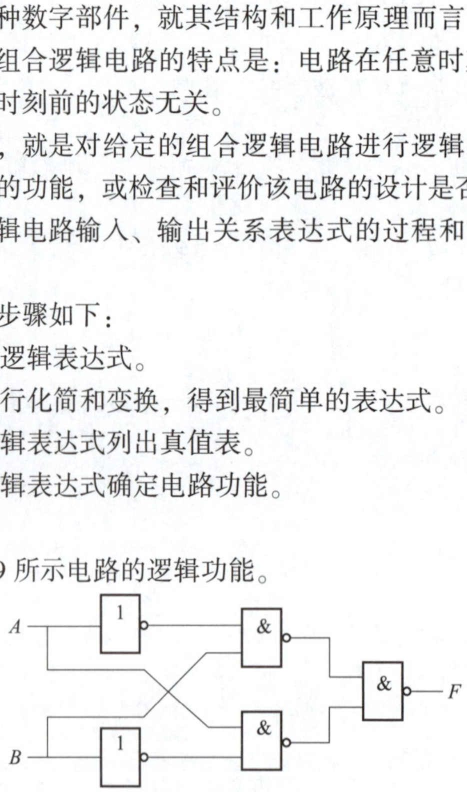

图 4.39　例 4.15 图

解　（1）写出逻辑表达式：

$$F=\overline{\overline{\bar{A}B}\;\overline{A\bar{B}}}$$

（2）化简：

$$\begin{aligned}F&=\overline{\overline{\bar{A}B}\;\overline{A\bar{B}}}\\&=\overline{\overline{\bar{A}B}}+\overline{\overline{A\bar{B}}}\\&=\bar{A}B+A\bar{B}\end{aligned}$$

（3）列真值表，如表 4.16 所示。

（4）确定电路功能。

从真值表和逻辑表达式可以看出，该电路具有异或功能。

表 4.16　例 4.15 真值表

A	*B*	*Y*
0	0	0
0	1	1
1	0	1
1	1	0

例 4.16　分析图 4.40 所示电路的逻辑功能。

解　（1）写出逻辑表达式。

$$F=\overline{\overline{AB}\;\overline{BC}\;\overline{AC}}$$

（2）化简。

$$F=AB+BC+AC$$

（3）列真值表，如表 4.17 所示。

（4）确定电路功能。

从真值表和逻辑表达式可以看出，该电路具有三人表决器功能。

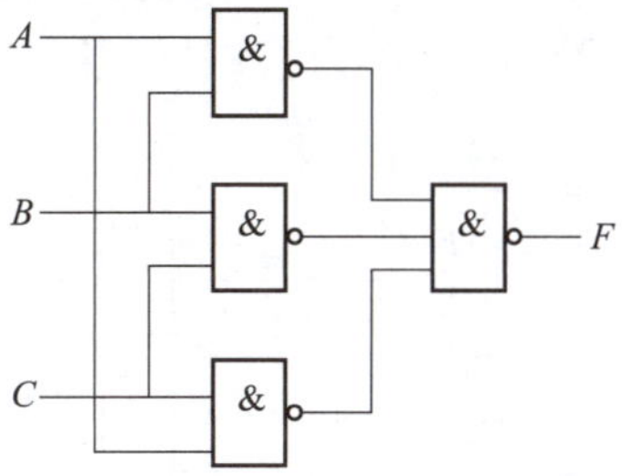

图 4.40　例 4.16 图

表 4.17　例 4.16 真值表

A	*B*	*C*	*Y*
0	0	0	0
0	0	1	0
0	1	0	0
0	1	1	1
1	0	0	0
1	0	1	1
1	1	0	1
1	1	1	1

二、组合逻辑电路的设计

组合逻辑电路的设计

组合逻辑函数的设计（演示视频）

组合逻辑电路的设计与分析过程正好相反，它是根据给定的逻辑功能要求，找出用最少门电路来实现该逻辑功能的电路。具体步骤如下：

（1）分析给定的实际逻辑问题，根据设计的输入、输出变量逻辑要求列出真值表。

（2）根据真值表写出逻辑表达式。

（3）根据所用门电路类型化简和变换逻辑表达式。

（4）画出逻辑图。

现举例说明。

例4.17 交通信号灯有红、绿、黄三种，三种灯分别单独工作或黄、绿灯同时工作时属正常情况，其他情况均属故障，要求出现故障时输出报警信号。试设计该交通灯故障报警电路。

解 （1）根据逻辑要求列出真值表。设输入变量为 A、B、C，分别代表红、绿、黄三种灯，灯亮时其值为1，灯灭时其值为0；输出报警信号用 F 表示，灯正常工作时为0，灯出现故障时为1，则真值表如表4.18所示。

表4.18 例4.17真值表

A	B	C	F
0	0	0	1
0	0	1	0
0	1	0	0
0	1	1	0
1	0	0	0
1	0	1	1
1	1	0	1
1	1	1	1

（2）写出逻辑表达式。

$$F=\overline{A}\,\overline{B}\,\overline{C}+A\overline{B}C+AB\overline{C}+ABC$$

（3）化简。

$$\begin{aligned}F&=\overline{A}\,\overline{B}\,\overline{C}+A\overline{B}C+AB\overline{C}+ABC\\&=\overline{A}\,\overline{B}\,\overline{C}+AB+AC\end{aligned}$$

（4）画出逻辑图。逻辑图如图4.41所示。

与非门是常用的门电路，上述电路也可用非门和与非门来实现。

先对逻辑表达式进行变换，即

$$\begin{aligned}F&=\overline{A}\,\overline{B}\,\overline{C}+AB+AC\\&=\overline{\overline{\overline{A}\,\overline{B}\,\overline{C}}\cdot\overline{AB}\cdot\overline{AC}}\end{aligned}$$

其逻辑图如图4.42所示。

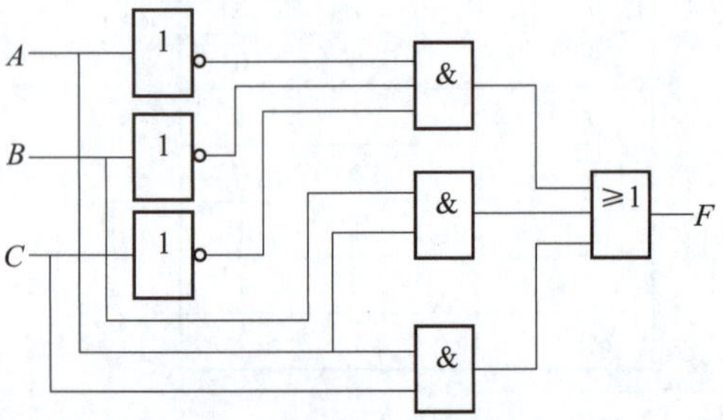

图4.41 例4.17逻辑图一

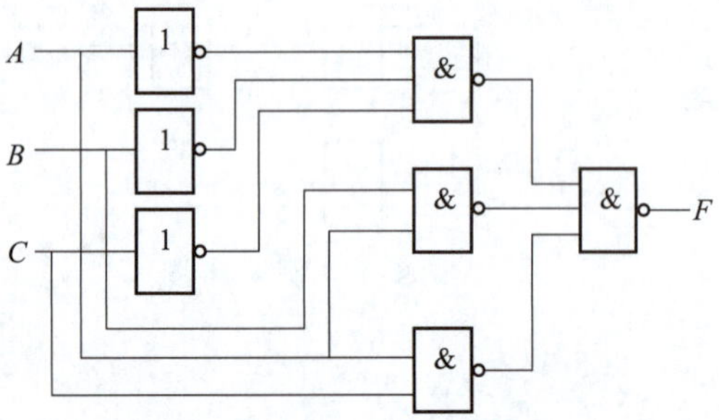

图4.42 例4.17逻辑图二

在实际设计时，也可以根据具体情况灵活采用上述几步。但如果需要实现第一步，则应十分仔细，因为它是实现后面几步的基础。此外，尽量采用集成门电路和现有各种通用集成电路进行电路设计，用通用集成电路构成的逻辑电路无论是在可靠性方面，还是在性价比方面都具有许多优势。同时还应指出，由于逻辑函数的表达式不是唯一的，因此实现同一逻辑功能的电路也是多样的。在成本相同的条件下，应尽量采用较少的芯片。

1. 半加器

能实现二进制加法运算的逻辑电路称为加法器。在各种数字系统尤其是计算机中，二进制加法器是基本部件之一。

半加器 半加器（演示视频）

半加器和全加器都是算术运算电路的基本单元，它们是完成 1 位二进制数相加的一种组合逻辑电路。所谓半加器是实现两个一位二进制数相加，而不考虑低位进位的逻辑电路。它具有两个输入端和两个输出端：两个输入端分别为被加数与加数（设为 A 和 B），两个输出端分别为和数与进位数（设为 S 和 C）。两个一位二进制的半加器的真值表见表 4.19。

表 4.19 半加器真值表

输入		输出	
A	B	C	S
0	0	0	0
0	1	0	1
1	0	0	1
1	1	1	0

由真值表写出逻辑函数的表达式为

$$S=\overline{A}B+A\overline{B}=A\oplus B,\ C=AB$$

容易判断，上面得到的两个表达式已经是最简的与或表达式，所以可以方便地用一个异或门产生和数 S，再用一个与门产生进位即可构成半加器。半加器的逻辑图和逻辑符号如图 4.43 所示。

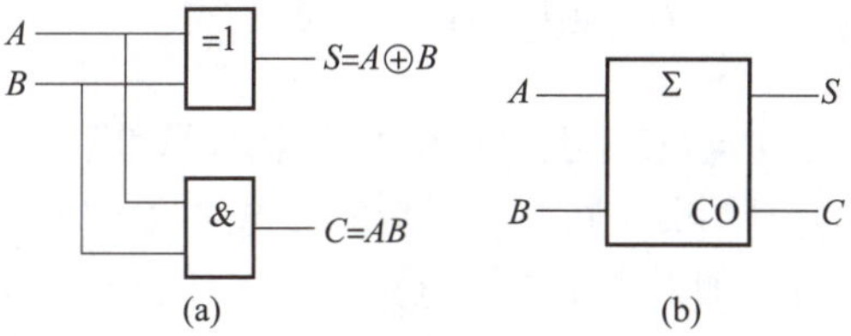

图 4.43 半加器电路及其逻辑符号

（a）电路原理图；（b）逻辑符号

2. 全加器

所谓全加器是实现两个一位二进制数相加并考虑低位进位的逻辑电路。它具有三个输入端和两个输出端：三个输入端分别是加数 A、被加数 B 及低位的进位 C_i，两个输出端分别是和数 S 及向高位的进位 C_o。全加器的真值表见表 4.20。

全加器 全加器的制作和验证（演示视频）

由真值表写出输出函数的表达式为

$$S=\overline{A}\,\overline{B}C_i+\overline{A}B\overline{C_i}+A\overline{B}\,\overline{C_i}+ABC_i=A\oplus B\oplus C_i$$

$$C_o=\overline{A}BC_i+A\overline{B}C_i+AB\overline{C_i}+ABC_i=AB+AC_i+BC_i$$

表 4.20　全加器真值表

输入			输出	
A	B	C_i	C_o	S
0	0	0	0	0
0	0	1	0	1
0	1	0	0	1
0	1	1	1	0
1	0	0	0	1
1	0	1	1	0
1	1	0	1	0
1	1	1	1	1

根据以上两式，可以画出全加器逻辑图，如图 4.44（a）所示，其逻辑符号如图 4.44（b）所示。

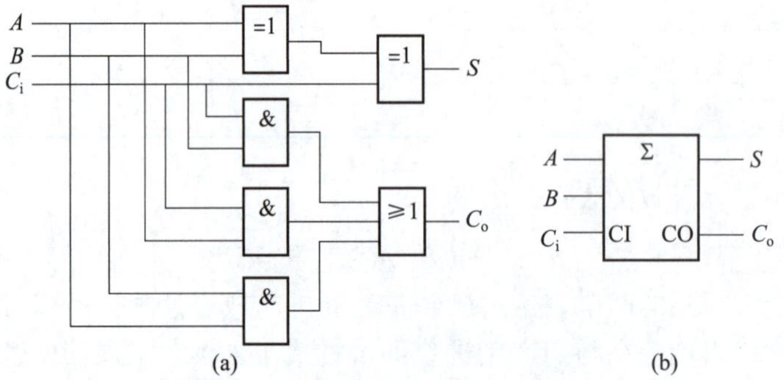

图 4.44　全加器电路及其逻辑符号

（a）电路原理图；（b）逻辑符号

由图 4.44 可以看出，全加器实际上也可由两个半加器和一个或门构成，实际上，由于逻辑函数的表达式不是唯一的，实现同一逻辑功能的电路也可以是多样的。

例 4.18　试用 2 个一位半加器和基本门电路（与、或、非）实现一位全加器。

解

$$S=A\oplus B\oplus C_i$$

$$\begin{aligned}C_o&=\bar{A}BC_i+A\bar{B}C_i+AB\,\overline{C_i}+ABC_i\\&=\bar{A}BC_i+A\bar{B}C_i+AB\\&=(A\oplus B)C_i+AB\end{aligned}$$

按以上两个公式可用 2 个一位半加器和一个或门来实现，如图 4.45 所示。

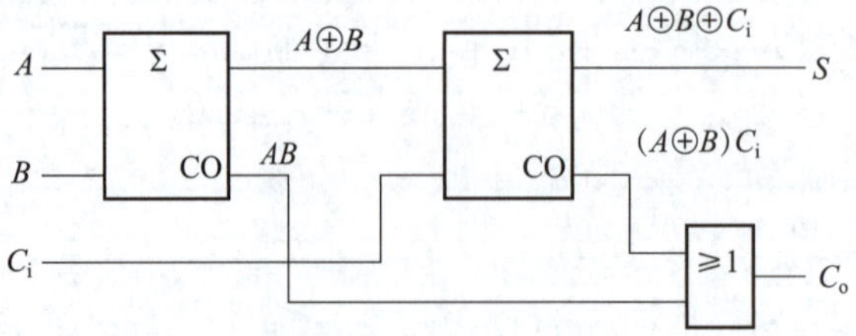

图 4.45　例 4.18 图

任务 2　编码器

任务导入

所谓编码，就是用文字、符号或数码表示某一对象或信号的过程。例如，对运动员的编号，对单位邮政信箱的编号等就是编码。

编码器是能够实现编码的逻辑电路。编码器是一个多输入、多输出的电路。通常输入端多于输出端。例如，四个信息 I_0、I_1、I_2、I_3可用2 位二进制代码 A、B 表示，AB 为 00、01、10、11 分别代表信息 I_0、I_1、I_2、I_3；而 8 个信息需要 3 位二进制代码 A、B、C 来表示。要表示的信息越多，二进制代码的位数也越多。n 位二进制代码有 2^n个状态，可以表示 2^n个信息。

二进制编码器

二进制编码器（演示视频）

常用的编码器有二进制编码器、二-十进制编码器、优先编码器等。

一、二进制编码器

将信号编为二进制代码的电路称为二进制编码器。二进制编码器输入有 $N=2^n$ 个信号，输出为 n 位二进制代码。根据输出代码的位数，二进制编码器可分为 2 位二进制编码器、3 位二进制编码器、4 位二进制编码器等。

下面以 3 位二进制编码器为例进行说明。3 位二进制编码器输入有 8 个信号，所以输出是 3 位（$2^n=8$，$n=3$）二进制代码。这种编码器通常称为 8 线-3 线编码器。编码表是把待编码的 8 个信号和对应的二进制代码列成表格，方案有很多，表 4.21 分别用 000~111 表示 8 个输入信号 I_0~ I_7。

表 4.21　3 位二进制编码器编码表

输入	输出		
	Y_2	Y_1	Y_0
I_0	0	0	0
I_1	0	0	1
I_2	0	1	0
I_3	0	1	1
I_4	1	0	0
I_5	1	0	1
I_6	1	1	0
I_7	1	1	1

由表 4.21 可得出逻辑表达式为

$$Y_2=I_4+I_5+I_6+I_7=\overline{\overline{I_4+I_5+I_6+I_7}}=\overline{\overline{I_4}\cdot\overline{I_5}\cdot\overline{I_6}\cdot\overline{I_7}}$$

$$Y_1=I_2+I_3+I_6+I_7=\overline{\overline{I_2+I_3+I_6+I_7}}=\overline{\overline{I_2}\cdot\overline{I_3}\cdot\overline{I_6}\cdot\overline{I_7}}$$

$$Y_0=I_1+I_3+I_5+I_7=\overline{\overline{I_1+I_3+I_5+I_7}}=\overline{\overline{I_1}\cdot\overline{I_3}\cdot\overline{I_5}\cdot\overline{I_7}}$$

由逻辑表达式可画出逻辑图，如图 4.46 所示。

输入信号一般不允许出现两个或两个以上同时输入。例如当 $I_2=1$，其余为 0 时，输出为 010；当 $I_5=1$，其余为 0 时，输出为 101。010 和 101 分别表示输入信号 I_2 和 I_5。当

$I_0 \sim I_7$ 均为 0 时，输出为 000，即表示 I_0。

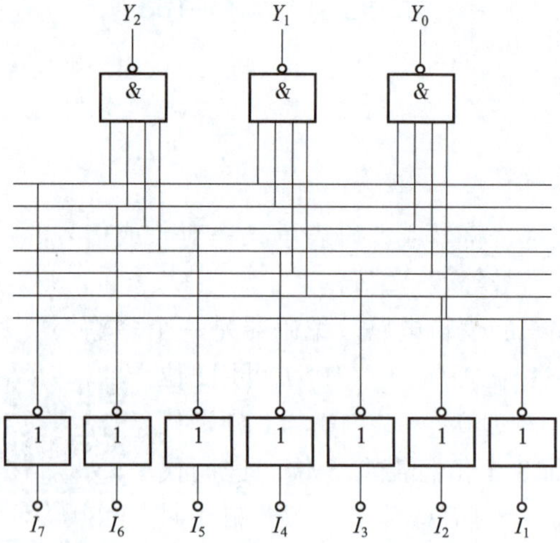

图 4.46　3 位二进制编码器逻辑图

二、二-十进制编码器

二-十进制编码器是将十进制数码编成二进制代码。输入是 10 个状态，输出需要 4 位（2^n>10，n=4）二进制代码（又称二-十进制代码，简称 BCD 码），因此也称为 10 线-4 线编码器。4 位二进制代码共有 16 种状态，其中任何 10 种状态都可以表示十进制的 10 个数码，方案很多。最常用的是 8421 编码方式，就是在 4 位二进制代码的 16 种状态中取前 10 种状态，见表 4.22。

表 4.22　二-十进制编码器 8421 编码表

输入	输出			
十进制数	Y_3	Y_2	Y_1	Y_0
0（I_0）	0	0	0	0
1（I_1）	0	0	0	1
2（I_2）	0	0	1	0
3（I_3）	0	0	1	1
4（I_4）	0	1	0	0
5（I_5）	0	1	0	1
6（I_6）	0	1	1	0
7（I_7）	0	1	1	1
8（I_8）	1	0	0	0
9（I_9）	1	0	0	1

由表 4.22 可以写出逻辑表达式为

$$Y_3 = I_8 + I_9 = \overline{\overline{I_8 + I_9}} = \overline{\overline{I_8} \cdot \overline{I_9}}$$

$$Y_2 = I_4 + I_5 + I_6 + I_7 = \overline{\overline{I_4 + I_5 + I_6 + I_7}} = \overline{\overline{I_4} \cdot \overline{I_5} \cdot \overline{I_6} \cdot \overline{I_7}}$$

$$Y_1 = I_2 + I_3 + I_6 + I_7 = \overline{\overline{I_2 + I_3 + I_6 + I_7}} = \overline{\overline{I_2} \cdot \overline{I_3} \cdot \overline{I_6} \cdot \overline{I_7}}$$

$$Y_0 = I_1 + I_3 + I_5 + I_7 = \overline{\overline{I_1 + I_3 + I_5 + I_7}} = \overline{\overline{I_1} \cdot \overline{I_3} \cdot \overline{I_5} \cdot \overline{I_7}}$$

其逻辑图如图 4.47 所示。当 $I_0 \sim I_9$ 均为 0 时，输出为 0000，即表示 I_0，I_0 是隐含的。

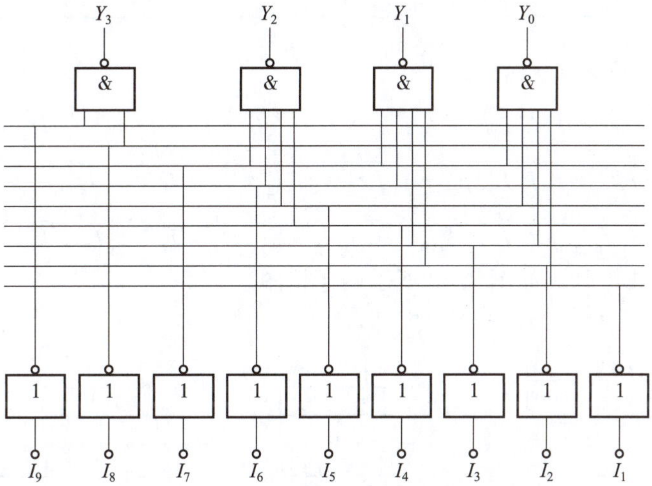

图 4.47　二–十进制编码器逻辑图

三、优先编码器

优先编码器（微课）

前面介绍的编码器每次只允许一个输入端上有信号，而实际上常常出现多个输入端同时有信号的情况。这就要求电路能够按照输入信号的优先级别进行编码，这种编码器称为优先编码器。

3 位二进制优先编码器的输入是 8 个要进行优先编码的信号 $I_0 \sim I_7$，即设 I_7 的优先级别最高，I_6 次之，依次类推，I_0 最低，并分别用 000～111 表示 $I_0 \sim I_7$。3 位二进制优先编码器编码表如表 4.23 所示。表中的×表示变量的取值可以任意，既可以是 0，也可以是 1。3 位二进制优先编码器有 8 个输入编码信号，3 个输出代码信号，所以又叫作 8 线–3 线优先编码器。

表 4.23　3 位二进制优先编码器编码表

输入								输出		
I_7	I_6	I_5	I_4	I_3	I_2	I_1	I_0	Y_2	Y_1	Y_0
1	×	×	×	×	×	×	×	1	1	1
0	1	×	×	×	×	×	×	1	1	0
0	0	1	×	×	×	×	×	1	0	1

续表

输入								输出		
I_7	I_6	I_5	I_4	I_3	I_2	I_1	I_0	Y_2	Y_1	Y_0
0	0	0	1	×	×	×	×	1	0	0
0	0	0	0	1	×	×	×	0	1	1
0	0	0	0	0	1	×	×	0	1	0
0	0	0	0	0	0	1	×	0	0	1
0	0	0	0	0	0	0	1	0	0	0

由表4.23可写出逻辑表达式为

$$Y_2 = I_7 + \overline{I_7}I_6 + \overline{I_7}\,\overline{I_6}I_5 + \overline{I_7}\,\overline{I_6}\,\overline{I_5}I_4 = I_7 + I_6 + I_5 + I_4$$

$$Y_1 = I_7 + \overline{I_7}I_6 + \overline{I_7}\,\overline{I_6}\,\overline{I_5}\,\overline{I_4}I_3 + \overline{I_7}\,\overline{I_6}\,\overline{I_5}\,\overline{I_4}\,\overline{I_3}I_2 = I_7 + I_6 + \overline{I_5}\,\overline{I_4}I_3 + \overline{I_5}\,\overline{I_4}I_2$$

$$Y_0 = I_7 + \overline{I_7}\,\overline{I_6}I_5 + \overline{I_7}\,\overline{I_6}\,\overline{I_5}\,\overline{I_4}I_3 + \overline{I_7}\,\overline{I_6}\,\overline{I_5}\,\overline{I_4}\,\overline{I_3}\,\overline{I_2}I_1 = I_7 + \overline{I_6}I_5 + \overline{I_6}\,\overline{I_4}I_3 + \overline{I_6}\,\overline{I_4}\,\overline{I_2}I_1$$

根据上述表达式可画出如图4.48所示的逻辑图。

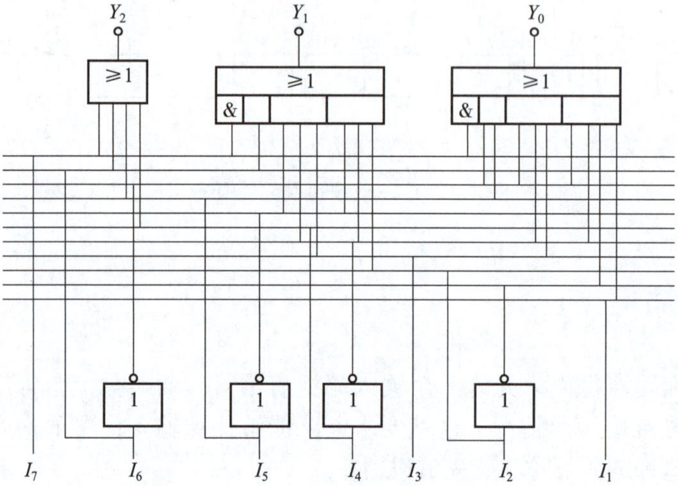

图4.48　3位二进制优先编码器逻辑图

74LS147型编码器是二-十进制优先编码器，也称为10线-4线优先编码器，表4.24是其功能表。由表4.24可知，有9个输入变量$\overline{I_1}$ ~ $\overline{I_9}$，4个输出变量$\overline{Y_0}$ ~ $\overline{Y_3}$，它们都是反变量。输入的反变量对低电平有效，即有有效信号时，输入为0。输出的反变量组成反码，对应于0~9十个十进制数码。例如表4.24中第一行，所有输入端无信号，输出的不是与十进制数码0对应的二进制数0000，而是其反码1111。输入信号的优先次序为$\overline{I_9}$到$\overline{I_1}$。当$\overline{I_9}=0$时，无论其他输入端是0还是1，输出端只对$\overline{I_9}$编码，输出为0110（原码为1001）。当$\overline{I_9}=1$，$\overline{I_8}=0$时，无论其他输入端为何值，输出端只对$\overline{I_8}$编码，输出为0111（原码为1000）。以此类推。

表 4.24　74LS147 型编码器功能表

输入									输出			
$\overline{I_9}$	$\overline{I_8}$	$\overline{I_7}$	$\overline{I_6}$	$\overline{I_5}$	$\overline{I_4}$	$\overline{I_3}$	$\overline{I_2}$	$\overline{I_1}$	$\overline{Y_3}$	$\overline{Y_2}$	$\overline{Y_1}$	$\overline{Y_0}$
1	1	1	1	1	1	1	1	1	1	1	1	1
0	×	×	×	×	×	×	×	×	0	1	1	0
1	0	×	×	×	×	×	×	×	0	1	1	1
1	1	0	×	×	×	×	×	×	1	0	0	0
1	1	1	0	×	×	×	×	×	1	0	0	1
1	1	1	1	0	×	×	×	×	1	0	1	0
1	1	1	1	1	0	×	×	×	1	0	1	1
1	1	1	1	1	1	0	×	×	1	1	0	0
1	1	1	1	1	1	1	0	×	1	1	0	1
1	1	1	1	1	1	1	1	0	1	1	1	0

任务 3　译码器

任务导入

译码是编码的反过程，是将给定的二进制代码翻译成编码时赋予的原意，即将每一组输入的二进制代码译成相应输出的高、低电平信号，完成这种功能的电路称为译码器。译码器是多输入、多输出的组合逻辑电路。

常用的译码器电路有二进制译码器、二-十进制译码器和显示译码器等。

一、二进制译码器

二进制译码器　　二进制译码器（演示视频）

二进制译码器具有 n 个输入端、2^n 个输出端和使能输入端。在使能输入端为有效电平时，对应每一组输入代码，只有其中一个输出端为有效电平，其余输出端则为非有效电平。

输入变量的二进制译码器逻辑图如图 4.49 所示。由于 2 输入变量 A_1、A_0 共有 4 种不同组合状态，因而可译出 4 个输出信号 $\overline{Y_0}$ ~ $\overline{Y_3}$（由于输出为低电平有效，因此用反变量表示），所以图 4.49 为 2 线输入、4 线输出译码器，也称为 2 线-4 线译码器。

由逻辑图可写出输出端的逻辑表达式为

$$\overline{Y_0}=\overline{\overline{E}\,\overline{A_1}\,\overline{A_0}},\quad \overline{Y_1}=\overline{\overline{E}\,\overline{A_1}A_0},\quad \overline{Y_2}=\overline{\overline{E}A_1\,\overline{A_0}},\quad \overline{Y_3}=\overline{\overline{E}A_1A_0}$$

根据逻辑表达式可列出功能表，如表 4.25 所示。由表 4.25 可知，当 E 为 1 时，无论 A_1、A_0 为何种状态，输出全为 1，译码器处于非工作状态。而当 E 为 0 时，对于 A、B 的某种状态组合，其中只有一个输出量为 0，其余各输出量均为 1。所以该译码器使能端为输入低电平有效。由此可见，译码器是通过输出端的逻辑电平以识别不同的代码。

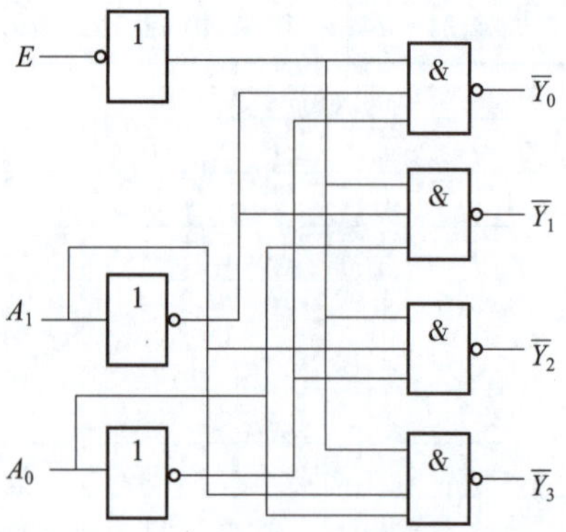

图4.49　2输入变量二进制译码器逻辑图

表4.25　2输入变量二进制译码器功能表

输入			输出			
E	A_1	A_0	$\overline{Y_0}$	$\overline{Y_1}$	$\overline{Y_2}$	$\overline{Y_3}$
1	×	×	1	1	1	1
0	0	0	0	1	1	1
0	0	1	1	0	1	1
0	1	0	1	1	0	1
0	1	1	1	1	1	0

图4.50（a）是常用的集成译码器74LS138的逻辑图，其逻辑符号图如图4.50（b）所示，功能表如表4.26所示。由图4.50可知，该译码器有3个输入A_2、A_1、A_0，它们共有8种组合状态，即可译出8个输出信号$\overline{Y_0}\sim\overline{Y_7}$，所以该译码器也称为3线-8线译码器。该译码器设置三个使能输入端S_1、$\overline{S_2}$、$\overline{S_3}$。由功能表4.26可知，当S_1为1，且$\overline{S_2}$和$\overline{S_3}$均为0时，译码器处于工作状态，输出为低电平有效。

表4.26　74LS138功能表

输入						输出							
S_1	$\overline{S_2}$	$\overline{S_3}$	A_2	A_1	A_0	$\overline{Y_0}$	$\overline{Y_1}$	$\overline{Y_2}$	$\overline{Y_3}$	$\overline{Y_4}$	$\overline{Y_5}$	$\overline{Y_6}$	$\overline{Y_7}$
×	1	×	×	×	×	1	1	1	1	1	1	1	1
×	×	1	×	×	×	1	1	1	1	1	1	1	1
0	×	×	×	×	×	1	1	1	1	1	1	1	1
1	0	0	0	0	0	0	1	1	1	1	1	1	1
1	0	0	0	0	1	1	0	1	1	1	1	1	1
1	0	0	0	1	0	1	1	0	1	1	1	1	1
1	0	0	0	1	1	1	1	1	0	1	1	1	1
1	0	0	1	0	0	1	1	1	1	0	1	1	1
1	0	0	1	0	1	1	1	1	1	1	0	1	1
1	0	0	1	1	0	1	1	1	1	1	1	0	1
1	0	0	1	1	1	1	1	1	1	1	1	1	0

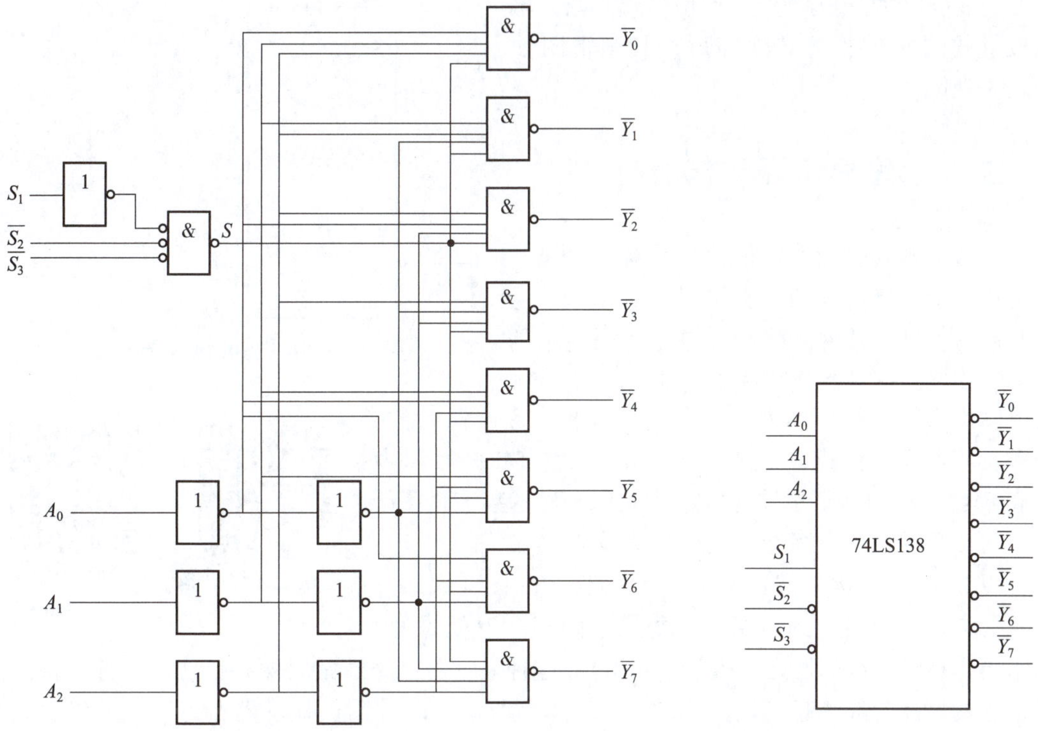

(a)　　　　　　　　　　(b)

图 4.50　74LS138 的逻辑图及其逻辑符号

(a) 逻辑图；(b) 逻辑符号

由功能表 4.26 可得，当 S_1 为 1，且 $\overline{S_2}$ 和 $\overline{S_3}$ 均为 0 时，有以下逻辑表达式

$$\overline{Y_0}=\overline{\overline{A_2}\,\overline{A_1}\,\overline{A_0}},\quad \overline{Y_1}=\overline{\overline{A_2}\,\overline{A_1}A_0},\quad \overline{Y_2}=\overline{\overline{A_2}A_1\overline{A_0}},\quad \overline{Y_3}=\overline{\overline{A_2}A_1A_0}$$

$$\overline{Y_4}=\overline{A_2\overline{A_1}\,\overline{A_0}},\quad \overline{Y_5}=\overline{A_2\overline{A_1}A_0},\quad \overline{Y_6}=\overline{A_2A_1\overline{A_0}},\quad \overline{Y_7}=\overline{A_2A_1A_0}$$

从逻辑表达式可以看出，一个 3 线-8 线译码器能产生 3 变量函数的全部最小项，利用这一点可以方便地实现 3 变量的逻辑函数。

例 4.19　用一个 3 线-8 线译码器实现函数 $Y=\overline{A}\,\overline{B}\,\overline{C}+AB+AC$。

解　将逻辑表达式用最小项表示

$$\begin{aligned}Y&=\overline{A}\,\overline{B}\,\overline{C}+AB+AC=\overline{A}\,\overline{B}\,\overline{C}+AB(C+\overline{C})+AC(B+\overline{B})\\&=\overline{A}\,\overline{B}\,\overline{C}+ABC+AB\overline{C}+ABC+A\overline{B}C\\&=\overline{A}\,\overline{B}\,\overline{C}+ABC+A\overline{B}C+AB\overline{C}\end{aligned}$$

将输入变量 A、B、C 分别对应地接到 3 线-8 线译码器的输入端 A_2、A_1、A_0，由 3 线-8 线译码器逻辑表达式可得出：

$$\overline{Y_0}=\overline{\overline{A}\,\overline{B}\,\overline{C}},\overline{Y_5}=\overline{A\overline{B}C},\overline{Y_6}=\overline{AB\overline{C}},\overline{Y_7}=\overline{ABC}$$

因此可得出：

$$Y=Y_0+Y_5+Y_6+Y_7=\overline{\overline{Y_0}\,\overline{Y_5}\,\overline{Y_6}\,\overline{Y_7}}$$

在 3 线-8 线译码器上，使使能端有效，输出按上式选用与非门实现即可，其逻辑图如图 4.51 所示。

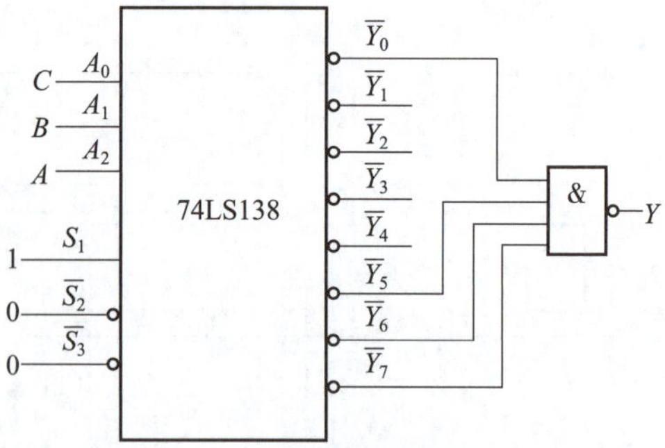

图 4.51　例 4.19 逻辑图

二、七段显示译码器

在数字测量仪表和各种数字系统中，经常需要用显示器将处理和运算结果显示出来。通过驱动各种显示器件，将用二进制代码表示的数字、文字、符号翻译成人们习惯的形式直观地显示出来的电路，称为显示译码器。显示译码器的种类很多，较常采用有 LED 发光二极管显示器、LCD 液晶显示器和 CRT 阴极射线显示器。LED 主要用于显示数字和字母，LCD 可以显示数字、字母、文字和图形等。

七段显示译码器　七段显示译码器（演示视频）

以 LED 显示器（俗称数码管）为例，如图 4.52（a）所示，它是由七段笔画所组成，每段笔画实际上就是一个用半导体材料做成的发光二极管（LED）。这种显示器电路通常有两种接法：一种是将发光二极管的负极全部一起接地，如图 4.52（b）所示，即共阴极显示器；另一种是将发光二极管的正极全部一起接到正电压，如图 4.52（c）所示，即共阳极显示器。对于共阴极显示器，只要在某个二极管的正极加上逻辑 1 电平，相应的笔段就发亮；对于共阳极显示器，只要在某个二极管的负极加上逻辑 0 电平，相应的笔段就发亮。

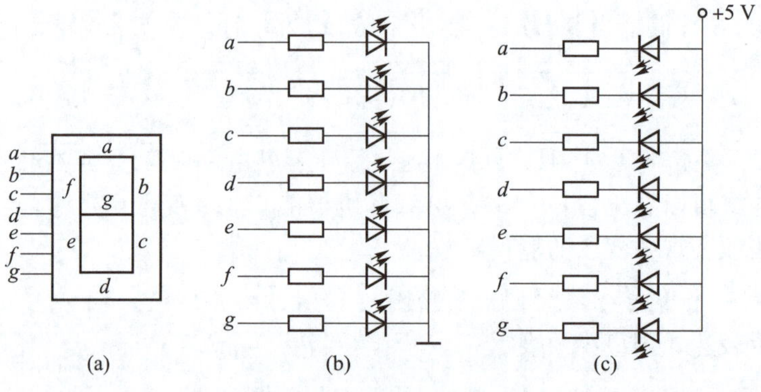

图 4.52　七段数字显示器

（a）七段数字显示器笔画结构；（b）共阴极接法；（c）共阳极接法

由图 4.52 可见，由显示器亮段的不同组合便可构成一个显示字形。也就是说，显示器所显示的字符与其输入的二进制代码（又称段码）即 *a*、*b*、*c*、*d*、*e*、*f*、*g* 七位代码之间存在一定的对应关系。以共阴极显示器为例，这种对应关系如表 4.27 所示。

一般数字系统中处理和运算结果都是用二进制编码、BCD 码或其他编码表示的，要将最终结果通过 LED 显示器用十进制数显示出来，就需要先用译码器将运算结果转换成段码。当然，要使发光二极管发亮，还需要提供一定的驱动电流。所以这两种显示器也需要有相应的驱动电路，如图 4.53 所示。

表 4.27　共阴极七段 LED 显示字形段码表

显示字符	段码							显示字符	段码						
	a	*b*	*c*	*d*	*e*	*f*	*g*		*a*	*b*	*c*	*d*	*e*	*f*	*g*
0	1	1	1	1	1	1	0	8	1	1	1	1	1	1	1
1	0	1	1	0	0	0	0	9	1	1	1	0	0	1	1
2	1	1	0	1	1	0	1	⊏	0	0	0	1	1	0	1
3	1	1	1	1	0	0	1	⊐	0	0	1	1	0	0	1
4	0	1	1	0	0	1	1	⊔	0	1	0	0	0	1	1
5	1	0	1	1	0	1	1	E	1	0	0	1	1	1	1
6	0	0	1	1	1	1	1	t	0	0	0	1	1	1	1
7	1	1	1	0	0	0	0	灭	0	0	0	0	0	0	0

市场上可买到现成的译码驱动器，如共阳极译码驱动器 74LS47，共阴极译码驱动器 74LS48 等。

74LS47、74LS48 是七段显示译码驱动器，其输入是 BCD 码，输出是七段数字显示器的段码。使用 74LS47 的译码驱动电路如图 4.54 所示。74LS47 真值表见表 4.28。

表 4.28　共阳极七段显示译码器 74LS47 真值表

输入						$\overline{BI}/\overline{RBO}$	段码							显示数字
$\overline{LT}$	$\overline{RBI}$	*D*	*C*	*B*	*A*		*a*	*b*	*c*	*d*	*e*	*f*	*g*	
1	1	0	0	0	0	1	0	0	0	0	0	0	1	0
1	×	0	0	0	1	1	1	0	0	1	1	1	1	1
1	×	0	0	1	0	1	0	0	1	0	0	1	0	2
1	×	0	0	1	1	1	0	0	0	0	1	1	0	3
1	×	0	1	0	0	1	1	0	0	1	1	0	0	4
1	×	0	1	0	1	1	0	1	0	0	1	0	0	5
1	×	0	1	1	0	1	1	1	0	0	0	0	0	6
1	×	0	1	1	1	1	0	0	0	1	1	1	1	7
1	×	1	0	0	0	1	0	0	0	0	0	0	0	8
1	×	1	0	0	1	1	0	0	0	1	1	0	0	9
×	×	×	×	×	×	0	1	1	1	1	1	1	1	全灭
1	0	0	0	0	0	0	1	1	1	1	1	1	1	全灭
0	×	×	×	×	×	1	0	0	0	0	0	0	0	全灭

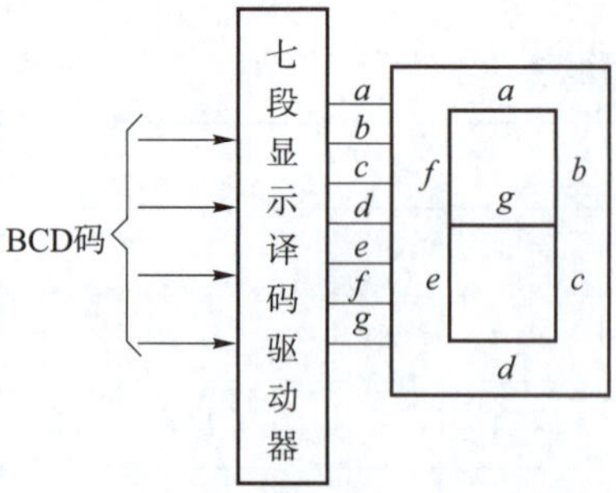

图 4.53　七段数字显示译码器

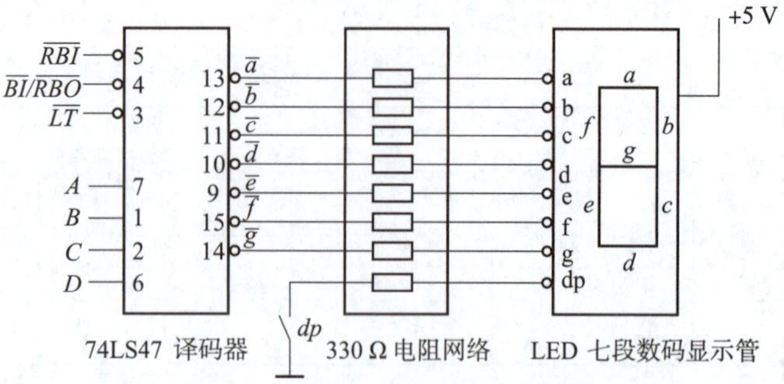

图 4.54　LED 七段数字译码驱动电路逻辑图

其工作过程是：输入的 BCD 码（A、B、C、D）经 74LS47 译码，产生 7 个低电平输出（$\overline{a}$、$\overline{b}$、$\overline{c}$、$\overline{d}$、$\overline{e}$、$\overline{f}$、$\overline{g}$），经限流电阻分别接至共阳极显示器对应的 7 个段，当这 7 个段有一个或几个为低电平时，该低电平对应的段点亮。dp 为小数点控制端，当 dp 端为低电平时，小数点亮；$\overline{LT}$ 为灯测试信号输入端，可测试所有端的输出信号；$\overline{RBI}$ 为消隐输入端，用来控制发光显示器的亮度或禁止译码器输出；$\overline{BI}/\overline{RBO}$ 为消隐输入或串行消隐输出端，具有自动熄灭所显示的多位数字前后不必要的 0 位的功能，在进行灯测试时，$\overline{BI}/\overline{RBO}$ 信号应为高电平。

任务 4　数据分配器和数据选择器

任务导入

数据传输过程中，经常需要将其中一路信号挑选出来进行传输，这就需要用到数据选择器。在数据选择器中，通常用地址输入信号来完成挑选数据的任务。如一个 4 选 1 数据选择器，应有两个地址输入端，它共有 $2^2=4$ 种不同的组合，每一种组合可选择对应的一路输入数据进行输出。同理，对一个 8 选 1 数据选择器，应有三个地址输入端。其余类推。而多路数据分配器的功能正好和数据选择器的相反，它根据地址码的不同，将一路数据分配到相应的一个输出端上输出。根据地址码的要求，从多路输入信号中选择其中一路输出的电路，称为数据选择器。其功能相当于一个受控波段开关。

数据分配是数据选择的逆过程。根据地址信号的要求，将一路数据分配到指定输出通道上去的电路，称为数据分配器。

一、数据分配器

数据分配器和数据选择器都是数字电路中的多路开关。数据分配器的功能是将一路数据根据需要送到不同的通道上去。数据选择器的功能是选择多路数据中的某一路数据作为输出。

数据分配器可以用译码器来实现。例如用 74LS138 译码器可以把一个数据信号分配到 8 个不同的通道上去，实现电路如图 4.55 所示。将译码器的使能端 S_1 接高电平，$\overline{S_2}$ 接低电平，$\overline{S_3}$ 接数据输入 D，译码器的输入端 A_2、A_1、A_0 作为分配器的地址输入端，根据地址的不同，数据 D 从 8 个不同的输出端输出。例如，当 $A_2A_1A_0 = 000$ 时，数据 D 从 $\overline{Y_0}$ 端输出；当 $A_2A_1A_0 = 001$ 时，数据 D 从 $\overline{Y_1}$ 端输出，依次类推。

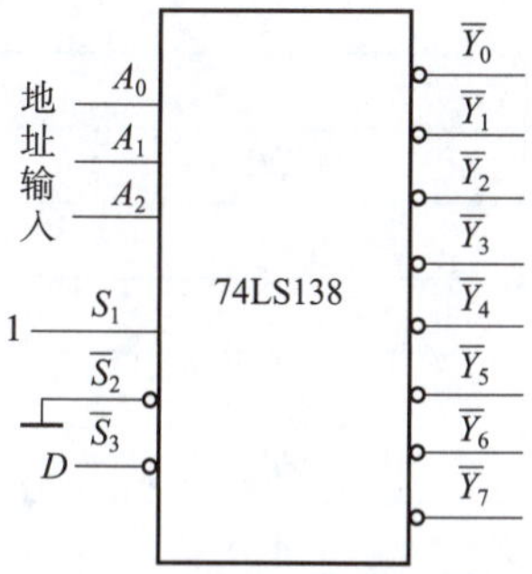

图 4.55　74LS138 构成的数据分配器

如果 D 端输入的是时钟脉冲，则可将时钟脉冲分配到 $\overline{Y_0}$ ~ $\overline{Y_7}$ 的某一个输出端，从而构成时钟脉冲分配器。

数据分配器的用途比较多，比如用它将一台 PC 与多台外部设备连接，将计算机的数据分送到外部设备中。它还可以与计数器结合组成脉冲分配器，与数据选择器连接组成分时数据传送系统。

数据选择器

二、数据选择器

数据选择器的功能是选择多路数据中的某一路数据作为输出。下面以 74LS153 型双 4 选 1 数据选择器为例，说明其工作原理及基本功能。74LS153 型双 4 选 1 数据选择器逻辑图如图 4.56 所示，D_3~ D_0 是四个数据输入端；A_1 和 A_0 是地址输入端；$\overline{S}$ 是使能端，低电平有效；Y 是输出端。由逻辑图可写出逻辑表达式为

$$Y = D_0\overline{A_1}\,\overline{A_0}S + D_1\overline{A_1}A_0S + D_2A_1\overline{A_0}S + D_3A_1A_0S$$

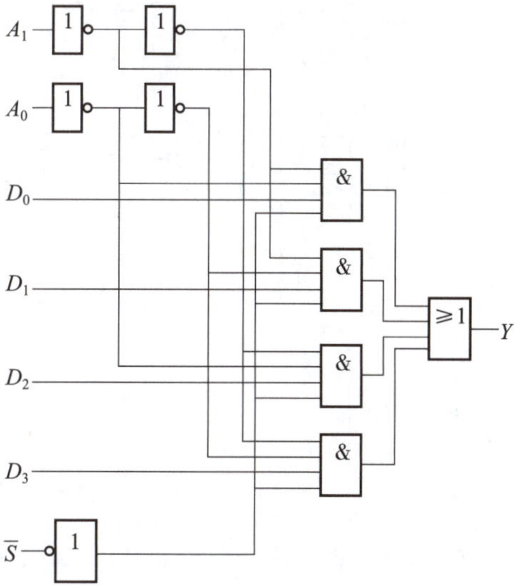

图 4.56　74LS153 型双 4 选 1 数据选择器逻辑图

由逻辑表达式写出功能表，如表 4.29 所示。

表 4.29　74LS153 型双 4 选 1 数据选择器功能表

输入			输出
$\overline{S}$	A_1	A_0	Y
1	×	×	0
0	0	0	D_0
0	0	1	D_1
0	1	0	D_2
0	1	1	D_3

当 $\overline{S}=1$ 时, $Y=0$, 选择器不工作；当 $\overline{S}=0$ 时，选择器按照地址的不同选择一路数据。

8 选 1 数据选择器 74HC151 的逻辑图如图 4.57 所示，它有 3 个地址输入端 A_2、A_1、A_0，可选择 $D_0\sim D_7$ 共 8 个数据；$\overline{S}$ 是使能端，低电平有效；具有两个互补输出端，同相输出端 Y 和反相输出端 $\overline{Y}$。其功能表如表 4.30 所示。

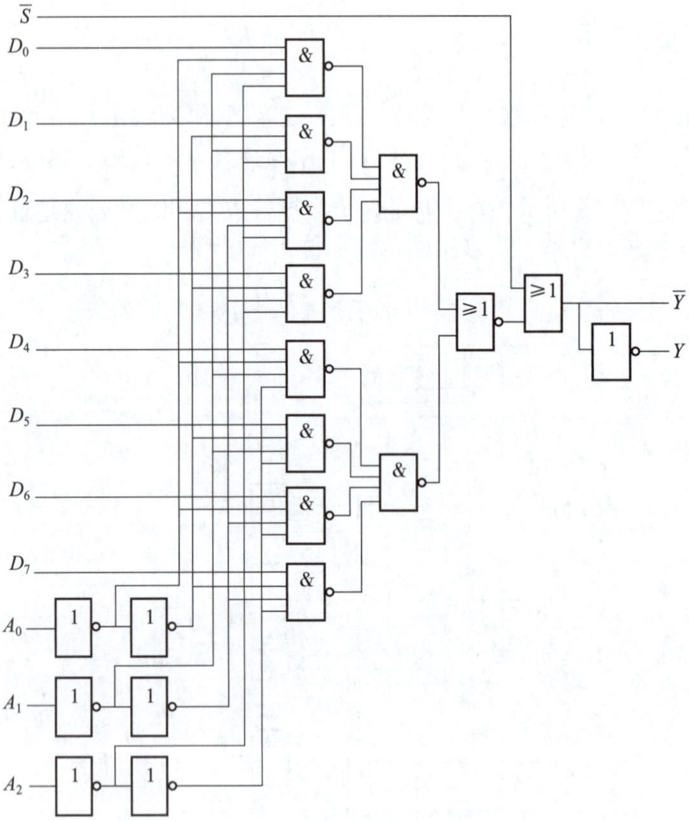

图 4.57　8 选 1 数据选择器 74HC151 的逻辑图

两片数据选择器连接可以实现扩展，图 4.58 是两片 74HC151 型 8 选 1 数据选择器构成的 16 选 1 数据选择器的逻辑图。当 $D=0$ 时，第一片工作；当 $D=1$ 时，第二片工作。

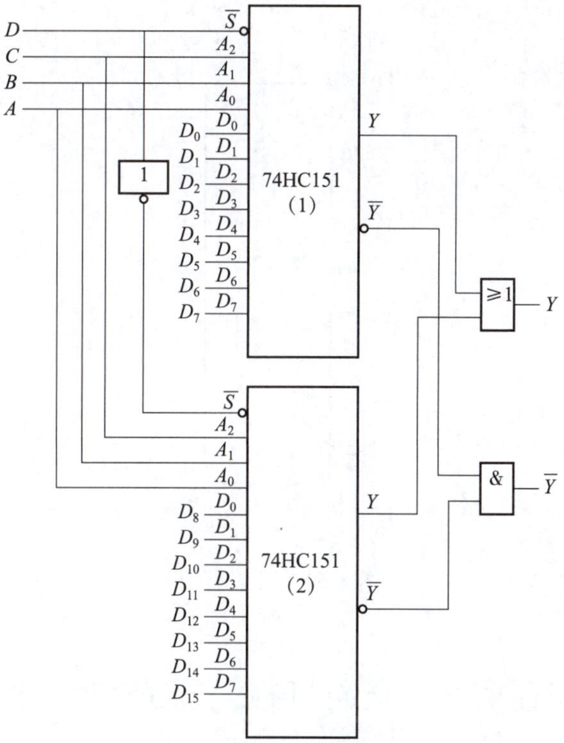

图 4.58　数据选择器实现拓展

表 4.30　8 选 1 数据选择器 74HC151 功能表

输入				输出	
$\overline{S}$	A_2	A_1	A_0	Y	$\overline{Y}$
1	×	×	×	0	1
0	0	0	0	D_0	$\overline{D_0}$
0	0	0	1	D_1	$\overline{D_1}$
0	0	1	0	D_2	$\overline{D_2}$
0	0	1	1	D_3	$\overline{D_3}$
0	1	0	0	D_4	$\overline{D_4}$
0	1	0	1	D_5	$\overline{D_5}$
0	1	1	0	D_6	$\overline{D_6}$
0	1	1	1	D_7	$\overline{D_7}$

例 4.20　用 74HC151（8 选 1）实现 $Y=\overline{A}BC+A\overline{B}C+AB$。

解　将 A、B、C 分别对应接到数据选择器的地址输入端 A_2、A_1、A_0，使能端 $\overline{S}$ 接地，则选择器的输出函数为

$$Y=D_0\overline{A}\,\overline{B}\,\overline{C}+D_1\overline{A}\,\overline{B}C+D_2\overline{A}B\overline{C}+D_3\overline{A}BC+D_4A\overline{B}\,\overline{C}+D_5A\overline{B}C+D_6AB\overline{C}+D_7ABC$$

要实现函数 $Y=\overline{A}BC+A\overline{B}C+AB$，两者比较，可得

$$D_0=D_1=D_2=D_4=0, D_3=D_5=D_6=D_7=1$$

电路图如图 4.59 所示。

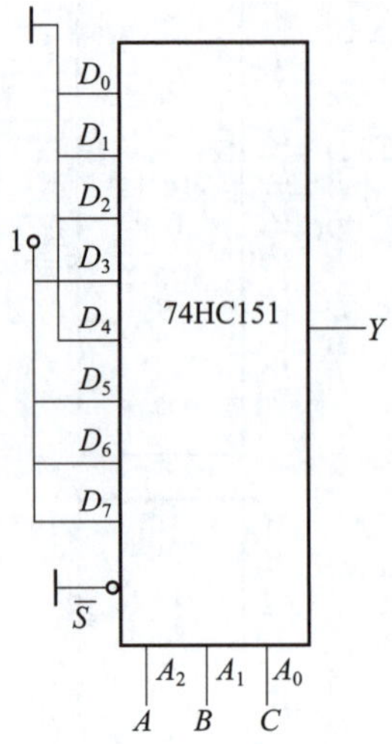

图 4.59　例 4.20 图

技能任务 1　交通灯报警器的制作与测试

任务描述

设计一个交通信号灯工作状态监视逻辑电路，要求：监视交通信号灯的每一组信号灯均由红、黄、绿三盏灯组成，正常工作情况下，任何时刻必须有一盏灯点亮，而且只允许有一盏灯点亮；而当出现其他五种点亮状态时，电路发生故障信号，以提醒维护人员前去修理。

一、实验电路

实验电路如图 4.60 所示。

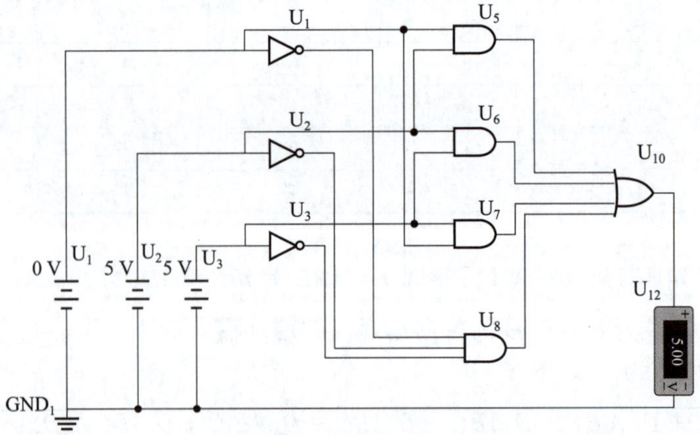

图 4.60　交通灯报警器电路

二、实验设备与元器件

输入与门、输入或门、非门、直流电压源、指示灯等。

三、实验步骤

（1）对交通信号灯监视电路进行逻辑抽象，取红、黄、绿三盏灯的状态为输入变量，分别用 R、Y、G 表示，并规定灯亮时为 1，不亮时为 0。取故障信号的输出变量，以 F 表示，并规定正常工作态下 F 为 0，发生故障时 F 为 1，其真值表如表 4.31 所示。

表 4.31　监视交通信号灯工作状态真值表

R	Y	G	F
0	0	0	1
0	0	1	0
0	1	0	0
0	1	1	1
1	0	0	0
1	0	1	1
1	1	0	1
1	1	1	1

（2）确定逻辑表达式。

根据监视交通灯真值表写出其逻辑表达式，即

$$F=\overline{RYG}+\overline{R}YG+R\,\overline{Y}G+RY\,\overline{G}+RYG$$

（3）逻辑表达式化简。

将上式化简后得到

$$F=\overline{RYG}+RY+YG$$

（4）确定逻辑电路图。

根据化简后的逻辑表达式，采用“与门-或门”的方式得到交通灯工作状态监视逻辑电路图，如图 4.61 所示。

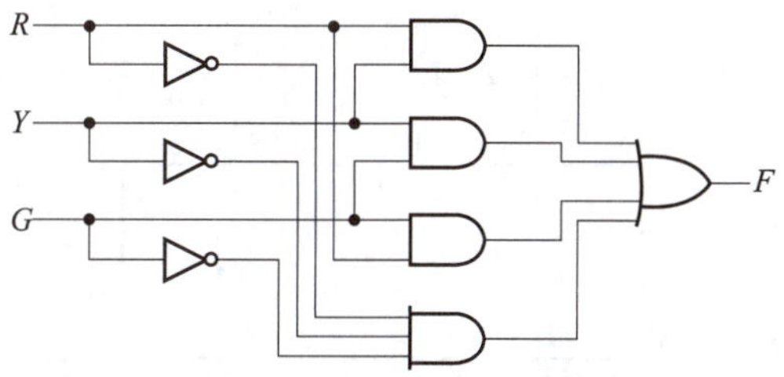

图 4.61　监视交通灯工作状态逻辑电路图

（5）按照图 4.61 搭建实验电路。

规定：输入：逻辑“0”与电压值“0 V”对应，逻辑“1”与电压值“5 V”对应；

　　　输出：指示灯“亮”与逻辑“1”对应，指示灯“灭”与逻辑“0”对应。

（6）根据表 4.32 中 R、Y、G 的逻辑值改变相应直流电压源的电压值，运行实验，观

察输入和输出之间的状态关系，记录相应的输出于表 4. 32 中。

表 4. 32　监视交通信号灯工作状态测试结果

R/V	*Y*/V	*G*/V	*F*/V
0	0	0	
0	0	5	
0	5	0	
0	5	5	
5	0	0	
5	0	5	
5	5	0	
5	5	5	

技能任务 2　七段数码管译码显示电路的制作与测试

任务描述

借助数字电路实验箱完成用 74LS48 BCD 译码器驱动七段 LED 数码管电路的制作，在熟悉拨码开关的应用的同时，深入理解二进制编码输入信息与输出编码数值的关系。

一、实验电路

实验电路如图 4. 62 所示。

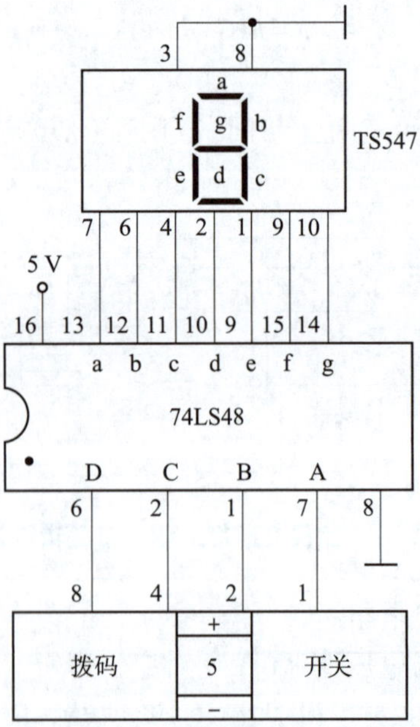

图 4. 62　用 74LS48 BCD 译码器驱动七段 LED 数码管电路

二、实验设备与器件

（1）设备：数字万用表，数字电路实验箱或面包板与导线。

（2）元器件：见表 4. 33。

表 4. 33　实验所需元器件

序号	名称	规格	数量	备注
1	电阻	300 Ω	8	
2	拨码开关	4 位	1	
3	数码管	TS547	1	
4	拨码开关		3	
5	驱动显示译码器	74LS48	1	

三、实验步骤

（1）按照实验电路原理图 4. 62 接线。

（2）通过拨码开关输入 4 位二进制代码，输出接于 LED 七段数码显示管的对应端子上。实验中所用数码显示管是共阴极还是共阳极需要弄清楚，二者的接法是不同的，这一点一定要注意。

（3）接通+5 V 电源后，用拨码开关进行编码，向 74LS48 输入不同的 BCD 代码，观察数码管的输出显示情况，记录于表 4. 34 中。

表 4. 34　74LS48 真值表

$\overline{LT}$	$\overline{RBI}$	$\overline{BI}/\overline{RBO}$	D　C　B　A	$abcdefg$	功能显示
0	×	1	×　×　×　×	1 1 1 1 1 1 1	试灯
×	×	0	×　×　×　×	0 0 0 0 0 0 0	熄灭
1	0	0	0　0　0　0	0 0 0 0 0 0 0	灭 0
1	1	1	0　0　0　0	1 1 1 1 1 1 0	显示0
1	×	1	0　0　0　1	0 1 1 0 0 0 0	显示1
1	×	1	0　0　1　0	1 1 0 1 1 0 1	显示2
1	×	1	0　0　1　1	1 1 1 1 0 0 1	显示3
1	×	1	0　1　0　0	0 1 1 0 0 1 1	显示4
1	×	1	0　1　0　1	1 0 1 1 0 1 1	显示5
1	×	1	0　1　1　0	0 0 1 1 1 1 1	显示6
1	×	1	0　1　1　1	1 1 1 0 0 0 0	显示7
1	×	1	1　0　0　0	1 1 1 1 1 1 1	显示8
1	×	1	1　0　0　1	1 1 1 0 0 1 1	显示9

（4）实训电路中选用的 TS547 是一个共阴极 LED 七段数码显示管，其引脚和发光段的关系如表 4. 35 所示，其中 hp 为小数点。

表 4.35　TS547 引脚功能

引脚	1	2	3	4	5	6	7	8	9	10
功能	*e*	*d*	地	*c*	*hp*	*b*	*a*	地	*f*	*g*

（5）分析本实验任务结果的合理性，如与上述功能严重不符时，应查找原因并重做。

四、预习

（1）拨码开关的编码原理及应用。

拨码开关中间的 4 个数码均为十进制数 0~9，单击某个十进制数码上面的“+”号和下面的“-”号时，十进制数码依序加“1”或依序减“1”。

拨码开关实际上就是典型的二-十进制编码器，其 4 个十进制数码通过各自内部的编码功能，每个数码均应向外引出 4 个接线端子 A、B、C、D，这 4 个端子所输出的组合表示与十进制数码相对应的二进制 BCD 码，这些 BCD 码在实验电路中作为译码器的输入二进制信息。

（2）共阴极数码管与共阳极数码管的区别。

（3）74LS48 译码器的功能及性能指标。

五、思考题

如果 LED 数码管是共阳极的，那么与共阴极数码管的连接形式有何不同？

项目 4　病房呼叫系统的设计与制作

技能任务　设计与制作病房呼叫系统

任务描述

运用本情境所学知识，设计制作一款模拟病房呼叫系统，逻辑开关 $K_0 \sim K_7$ 代表 8 个病床的呼叫按钮，七段数码显示管代表值班室内显示屏，当某个逻辑开关闭合时，相当于相应病床按下呼叫按钮，此时在七段数码显示管上显示其病床号码。

一、实验电路

实验电路如图 4.63 所示。

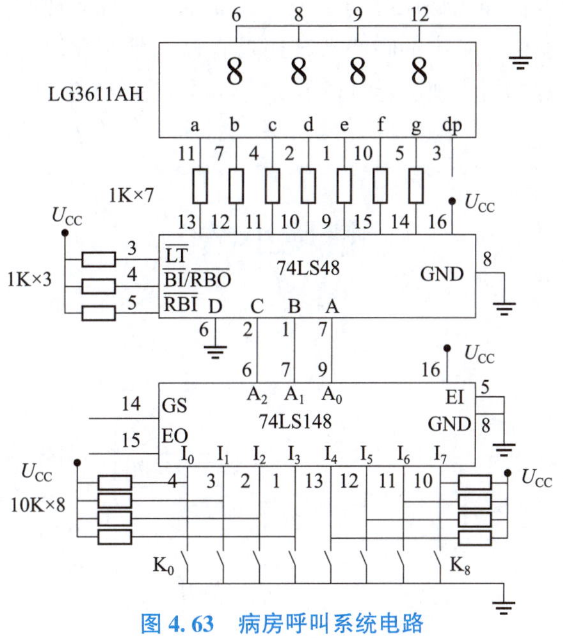

图 4.63　病房呼叫系统电路

二、实验设备与器件

实验设备与器件见表 4.36。

表 4.36　实验设备与器件

序号	符号	名称	型号	数量
1	R_1	电阻	1K	10
2	R_2	电阻	10K	8
3		优先编码器	74LS148	1
4		数码显示管驱动器	74LS48	1
5	LG3611AH	数码显示管	共阴极	1
6		面包板		

三、任务步骤

1. 分析电路

（1）说明 74LS148、74LS48、七段数码显示管的使用方法。

（2）分析电路结构及各部分的作用。

2. 连接制作

（1）检查各元件外观是否有破裂、变形等问题。

（2）按照电路图 4.63 连线。

（3）连接完毕后应认真检查有无短路、错连、漏连。

3. 通电测试

依次按下 $K_0 \sim K_7$ 八个开关，验证数码显示管是否显示 0~7 八个数字。

拓展阅读

在上述项目中设计与制作的病床呼叫系统比较简单，只有实现床位号的功能，且只有按下开关才显示床位号，实际医院中的呼叫系统还具有显示延时和语音提示功能，语音提示功能可使用放大电路驱动蜂鸣器实现，延时显示功能需要使用555 定时器，这些内容在情境五将进行学习。

情境小结

知识框图

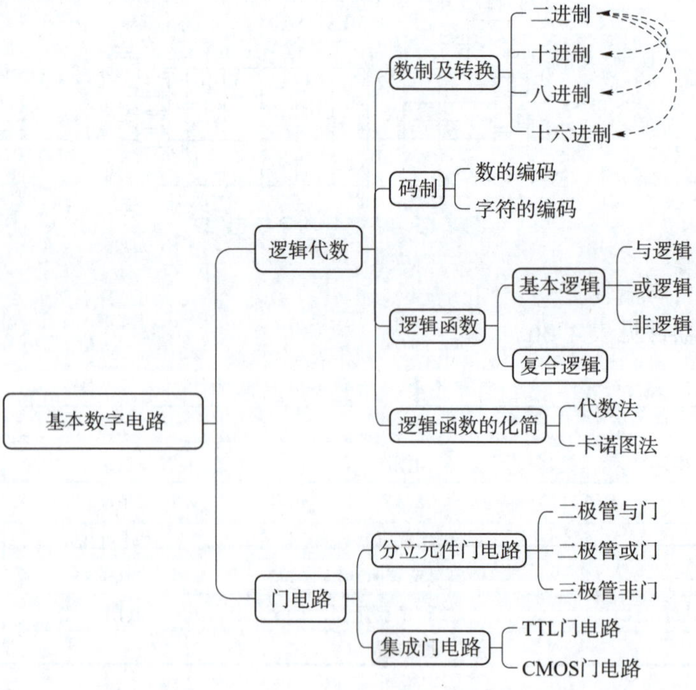

练习与提高

一、填空题

对如下数据进行转换。

(1) $(375.236)_8=(\qquad)_{16}=(\qquad)_2$；

(2) $(48A)_{16}=(\qquad)_8=(\qquad)_{10}$；

(3) $(1101.11)_2=(\qquad)_{10}=(\qquad)_{16}$；

(4) $(8A)_{16}=(\qquad)_2=(\qquad)_{10}$。

二、判断题

1. 数字信号是一种连续信号。 (　　)
2. 数字电路中的数字信号一般用十进制表示。 (　　)
3. 按集成电路的集成度不同可将其分为分立元件数字电路和集成数字电路。 (　　)
4. 逻辑表达式 $F=AB$ 代表与非逻辑关系。 (　　)
5. 当决定事件的各个条件有一个或一个以上具备时事件就会发生，这样的因果关系称为“或”逻辑。 (　　)
6. 若两个函数具有相同的真值表，则两个函数必然相等。 (　　)
7. 把输入输出之间的逻辑关系，用与或非的运算式来进行表示，就得到了逻辑表达式。 (　　)
8. 逻辑函数的各种描述方法之间均可以相互转换。 (　　)
9. 真值表和卡诺图的逻辑函数表示都是唯一的。 (　　)
10. 因为逻辑表达式 $A+B+AB=A+B$ 成立，所以 $AB=0$ 成立。 (　　)
11. 若两个函数具有不同的逻辑表达式，则两个逻辑函数必然不相等。 (　　)

三、选择题

1. 基本逻辑关系包括（　　）。

A. 与、或、与非　　B. 与、或、非

C. 与、与非、或非　　D. 与、与非、非

2. 常用的双极型集成门电路有（　　）。

A. TTL　　B. ECL　　C. HTL　　D. I^2L

3. 逻辑关系的表示方法包括（　　）三种。

A. 逻辑符号　　B. 逻辑关系式

C. 逻辑示意图　　D. 真值表

4. 实际电路中的高电平可以在（　　）V 范围内波动。

A. 1~2　　B. 3~5　　C. 0~0.4　　D. 6~7

5. 三极管非门电路是通过合理设计参数，使三极管工作在（　　）。

A. 放大区和饱和区　　B. 放大区和截止区

C. 饱和区和截止区　　D. 放大区

6. 函数 $F(A,B,C)=AB+BC$ 的最小项表达式为（　　）。

A. $F(A,B,C)=\sum m(0,2,4)$　　B. $F(A,B,C)=\sum m(3,6,7)$

C. $F(A,B,C)=\sum m(0,3,4)$　　D. $F(A,B,C)=\sum m(2,3,6,7)$

7. 要用 n 位二进制数为 N 个对象编码，必须满足（　　）。

A. $N=2n$　　B. $N\geqslant 2^n$　　C. $N\leqslant 2^n$　　D. $N=n$

8. 逻辑表达式 $F=AB+A\overline{B}+\overline{A}\overline{B}$ 可化简为（　　）。

A. A　　B. AB　　C. $A+\overline{B}$　　D. $A+B$

9. 逻辑函数常用的表达方法有（　　）。

A. 真值表　　B. 逻辑图　　C. 逻辑表达式　　D. 卡诺图

四、综合题

1. 将下列二进制数转换成十进制数、八进制数和十六进制数。

（1）1100B；　（2）10101101B；　（3）11111111B；　（4）1010.0101B。

2. 将下列十进制数转换成二进制数、八进制数和十六进制数。

（1）98；　（2）64；　（3）128；　（4）4095；　（5）32.3125。

3. 什么叫真值表？试写出两个变量进行与运算、或运算及非运算的真值表。

4. 两个输入信号 A、B，如图4.64所示，分别加入与门、或门、与非门和或非门电路中，试画出对应的输出波形。

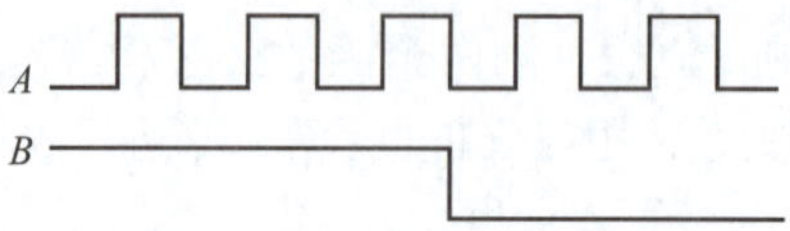

图4.64　结合题4图

5. TTL和CMOS逻辑门的使用电压分别为多少？是否可以互换使用？

6. 试说明下列各种门电路中哪些可以将输出端并联使用（输入端的状态不一定相同）？

（1）具有推拉式输出级的TTL电路；

（2）TTL电路的OC门；

（3）TTL电路的三态输出门；

（4）普通的CMOS门；

（5）漏极开路输出的CMOS门；

（6）CMOS电路的三态输出门。

7. 试说明在下列情况下，用万用表测量图4.65的 u_{I2} 端得到的电压各为多少？图中的与非门为74系列的TTL电路，万用表使用5 V量程，内阻为20 kΩ/V。

（1）u_{I1} 悬空；

（2）u_{I1} 接低电平（0.2 V）；

（3）u_{I1} 接高电平（3.2 V）；

（4）u_{I1} 经51 Ω电阻接地；

（5）u_{I1} 经10 kΩ电阻接地。

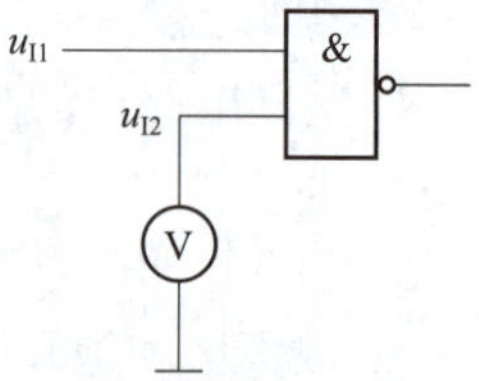

图4.65　综合题7图

情境五

红外倒车雷达的设计与制作

情境引入

倒车雷达作为倒车防撞、泊车辅助的重要设备，能够有效守护用户的驾驶安全而深受广大驾驶人员的欢迎。车载雷达的原理主要是通过信号发生器发出超声波或电磁波信号，在遇到障碍物时信号会返回至接收器，通过计算发出信号与接收的信号时间差来进行距离测算。目前最常用的是超声波信号测距。

通过完成倒车雷达的设计与制作，我们将了解常用触发器的工作原理及特性，熟悉不同种类触发器的典型应用。最后，通过所学内容完成红外倒车雷达的设计与制作。

情境目标

知识目标：

1. 熟悉基本触发器的功能及原理；
2. 熟悉时序逻辑电路的基本分析方法和步骤；
3. 掌握时序逻辑电路常用器件的功能及特性；
4. 熟练掌握定时器的工作原理和功能；
5. 熟悉 555 定时器的典型应用。

技能目标：

1. 能够认识并正确使用各类时序逻辑器件；
2. 会分析各类触发器的逻辑功能；
3. 能分析常见时序逻辑电路的功能；
4. 熟练应用计数器、寄存器等芯片制作电路；
5. 会使用 555 定时器制作振荡器及触发器。

素质目标：

1. 培养良好的逻辑思维与分析和解决问题的能力；
2. 培养学生实践能力与综合素养；
3. 树立良好的工程意识与职业意识；
4. 强化标准操作意识与团队意识。

项目1　认识常用触发器

触发器是时序逻辑电路的基本单元，它有两个稳态输出（双稳态触发器），具有记忆功能，可用于存储二进制数据、记忆信息等。

从结构上来看，触发器由逻辑门电路组成，有一个或几个输入端，两个互补输出端，通常标记为 Q 和 $\overline{Q}$。触发器的输出有0态和1态两种，且都为相对稳定状态，只有在一定的外加信号触发作用下，才可从一种稳态转变到另一种稳态。

触发器的种类很多，大致可按以下几种方式进行分类：

（1）根据是否有时钟脉冲输入端，可分为基本触发器和钟控触发器。

（2）根据逻辑功能的不同，可分为RS触发器、D触发器、JK触发器、T和T′触发器。

（3）根据电路结构的不同，可分为基本触发器、同步触发器、主从触发器和边沿触发器。

（4）根据触发方式的不同，可分为电平触发器、主从触发器、边沿触发器。

触发器的逻辑功能可用功能表（特性表）、特性方程、状态图（状态转换图）和时序图（时序波形图）来描述。

任务1　RS触发器及芯片

任务导入

具有两个输入端、两个互补输出端的RS触发器，是常见触发器中最基本的类型，其具体功能会因结构或有无时钟控制信号而存在一定的差异，接下来我们就深入了解一下RS触发器及其常用芯片。

RS触发器（微课）　　RS触发器（动画）　　基本RS触发器波形图（动画）

一、基本RS触发器

基本RS触发器由两个与非门的输入、输出端交叉连接而成，如图5.1所示。它有两个输入端$\overline{R}_D$、$\overline{S}_D$和两个输出端 Q、$\overline{Q}$。一般规定触发器 Q 端的状态作为触发器的状态，即当 $Q=0$、$\overline{Q}=1$ 时，称触发器处于0状态；$Q=1$、$\overline{Q}=0$ 时，称触发器处于1状态。在一定的外加信号作用下，两种状态可进行转换。

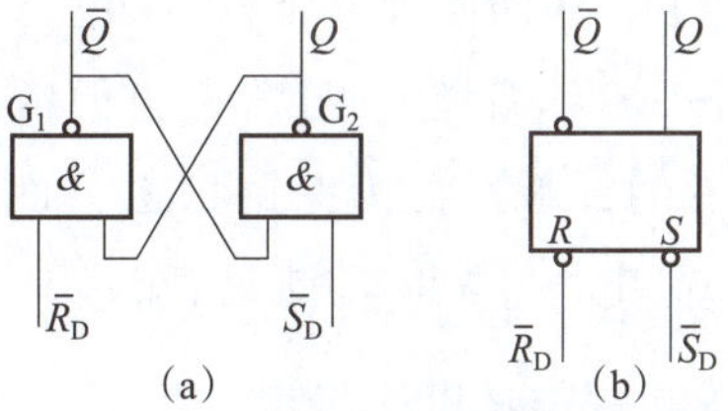

图 5.1　由与非门组成的基本 RS 触发器

(a) 逻辑图；(b) 逻辑符号

由图 5.1 可看出，$\overline{R}_D$ 端、$\overline{S}_D$ 端分别是与非门两个输入端的其中一端，若二者均为 1，则两个与非门的状态只能取决于对应的交叉耦合端的状态。如 $Q=1$、$\overline{Q}=0$，与非门 G_2 则由于 $\overline{Q}=0$ 而保持为 1，而与非门 G_1 则由于 $Q=1$ 而继续为 0，可看出，这时触发器是维持状态不变的，若想使触发器按要求进行状态转换，可使工作在如下两种状态。

（1）当 $\overline{R}_D=0$，$\overline{S}_D=1$ 时：

由于 $\overline{R}_D=0$，不论 Q 为 0 还是 1，都有 $\overline{Q}=1$，再由 $\overline{S}_D=1$，$\overline{Q}=1$ 可得 $Q=0$，触发器被置为 0 态。

（2）当 $\overline{S}_D=0$，$\overline{R}_D=1$ 时：

由于 $\overline{S}_D=0$，不论 $\overline{Q}$ 为 0 还是 1，都有 $Q=1$，再由 $\overline{R}_D=1$，$Q=1$ 可得 $\overline{Q}=0$，触发器被置为 1 态。

可见，在 $\overline{R}_D$ 端加有效输入信号（低电位 0），触发器为 0 态，称为置“0”端或复位端；在 $\overline{S}_D$ 端加有效输入信号（低电位 0），触发器为 1 态，称为置“1”端或置位端。

若 $\overline{R}_D$ 端和 $\overline{S}_D$ 端同时为 0，则此时由于两个与非门都是低电平输入而使 Q 端和 $\overline{Q}$ 端同时为 1，这对于触发器来说，是一种不正常状态。此后，如果 $\overline{R}_D$ 和 $\overline{S}_D$ 又同时为 1，则新状态会由于两个门延迟时间的不同、所受外界干扰不同等因素而无法判定，因此被规定为禁用状态。所以触发器的输入状态必须满足 $\overline{R}_D+\overline{S}_D=1$，故称上式为约束条件。

基本 RS 触发器的逻辑功能表（即真值表，在时序电路中称为特性表）见表 5.1。Q^n 表示接收信号之前触发器的输出状态，称为现态；Q^{n+1} 表示接收信号之后触发器的输出状态，称为次态。图 5.2 所示是基本 RS 触发器的工作波形（设初始状态 $Q^n=0$）。

表 5.1　由与非门组成的基本 RS 触发器的逻辑功能表

$\overline{S}_D$	$\overline{R}_D$	Q^n	Q^{n+1}	功能
1	1	0 1	0 1	保持
1	0	0 1	0 0	置“0”
0	1	0 1	1 1	置“1”
0	0	0 1	× ×	禁用

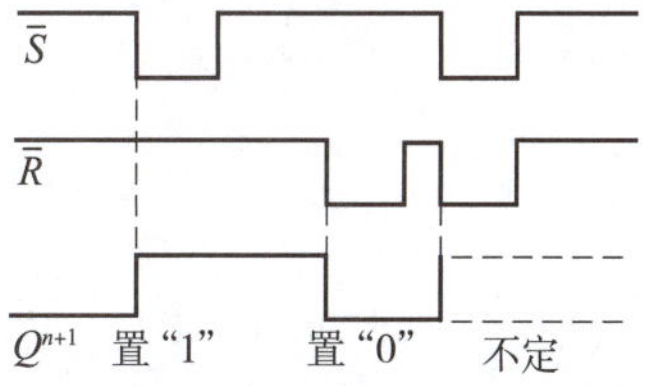

图 5.2　基本 RS 触发器的工作波形

由或非门组成的基本RS触发器逻辑图及逻辑符号如图5.3所示，由图可知，用或非门代替了与非门，R和S端仍为置“0”端和置“1”端，但由或非门逻辑功能决定了它们是高电平有效，即当它们同时为0时，触发器为保持状态。而若使触发器改变状态（称为触发器翻转），则必须在相应端加高电位。具体功能见表5.2。

表5.2　由或非门组成的基本RS触发器的逻辑功能表

S	R	Q^n	Q^{n+1}	功能
0	0	0	0	保持
		1	1	
0	1	0	0	置“0”
		1	0	
1	0	0	1	置“1”
		1	1	
1	1	0	×	禁用
		1	×	

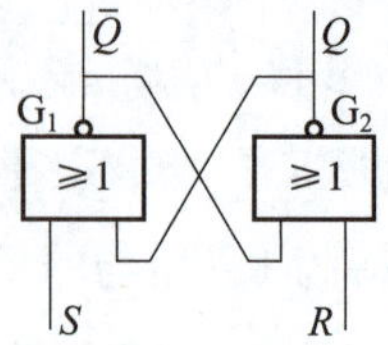

图5.3　由或非门组成的基本RS触发器

二、同步RS触发器

基本RS触发器直接由输入信号控制着输出端Q和$\bar{Q}$的状态，这不仅使电路的抗干扰能力下降，而且也不便于多个触发器同步工作。同步RS触发器可以克服上述缺点。在由与非门组成的基本RS触发器基础上，增加两个控制门G_3和G_4，并加入时钟脉冲输入端CP，便组成了可控RS触发器，图5.4所示为其逻辑图和逻辑符号。

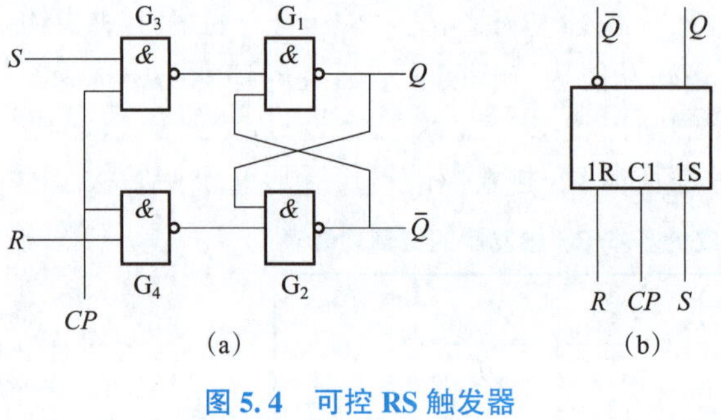

图5.4　可控RS触发器

（a）逻辑图；（b）逻辑符号

由图5.4可知，G_3和G_4两个与非门被时钟脉冲CP所控制，即只有当CP高电位时，才允许RS输入，而当CP低电位时，G_3和G_4输出为1，使触发器处于保持状态。当$CP=1$时，根据逻辑图，可得出同步RS触发器功能表，见表5.3。

表 5.3　同步 RS 触发器的逻辑功能表

S	R	Q^n	Q^{n+1}	功能
0	0	0	0	保持
		1	1	
0	1	0	0	置“0”
		1	0	
1	0	0	1	置“1”
		1	1	
1	1	0	×	禁用
		1	×	

因 R 和 S 不能同时为 1（否则出现不定状态），所以在特性方程中加入约束条件，即 $RS=0$。需要说明的是可控 RS 触发器虽然有 CP 控制端，但它仍然存在一个不定的工作状态，而且在同一个 CP 脉冲作用期间（即 $CP=1$ 期间），若输入端 R、S 状态发生变化，会引起 Q、$\overline{Q}$ 状态也发生变化，产生空翻现象，即在一个 CP 期间，可能会引起触发器多次翻转，所以单独的同步 RS 触发器没有形成产品的价值。

三、典型芯片及应用

通用的集成基本 RS 触发器目前有 74LS279、CC4044 和 CC4043 等几种型号。下面以 74LS279 为例来讨论基本 RS 触发器的应用情况。图 5.5 所示是 74LS279 型四 RS 触发器的外引线排列图。

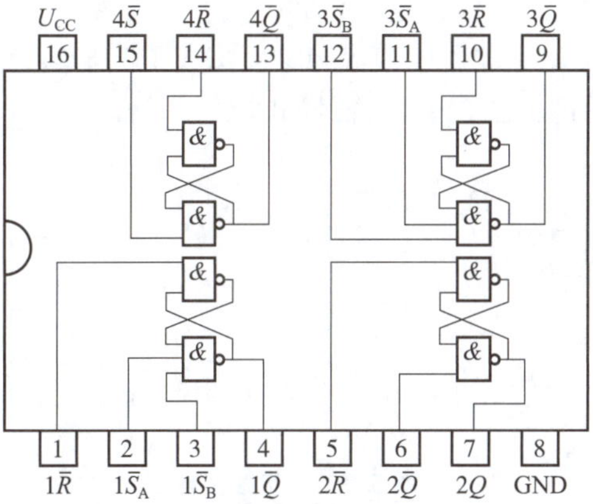

图 5.5　74LS279 型四 RS 触发器的外引脚图

基本 RS 触发器在开关去抖及键盘输入电路中得到应用。在图 5.6 所示电路中，当开关 S 接通时，由于机械开关的接触可能出现抖动，即可能要经过几次抖动后电路才处于稳定；同理，在断开开关时，也可能要经过几次抖动后才彻底断开，从其工作波形可见，这种波形在数字电路中是不允许的。若采用图 5.6（c）所示的加有一级 RS 触发器的防抖开关，则即使机械开关在接通或断开中有抖动，但因 RS 触发器的作用，使机械开关的抖动不能反映到输出端，有效地克服了开关抖动带来的影响。

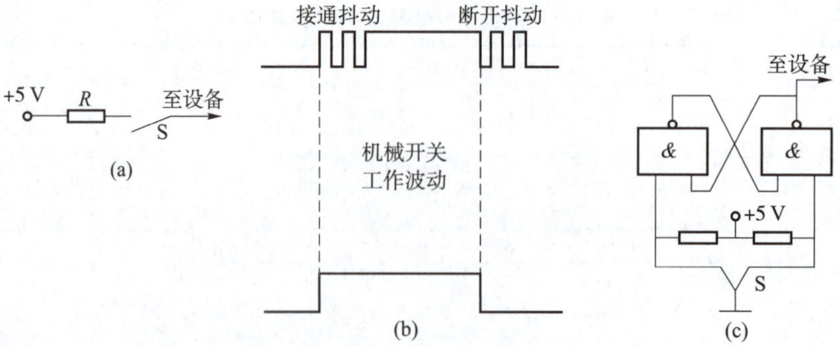

图 5.6　开关及工作波形

（a）机械开关；（b）防抖开关的工作波形；（c）防抖开关

任务 2　D 触发器及芯片

任务导入

D 触发器（动画）

RS 触发器在 $R=S=1$ 时，会出现不确定状态，但由于该情况不可避免会存在，导致在使用中极为不便，因此可将其改进为 D 触发器和 JK 触发器。

一、同步 D 触发器

在同步 RS 触发器前加一个非门，使 $S=\overline{R}_D$ 便构成了同步 D 触发器，而原来的 S 端改称为 D 端。同步 D 触发器的逻辑图及逻辑符号如图 5.7 所示。

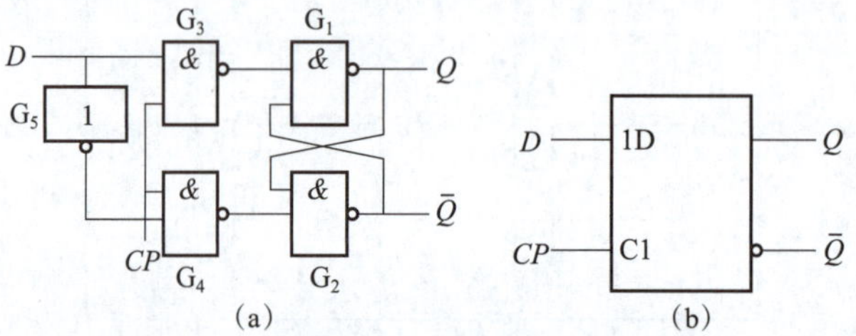

图 5.7　同步触发器

（a）逻辑图；（b）逻辑符号

由于 $S=\overline{R}_D(S\neq R)$，所以原 RS 触发器的不定状态自然也就不存在了。D 触发器的功能表见表 5.4。

表 5.4　D 触发器功能表

D	Q^{n+1}
0	0
1	1

从功能表和特性方程可看出，D 触发器的次态总是与输入端 D 保持一致，即状态 Q^{n+1} 仅取决于控制输入 D，而与现态 Q^n 无关。D 触发器广泛用于数据存储，所以也称为数据触发器。

以上讨论的同步触发器虽然结构简单，但由于在 *CP* 脉冲作用期间，触发器会随时接收输入信号而产生翻转，从而可能产生空翻现象。为避免触发器在实际使用中出现空翻，在实际的触发器产品中可通过维持阻塞型、主从型、边沿型等几种结构类型限制触发器的翻转时刻，使触发器的翻转时刻限定在 *CP* 脉冲的上升沿或下降沿。

二、维持阻塞 D 触发器

维持阻塞 D 触发器的逻辑图和逻辑符号如图 5.8 所示。该触发器由六个与非门组成，其中 G_1 和 G_2 构成基本 RS 触发器，通过 $\bar{R}_D$ 和 $\bar{S}_D$ 端可进行直接复位和置位操作。G_3、G_4、G_5、G_6 构成维持阻塞结构，以确保触发器仅在 *CP* 脉冲由低电平上跳到高电平这一上升沿时刻接受信号产生翻转。因此，在一个 *CP* 脉冲作用下，触发器只能翻转一次，不能空翻。维持阻塞 D 触发器的逻辑功能与同步 D 触发器相同。

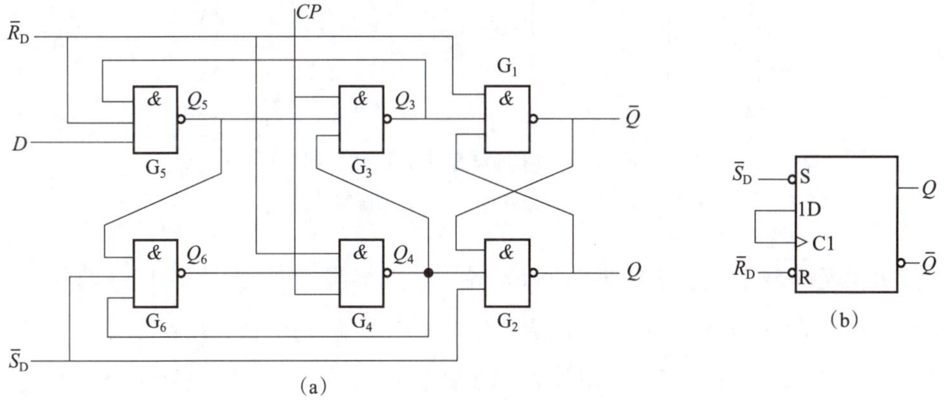

图 5.8　维持阻塞 D 触发器

（a）逻辑图；（b）逻辑符号

例 5.1　维持阻塞 D 触发器的 *CP* 脉冲和输入信号 *D* 的波形如图 5.9 所示，画出 *Q* 端的波形。

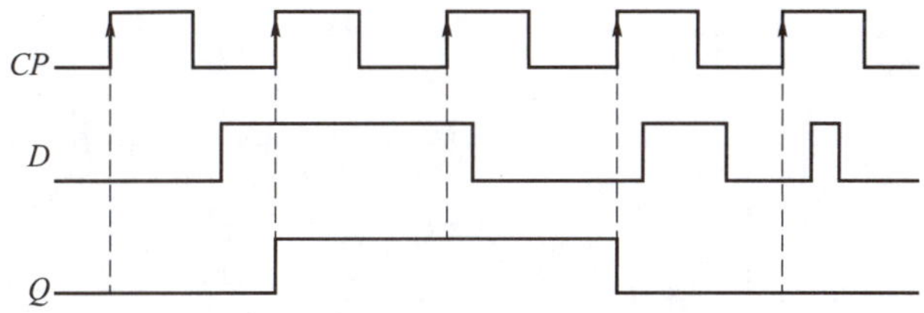

图 5.9　例 5.1 波形图

解　触发器输出 *Q* 的变化波形取决于 *CP* 脉冲及输入信号 *D*，由于维持阻塞 D 触发器是上升沿触发，故作图时首先找出各 *CP* 脉冲的上升沿，再根据当时的输入信号 *D* 得出输出 *Q*，作出波形。由图 5.9 可得出上升沿触发器输出 *Q* 的变化规律：仅在 *CP* 脉冲的上升沿有可能翻转，如何翻转取决于当时的输入信号 D。

三、集成 D 触发器芯片

集成 D 触发器的典型品种是 74LS74，它是 TTL 维持阻塞结构。该芯片内合两个 D 触发器，它们具有各自独立的时钟触发端（CP）及置位（$\overline{S}_D$）、复位（$\overline{R}_D$）端，图 5.10 示出了 74LS74 的逻辑符号及外引线图，表 5.5 给出了功能表。

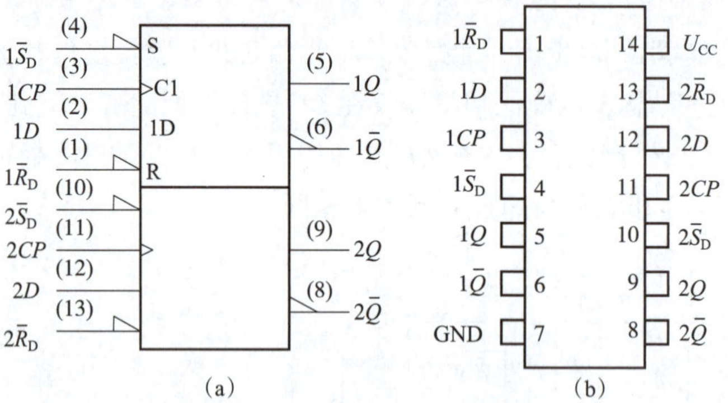

图 5.10　74LS74 双上升沿触发器

（a）逻辑符号；（b）外引脚图

分析功能表 5.5 得出，输入的前两行是异步置位（置“1”）和复位（清零）工作状态，它们无须在 CP 脉冲的同步下而异步工作。其中，$\overline{S}_D$、$\overline{R}_D$ 均为低电平有效。第三行为异步输入禁止状态。第四、五行为触发器同步数据输入状态，在置位端和复位端均为高电平的前提下，触发器在 CP 脉冲上升沿的触发下将输入数据 D 读入。最后一行无 CP 上升沿触发，为保持状态。

表 5.5　74LS74 的逻辑功能表

输入				输出	
$\overline{S}_D$	$\overline{R}_D$	CP	D	Q	$\overline{Q}$
0	1	×	×	1	0
1	0	×	×	0	1
0	0	×	×	—	—
1	1	↑	1	1	0
1	1	↑	0	0	1
1	1	0	×	Q_0	$\overline{Q}_0$

任务 3　JK 触发器及芯片

任务导入

JK 触发器的组成

在集成 D 触发器的基础上，加三个逻辑门 $G_1 \sim G_3$ 即构成集成 JK 触发器，接下来为大家介绍一下它的功能及特性。

JK 触发器的系列品种较多，可分为两大类型：主从型和边沿型。早期生产的集成 JK 触发器大多数是主从型的，但由于主从型工作方式的 JK 触发器工作速度慢，容易受噪声干扰，尤其是要求在 $CP=1$ 的期间不允许 J、K 端的信号发生变化，否则会产生逻辑混乱。所以我国目前只保留有 CT2072、CT1111 两个品种的主从型 JK 触发器。

随着工艺的发展，JK 触发器大都采用边沿触发工作方式，其具有抗干扰能力强、速度快、对输入信号的时间配合要求不高等优点。下面以 74HC112 为例介绍 JK 触发器的工作原理，其逻辑图和逻辑符号如图 5.11 所示。

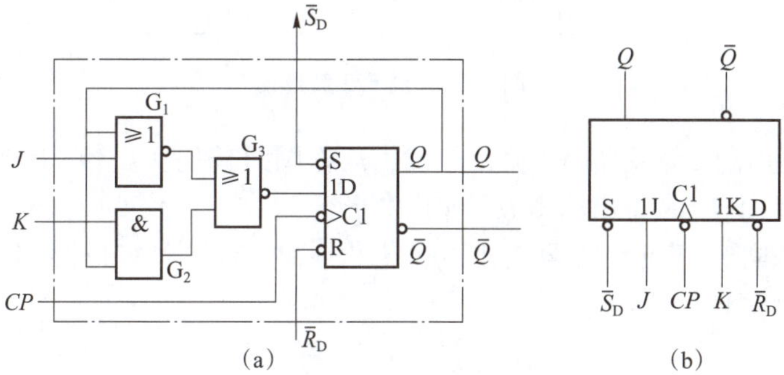

图 5.11　JK 触发器

(a) 逻辑图；(b) 逻辑符号

在图 5.11 中的点画线框中，D 的表达式为

$$D=\overline{\overline{Q^n+J}+KQ^n}=(Q^n+J)(\overline{K}+\overline{Q^n})=J\overline{Q^n}+\overline{K}Q^n$$

则可得 JK 触发器的特性方程为

$$Q^{n+1}=D=J\overline{Q^n}+\overline{K}Q^n (CP\downarrow \text{有效})$$

其中，在 CP 端有一个小圆圈“∘”，表示 $CP\downarrow$ 有效。需要特别说明的是，D 触发器和 JK 触发器都有 $CP\downarrow$ 和 $CP\uparrow$ 有效的种类，只不过大部分 D 触发器是在 $CP\uparrow$ 有效，而大部分 JK 触发器是在 $CP\downarrow$ 有效。表 5.6 是 JK 触发器的逻辑功能表，图 5.12 是 JK 触发器的工作波形。

74HC112 内含两个独立的下降沿触发的 JK 触发器，每个触发器有数据输入（J、K）、置位输入（$\bar{S}_D$）、复位输入（$\bar{R}_D$）、时钟输入 CP 和数据输出（Q、$\bar{Q}$）。$\bar{S}_D$ 或 $\bar{R}_D$ 的低电平使输出预置或清零，而与其他输入端的电平无关。

表 5.6 JK 触发器的逻辑功能表

J	K	Q^{n+1}
0	0	Q^n（不变）
0	1	0
1	0	1
1	1	$\overline{Q^n}$（翻转）

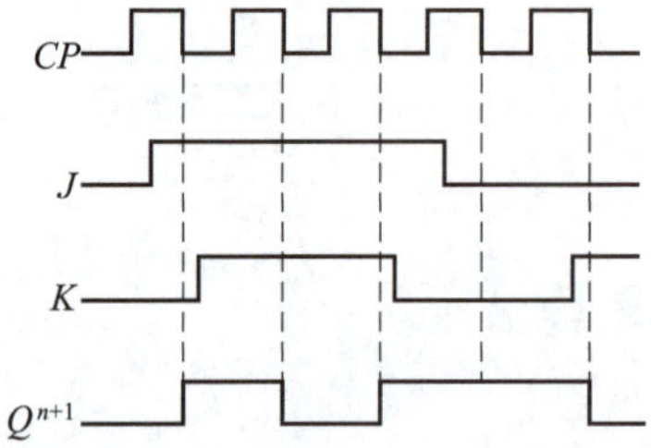

图 5.12 JK 触发器的工作波形

例 5.2 负边沿 JK 触发器的 CP 脉冲和输入信号 J、K 的波形如图 5.13 所示，试画出 Q 端的波形。

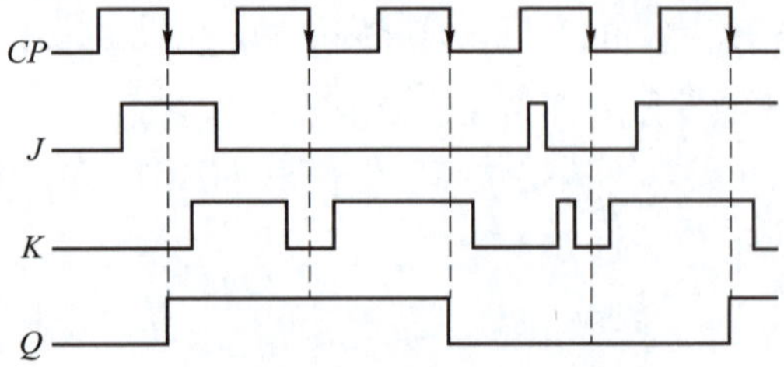

图 5.13 例 5.2 波形图

解 由于负边沿 JK 触发器是下降沿触发，故作图时首先找出各 CP 脉冲的下降沿，再根据当时的输入信号 J、K 得出输出 Q，作出波形。

由图 5.13 可得出下降沿触发器输出 Q 的变化规律：仅在 CP 脉冲的下降沿有可能翻转，如何翻转取决于当时的输入信号 J 和 K。

任务 4 T 触发器及芯片

任务导入

在中、大规模集成电路内部，有一种逻辑功能是 $J=K=1$ 时的 JK 触发器，或将 Q 端与 D 端相连的 D 触发器，它作为独立结构在 CMOS 集成计数器中被广泛应用。

将 $J=K=1$ 代入 JK 触发器的特性方程，或将 $D=\overline{Q^n}$ 代入 D 触发器的特性方程，都可得 T 触发器的特性方程为 $Q^{n+1}=T\overline{Q^n}+\overline{T}Q^n$，即每来一个 CP 脉冲的有效沿时触发器就要翻转一次，具有计数功能，如果将 T 触发器的 T 端接高电平，即成为 T′触发器。它的逻辑功能为次态是现态的反，即此时的特性方程为

$$Q^{n+1}=\overline{Q^n}$$

T′触发器也称为翻转触发器。需要说明的是，目前并无单独的 T 触发器产品。

技能任务　触发器的功能测试

任务描述

按照实验电路借助数字电路实验箱制作基本 RS 触发器，在掌握 74LS00 引脚功能与 RS 触发器主要性能的基础上，完成触发器的功能测试。

一、实验电路

实验电路如图 5. 14 所示。

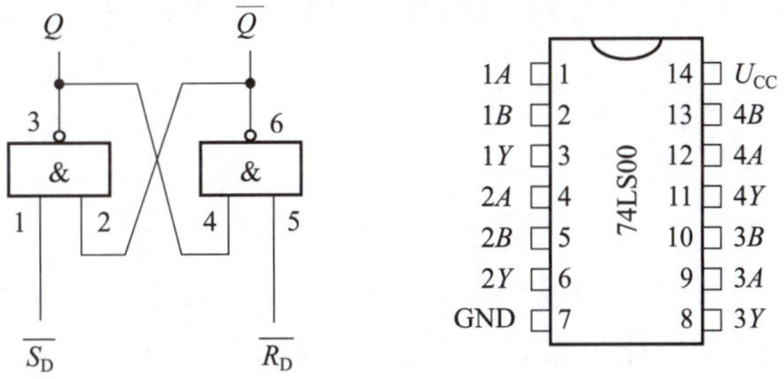

图 5. 14　基本 RS 触发器电路及 74LS00 引脚图

二、实验仪器

数字电路实验箱、导线。

三、实验步骤

1. 电路连接

观察 74LS00 芯片引脚图，在数字电路实验箱上将其中两个 TTL 与非门首尾相接构成基本 RS 触发器电路。在确认电路连接无误后，接通电源并选择 74LS00 芯片接入电路，观察此时电位信号是否正常。

2. 功能测试

试按顺序在 $\overline{S}_D$、$\overline{R}_D$ 端加输入电平信号，观察并记录触发器的 Q、$\overline{Q}$端的状态，将结果填入表 5. 7 中，并说明在上述各种输入状态下，RS 触发器执行的是什么逻辑功能？

表 5. 7　功能测试记录表

$\overline{S}_D$	$\overline{R}_D$	Q	$\overline{Q}$	逻辑功能
0	1			
1	1			
1	0			
1	1			

项目 2　计数显示电路的设计与制作

计数是数字系统中很重要的基本操作，计数显示电路广泛应用于计时、分频、报警、时钟等电路中，主要包括计数、译码、显示三个部分，其中，计数器是计数显示电路的核心元件，其作用是对脉冲的个数进行计数、测量、控制等，是一种典型的时序逻辑电路，也是数字系统中使用最多的时序逻辑器件；而计数的结果则需要通过译码器将具有特定含义的二进制码转换成对应的输出信号，并借助显示电路对结果进行展示。

任务 1　时序逻辑电路的分析与设计

任务导入

时序逻辑电路分析

时序逻辑电路是一种有记忆的电路，它的输出不仅取决于该时刻的输入，而且还取决于该时刻电路所处的状态。它由组合逻辑电路和存储电路构成，存储电路通常由触发器担任。

一、认识时序逻辑电路

时序逻辑电路的方框图如图 5.15 所示，可见电路某一时刻的输出状态，通过存储电路记忆下来，并与电路现时刻的输入共同作用产生一个新的输出。

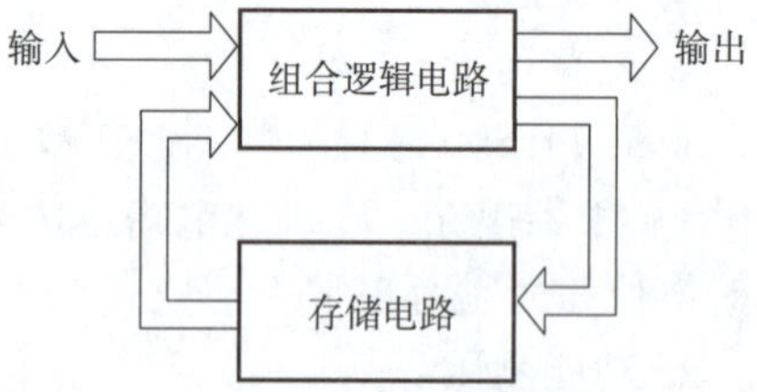

图 5.15　时序逻辑电路方框图

时序逻辑电路按其触发器翻转的次序可分为同步时序逻辑电路和异步时序逻辑电路。在同步时序逻辑电路中，所有触发器的时钟端均连在一起由同一个时钟脉冲触发，其状态变化都与时钟脉冲同步。在异步时序逻辑电路中，只有部分触发器的时钟端与输入时钟脉冲相连而被触发，而其他触发器则靠时序电路内部产生的脉冲触发，故其状态变化不同步。

二、时序逻辑电路分析

时序逻辑电路的基本功能电路是计数器和寄存器，讨论时序逻辑电路主要是根据逻辑图得出电路的状态转换规律，从而掌握其逻辑功能。时序逻辑电路的输出状态可通过状态表、状态图及时序图来表示。对时序逻辑电路的功能进行分析，步骤如下：

（1）根据给定的时序逻辑电路，确定其工作方式并写出下列各逻辑表达式。

①写出每个触发器的时钟方程。

②写出每个触发器的驱动方程，也叫激励方程。

③写出时序电路的输出方程。

(2) 把触发器的驱动方程代入触发器的特性方程，得到状态方程。

(3) 若电路有外部输出（如进位器的进位输出），则要写出这些输出的逻辑表达式，即输出方程。

(4) 根据状态方程列出逻辑状态表（也叫逻辑功能表）。

(5) 画出逻辑状态图和时序图。

(6) 确定时序逻辑电路的功能。

下面举例说明。

例 5.3　分析图 5.16 所示时序逻辑电路。

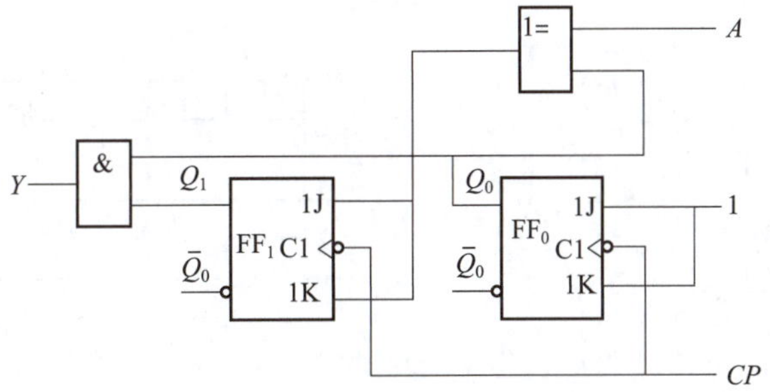

图 5.16　例 5.3 图

解　该电路的时钟脉冲 CP 同时接到每个触发器的脉冲输入端，属于同步时序电路。从该电路可以看出，这是一个由两个下降沿触发的 JK 触发器构成的同步时序逻辑电路，A 为外加信号。

(1) 时钟方程：

$$CP_0 = CP_1 = CP$$

(2) 驱动方程：

$$J_0 = K_0 = 1$$

$$J_1 = K_1 = A \oplus Q_0$$

(3) 输出方程：

$$Y = Q_1 Q_0$$

(4) 状态方程。

把两个驱动方程分别代入触发器的特性方程，得状态方程为

$$Q_0^{n+1} = J_0 \overline{Q_0^n} + \overline{K}_0 Q_0^n = \overline{Q_0^n}$$

$$Q_1^{n+1} = J_1 \overline{Q_1^n} + \overline{K}_1 Q_1^n = (A \oplus Q_0^n)\overline{Q_1^n} + \overline{A \oplus Q_0^n} Q_1^n = A \oplus Q_0^n \oplus Q_1^n$$

(5) 列出逻辑状态表。

逻辑状态表如表 5.8 所示。

(6) 画出逻辑状态图和时序图。

逻辑状态图如图 5.17 所示，时序图如图 5.18 所示。

表 5.8 例 5.3 逻辑状态表

Q_1^n	Q_0^n	$Q_1^{n+1}Q_0^{n+1}$		Y
		A = 0	A = 1	
0	0	01	11	0
0	1	10	00	0
1	0	11	01	0
1	1	00	10	1

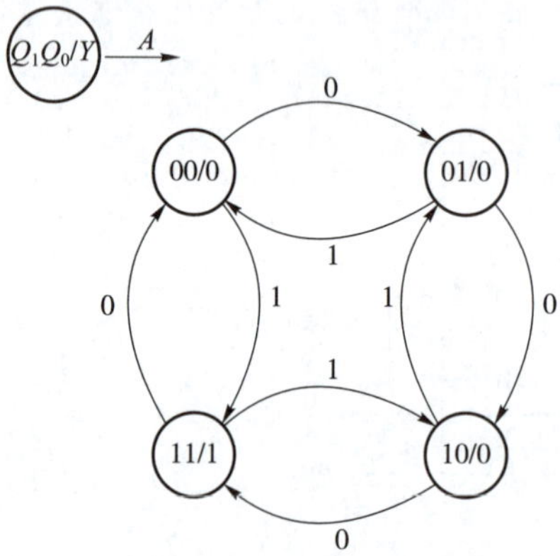

图 5.17 例 5.3 的逻辑状态图

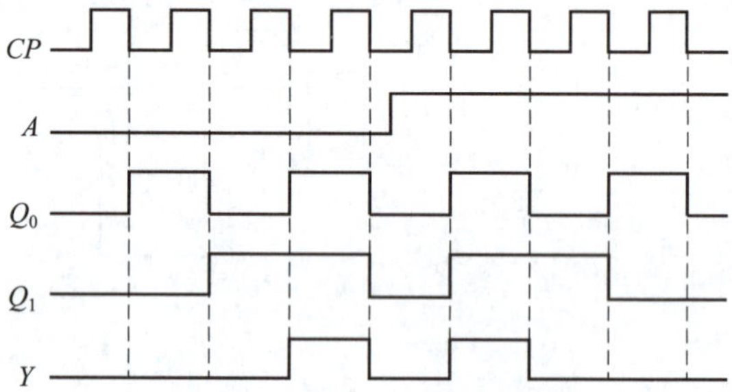

图 5.18 例 5.3 的时序图

（7）确定时序逻辑电路的功能。

根据逻辑状态表或逻辑状态图可知，该电路是一个可逆的二位二进制（也叫四进制）计数器，当 $A=0$ 时，进行加计数；当 $A=1$ 时，进行减计数。

例 5.4 分析图 5.19 所示时序逻辑电路。

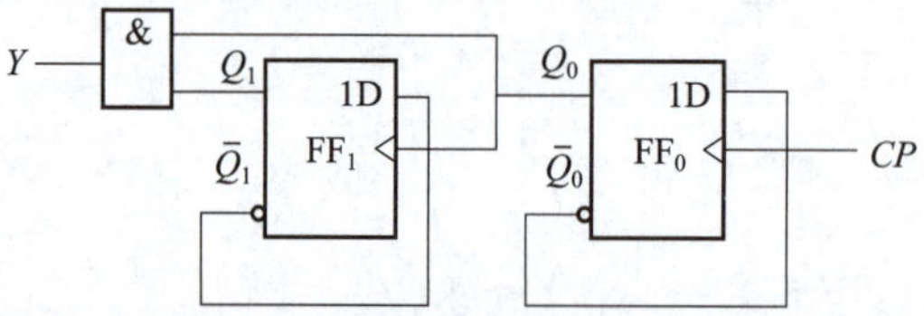

图 5.19 例 5.4 图

解 该电路的两个触发器并非公用时钟脉冲信号触发，因此是异步时序逻辑电路。

（1）时钟方程：

$$CP_0 = CP,\ CP_1 = Q_0$$

（2）驱动方程：

$$D_0 = \bar{Q}_0,\ D_1 = \bar{Q}_1$$

（3）输出方程：

$$Y = Q_1 Q_0$$

（4）状态方程：

$$Q_0^{n+1} = D_0 = \overline{Q}_0^n(CP\uparrow)$$

$$Q_1^{n+1} = D_1 = \overline{Q}_1^n(CP\uparrow)$$

（5）列出逻辑状态表。

根据状态方程，对于 FF_0 触发器，每来一个脉冲都会有一个上升沿，触发器翻转，与原状态相反。而对于 FF_1 触发器，只有 Q_0 出现上升沿时，触发器翻转，其他情况保持。可得逻辑状态表如表 5.9 所示。

表 5.9　例 5.4 的逻辑状态表

CP 顺序	Q_1	Q_0	Y
0	0	0	0
1	1	1	1
2	1	0	0
3	0	1	0
4	0	0	0

（6）画出逻辑状态图和时序图。

逻辑状态图如图 5.20 所示，时序图如图 5.21 所示。

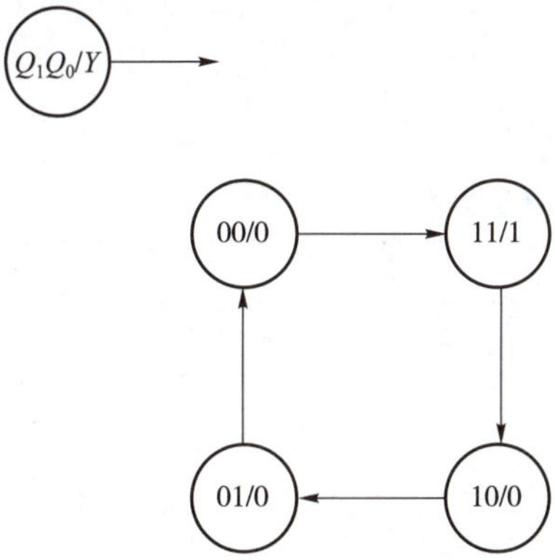

图 5.20　例 5.4 的逻辑状态图

图 5.21　例 5.4 的时序图

（7）确定时序逻辑电路的功能。

该电路为异步二位二进制（四进制）减法计数器。

例 5.5　分析图 5.22 所示逻辑电路的逻辑功能。

解　该电路由三个 JK 触发器和三个与门构成。时钟脉冲 CP 分别连接到每个触发器的时钟脉冲输入端，此电路是一个同步时序逻辑电路。

（1）时钟方程：

$$CP_0 = CP_1 = CP_2 = CP$$

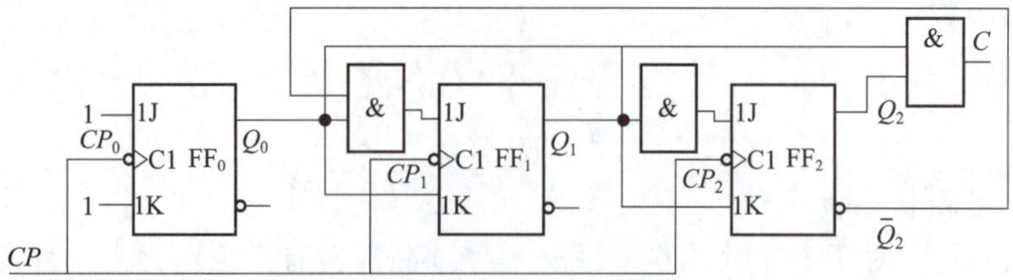

图 5.22　例 5.5 的时序图

（2）驱动方程：

$$J_0 = 1 \qquad J_1 = \overline{Q_2^n}Q_0^n \qquad J_2 = Q_1^nQ_0^n$$

$$K_0 = 1 \qquad K_1 = Q_0^n \qquad K_2 = Q_0^n$$

（3）输出方程：

$$C = Q_2^nQ_0^n$$

（4）状态方程。将上述驱动方程代入 JK 触发器的特性方程 $Q^{n+1} = J\overline{Q^n} + \overline{K}Q^n$，得此电路的状态方程为

$$Q_0^{n+1} = \overline{Q_0^n}$$

$$Q_1^{n+1} = \overline{Q_2^n}\,\overline{Q_1^n}Q_0^n + Q_1^n\,\overline{Q_0^n}$$

$$Q_2^{n+1} = \overline{Q_2^n}Q_1^nQ_0^n + Q_2^n\,\overline{Q_0^n}$$

（5）列出逻辑状态表。

列状态表是分析过程的关键，其方法是依次设定电路现态 $Q_2^nQ_1^nQ_0^n$，代入状态方程及输出方程，得出相应的次态 $Q_2^{n+1}Q_1^{n+1}Q_0^{n+1}$ 及输出 C，见表 5.10。

表 5.10　例 5.5 的逻辑状态表

现态			次态			输出
Q_2^n	Q_1^n	Q_0^n	Q_2^{n+1}	Q_1^{n+1}	Q_0^{n+1}	C
0	0	0	0	0	1	0
0	0	1	0	1	0	0
0	1	0	0	1	1	0
0	1	1	1	0	0	0
1	0	0	1	0	1	0
1	0	1	0	0	0	1
1	1	0	1	1	1	0
1	1	1	0	0	0	1

通常在列表时首先假定电路的现态 $Q_2^nQ_1^nQ_0^n$ 为 000，得出电路的次态 $Q_2^{n+1}Q_1^{n+1}Q_0^{n+1}$ 为 001，再以此态作为现态求出下一个次态 010，如此反复进行，即可列出所分析电路的状态表（如遇状态重复，可重新设定现态，见表 5.10 中后两行）。

（6）画出逻辑状态图和时序图。

根据状态表可画出状态图，如图 5.23 所示。图中圈内数为电路的状态，箭头所指方向为状态转换方向，斜线右方的数为电路的输出参数 C。

设电路的初始状态 $Q_2^nQ_1^nQ_0^n$ 为 000，根据状态表和状态图，可画出时序图如图 5.24 所示。

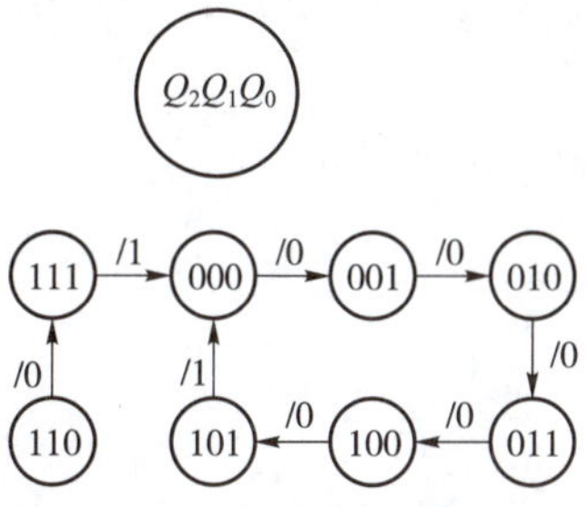

图 5.23　例 5.5 状态图

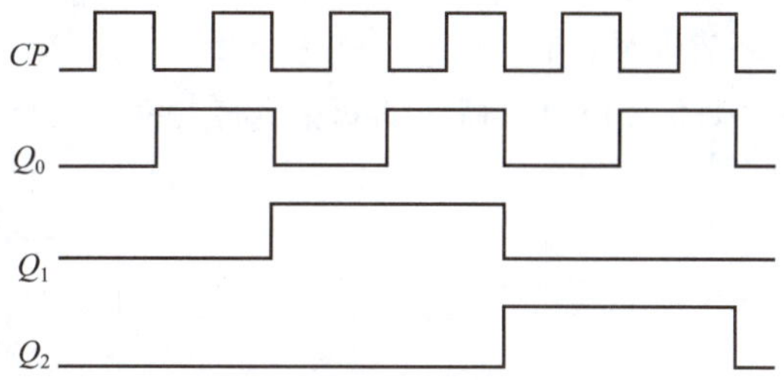

图 5.24　例 5.5 时序图

（7）确定时序电路的逻辑功能。

由状态表、状态图和时序图均可看出，此电路有 6 个有效工作状态，在时钟脉冲 CP 的作用下，电路状态从 000 到 101 反复循环，同时输出端 C 配合输出进位信号，所以此电路为同步六进制计数器。分析中发现还有 110 和 111 两个状态不在有效状态之内，正常工作时是不出现的，故称为无效状态。如果由于某种原因使电路进入到无效状态中，则此电路只有在时钟脉冲的作用下可自动过渡到有效工作状态中（见表 5.10 后两行），所以此电路可以自启动。

任务 2　寄存器

任务导入

寄存器

计算机技术中的存储器用于存储运算结果，具有存储时间长、容量大等特点。寄存器与存储器功能类似，但一般只用来暂存中间运算结果，存储时间短且存储容量小，一般只有几位。

寄存器是数字电路中的一个重要数字部件，其主要组成部分是触发器，具有接收、存放及传送数码的功能。寄存器存放数码的方式有并行和串行两种，并行方式是指数码各位从各对应位的输入端同时输入到寄存器中；串行方式就是数码从一个输入端逐位输入到寄存器中。

从寄存器中取出数码的方式也有并行和串行两种，在并行方式中，被取出的数码各位在对应于各位的输出端上同时出现；而在串行方式中，被取出的数码在一个输出端逐位出现。

按照有无移位功能，寄存器常分为数据寄存器和移位寄存器两种。

一、数据寄存器

在数字系统中，用以暂存数码的数字部件称为数码寄存器。由前面讨论的触发器可知，触发器具有 2 种稳态，可分别代表 0 和 1，所以，一个触发器便可存放 1 位二进制数，用 N 个触发器便可组成 N 位二进制寄存器。现以集成 4 位数码寄存器 74LS175 来说明数码寄存器的电路结构及功能。

74LS175 是用触发器组成的 4 位寄存器，它的逻辑图如图 5.25 所示。

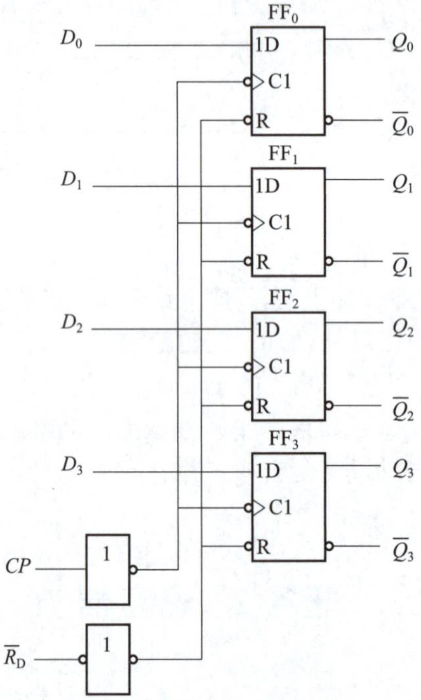

图 5.25　74LS175 的逻辑图

由图 5.25 可以看出它由 4 个 D 触发器组成，2 个非门分别作清零和寄存数码控制门。D_0 ~ D_3 是数据输入端，Q_0 ~ Q_3 是数据输出端，$\overline{Q_0}$ ~ $\overline{Q_3}$ 是反码输出端。74LS175 的功能表见表 5.11。

表 5.11　74LS175 的功能表

输入			输出	
$\overline{R}_D$	CP	D	Q^{n+1}	$\overline{Q^{n+1}}$
0	×	×	0	1
1	↑	1	1	0
1	↑	0	0	1
1	0	×	Q^n	$\overline{Q^n}$

其功能如下：

（1）异步清零。

在 $\overline{R}_D$ 端加负脉冲，各触发器异步清零。清零后，应将 $\overline{R}_D$ 接高电平，以不妨碍数码的寄存。

（2）并行数据输入。

在 $\overline{R}_D=1$ 的前提下，将所要存入的数据 D 依次加到数据输入端，在 CP 脉冲上升沿的作用下，数据将被并行存入。

（3）记忆保持。

在 $\overline{R}_D=1$，CP 无上升沿（通常接低电平）时，则各触发器保持原状态不变，寄存器处在记忆保持状态。

（4）并行输出。

此功能使触发器可同时并行取出已存入的数码及它们的反码。

二、移位寄存器

移位寄存器除了具有存储代码的功能以外，还具有移位功能，即寄存器里存储的代码能在位移脉冲的作用下一次左移或右移。所以，移位寄存器不但可以用来寄存代码，还可以用来实现数据的串行与并行转换、数值的运算以及数据处理等。

图 5.26 所示电路是由边沿触发结构的 D 触发器组成的 4 位移位寄存器。其中触发器 FF_0 的输入端接收输入信号，其余的每个触发器输入端均与前边一个触发器的 Q 端相连。

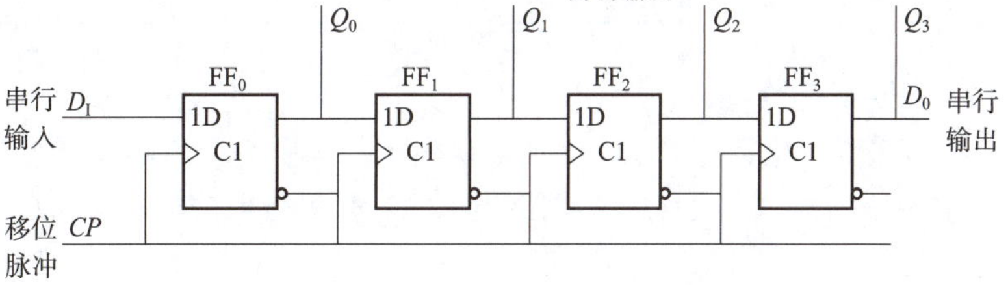

图 5.26 用触发器构成的移位寄存器

三、集成寄存器芯片

集成寄存器又叫锁存器，用来暂存中间运算结果，如仪器、仪表中的数据暂存，用以防止显示器闪烁等。本部分将介绍常用的两种寄存器芯片。

1. 74LS373 锁存器

图 5.27 所示是八 D 锁存器 74LS373 的逻辑图，它采用 8 个 D 触发器作 8 位寄存单元，具有三态输出结构，G_1 是输出控制门，G_2 是锁存允许控制门，$1D\sim 8D$ 是 8 个数据输入端，$1Q\sim 8Q$ 是 8 个输出端。

锁存数据的过程是：先将要锁存的数据传入各 D 端，再使 $CP=1$，则 D 端数据就被存

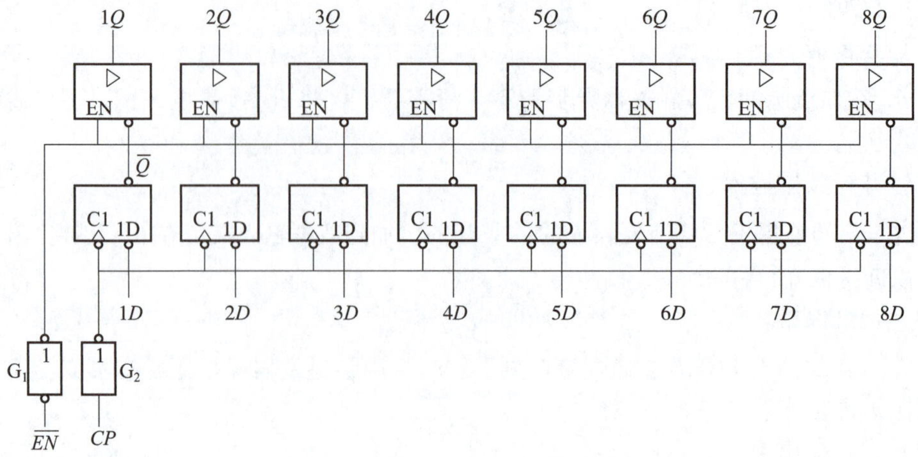

图 5.27　8 D 锁存器 74LS373 逻辑图

入各触发器。当 $CP=0$ 时，数据被锁存在各触发器中。要使被锁存的数据输出，可使 $\overline{EN}=0$，数据将通过三态门输出。在 $\overline{EN}=1$ 时，三态门处于高阻状态。由此可得其功能表，见表 5.12。

表 5.12　74LS373 的功能表

$\overline{EN}$	CP	D	Q^{n+1}	说明
1	×	×	Z	高阻
0	0	×	Q^n	保持
	1	D	D	寄存

2. 74LS164 移位寄存器

图 5.28 所示为 8 位移位寄存器 74LS164 的逻辑图。其中 8 个 D 触发器作为 8 位移位寄存单元，G_1 是清零控制门，G_2 是 CP 脉冲控制门，G_3 是串行数据输入端，$Q_0 \sim Q_7$ 是 8 位并行输出端。

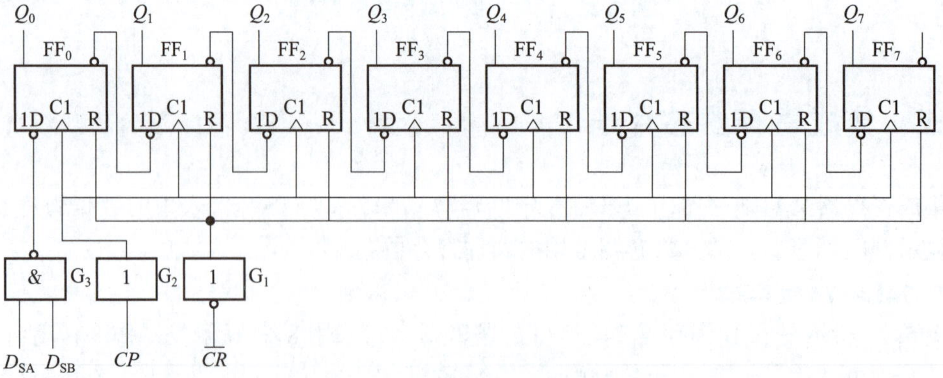

图 5.28　8 位串行移位寄存器 74LS164

（1）清零。令 $\overline{CR}=0$，则 $Q_0\sim Q_7$ 皆为 0；清零后应使 $\overline{CR}=1$，才能正常寄存。

（2）寄存和移位。两个数据输入端 D_{SA} 和 D_{SB} 是与的关系，在 $CP\uparrow$ 将数据存入 FF_0，FF_0 中的数据移至 FF_1，FF_1 中原来的数据移至 FF_2，以此类推，实现移位寄存，若用逻辑门控制数据的移动方向，就可实现左移或右移的双向移位寄存功能。

任务 3　计数器

任务导入

在数字系统中，常需要对始终脉冲的个数进行计数，以实现测量、运算和控制功能。我们将这种具有计数功能的逻辑器件称为计数器，计数器是一种应用十分广泛的时序逻辑电路，除了用于计数，还可用于分频、定时、产生节拍脉冲以及其他时序信号。

计数器内部的基本计数单元是由触发器组成的，其类型较多，按计数步长分，有二进制、十进制和任意进制计数器；按计数增减趋势分，有加计数、减计数和可加可减可逆的计数器，一般所说的计数器均指加计数器；按触发器的 CP 脉冲分，有同步计数器和异步计数器；按内部器件分，有 TTL 计数器和 CMOS 计数器等。

一、二进制计数器

二进制计数器（微课）

二进制计数器按照其位数可分为 2 位二进制计数器、3 位二进制计数器、4 位二进制计算器等，其中 4 位二进制计数器应用较多。

1. 异步二进制加法计数器

计数脉冲不同时加到各位触发器的 CP 端，致使触发器状态的变化有先有后，这种计数器称为异步计数器。图 5.29 是 4 位二进制异步加法计数器的原理电路，它由 4 个下降沿的 JK 触发器作 4 位计数单元。图中，$J=K=1$，在每一个 CP 脉冲的下降沿时触发器就翻转一次，低位触发器的输出作高位触发器的 CP 脉冲，这种连接称为异步工作方式，各触发器的清零端受清零信号的控制。

由 JK 触发器的逻辑功能可知，一开始 4 位触发器被清零后，由于 CP 脉冲加于 FF_0 的 CP 端，所以 FF_0 的输出是见 CP 的下降沿就翻转一次，得 Q_0 的波形，而 Q_0 输出又作为 FF_1 的 CP 脉冲，FF_1 的输出是见 Q_0 的下降沿就翻转一次，得 Q_1 的波形。依次类推，可得此计数器的工作波形如图 5.29（b）所示，这就是 4 位二进制加法计数器的工作波形，因为每个触发器都是每输入两个脉冲输出一个脉冲，是“逢二进一”，符合二进制加法计数器的规律。

2. 异步二进制减法计数器

将图 5.29（a）的各 Q 端输出作下一个触发器的 CP 脉冲，改接为用 $\overline{Q}$ 端输出作下一个触发器的 CP 脉冲，得图 5.30（a）所示的电路，这就是一个 4 位二进制减法计数器，其计数工作波形如图 5.30（b）所示，即清零后，在第一个 CP 脉冲作用后，各触发器被翻转为

1111，这是一个“置位”动作，以后每来一个 CP 脉冲计数器就减 1，直到 0000 为止，符合二进制减法计数器的规律。

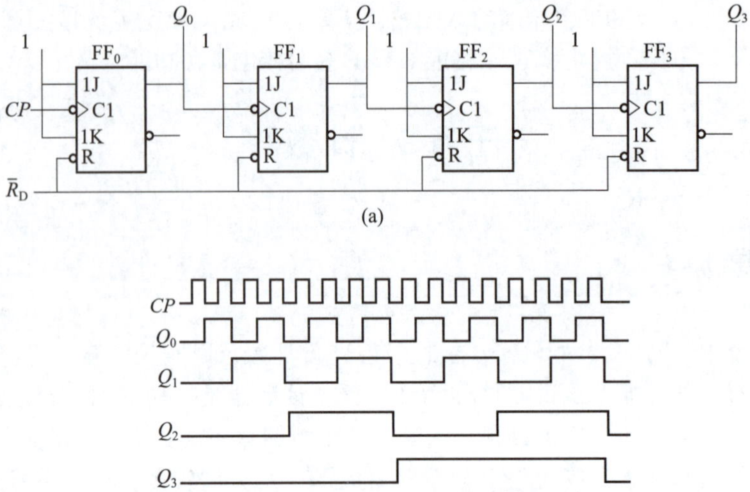

图 5.29　二进制异步加法计数器原理图及工作波形

（a）原理电路；（b）工作波形图

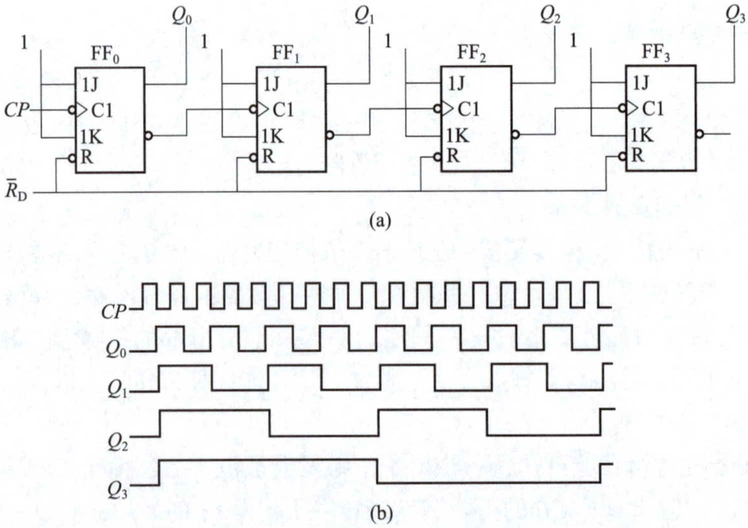

图 5.30　由 JK 触发器组成的二进制异步减法计数器

（a）原理电路；（b）工作波形图

由以上分析不难看出，若用逻辑控制将 Q 端或 $\overline{Q}$ 端输出加到下一个触发器的 CP 端，就可以组成一个可加可减的可逆计数器，实际的可逆计数器正是如此。

由 D 触发器组成的二进制异步计数器如图 5.31 所示，它们的工作原理及波形可自行分析。分析时应注意两点：一是触发器在 CP 脉冲的上升沿翻转；二是每个触发器已接成 $D=\overline{Q^n}$ 的“计数”状态。图中清零端未画出。

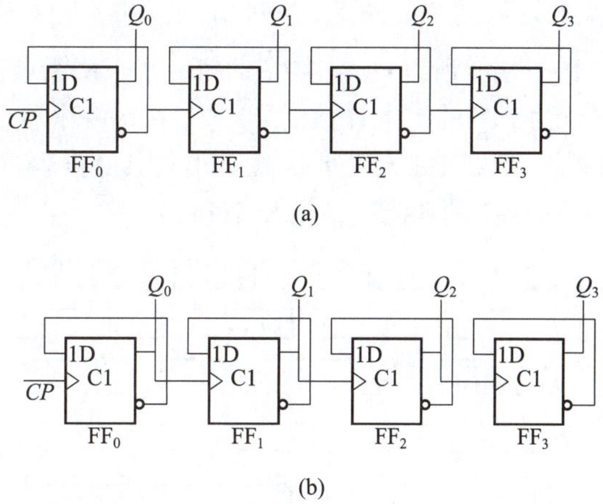

图 5.31　由 D 触发器组成的二进制异步计数器

（a）加计数电路；（b）减计数电路

二、集成异步计数器及芯片

集成计数器的品种系列很多，目前用得最多、性能较好的还是高速 CMOS 集成计数器，其次为 TTL 计数器。学习集成计数器，要在初步了解其工作原理的基础上，着重注意它的使用方法。

1. 集成异步二进制计数器

图 5.32 所示是 74HC393 双 4 位二进制异步计数器的逻辑图与外引脚图。它由 4 个 T 触发器作为 4 位计数单元，其中 FF_0 是在 T 端信号正边沿有效，而 $FF_1 \sim FF_3$ 是在 T 端信号负边沿有效。G_1 是清零控制门，它用正脉冲清零；G_2 是 CP 脉冲控制门。

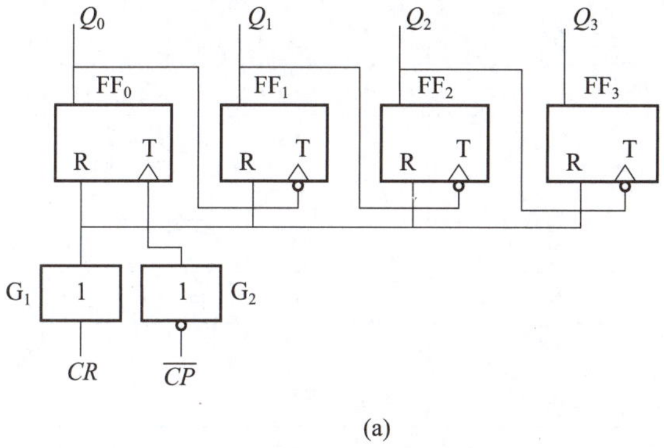

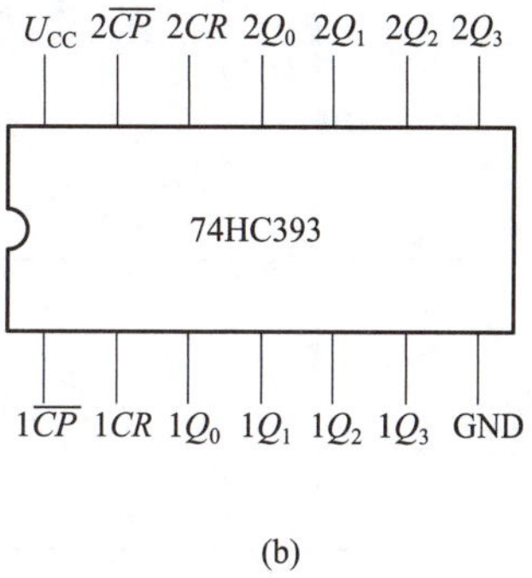

图 5.32　74HC393 集成异步二进制计数器

（a）逻辑图；（b）外引脚图

此计数器的工作原理如下：

（1）清零。使 $CR=1$（接高电平）时，各触发器的清零端 $R=1$，使 $Q_3Q_2Q_1Q_0=0000$，清零后应使 $CR=0$，各触发器才能计数。

（2）计数。设 $\overline{CP}$ 端的计数脉冲如图 5.33 中 $\overline{CP}$ 所示，$\overline{CP}$ 经 G_2 反相后，在其上升沿（$\overline{CP}$的下降沿）加到FF_0 的下端，所以 Q_0 是在$\overline{CP}$的每一个下降沿就翻转一次，得 Q_0 波形如图 5.33 所示。Q_0 输出又作为 FF_1 的 T 端计数信号，FF_1 在每一个 Q_0 的下降沿翻转一次，得 Q_1 波形，依此类推，可得图 5.33 的工作波形，由波形得其真值表，见表 5.13。

综上所述，可得出 74HC393 的功能表，见表 5.14。

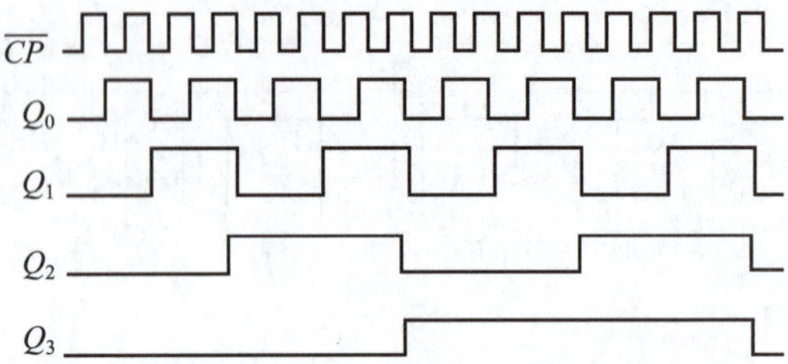

图 5.33　74HC393 二进制计数器工作波形图

表 5.13　74HC393 真值表

CP 的顺序	Q_3	Q_2	Q_1	Q_0
0	0	0	0	0
1	0	0	0	1
2	0	0	1	0
3	0	0	1	1
4	0	1	0	0
5	0	1	0	1
6	0	1	1	0
7	0	1	1	1
8	1	0	0	0
9	1	0	0	1
10	1	0	1	0
11	1	0	1	1
12	1	1	0	0
13	1	1	0	1
14	1	1	1	0
15	1	1	1	1
16	0	0	0	0

表 5.14　74HC393 的功能表

CR	$\overline{CP}$	Q_3	Q_2	Q_1	Q_0
1	×	0	0	0	0
0	↓	计数			

2. 集成异步十进制计数器

图 5.34 是集成异步十进制计数器 74LS290 的逻辑图。它由 4 个负边沿 JK 触发器组成 1 位十进制计数单元。$\overline{CP}_A$ 和 $\overline{CP}_B$ 均为计数输入端，$R_{0(1)}$ 和 $R_{0(2)}$ 为置“0”控制端，$S_{9(1)}$ 和 $S_{9(2)}$ 为置“9”控制端。

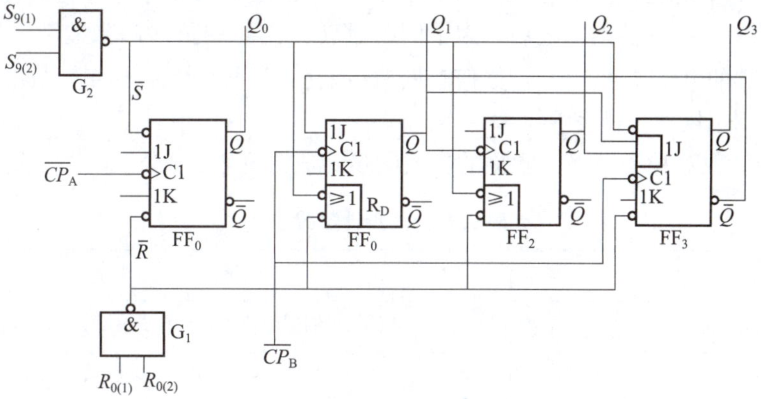

图 5.34　74LS290 十进制计数器逻辑图

当信号从 $\overline{CP}_A$ 端输入、从 Q_0 端输出时，它是 1 个二分频电路，即 1 位二进制计数器。当信号从 $\overline{CP}_B$ 端输入、从 Q_3 端输出时，它是 1 个五分频电路，即五进制计数器。当信号从 $\overline{CP}_A$ 端输入，并将 Q_0 与 $\overline{CP}_B$ 相连，从 Q_0、Q_1、Q_2、Q_3 输出时，就是 1 个 8421BCD 码的十进制计数器，所以 74LS290 也称为二–五–十进制计数器。其功能表见表 5.15。

表 5.15　74LS290 的功能表

输入					输出			
$R_{0(1)}$	$R_{0(2)}$	$S_{9(1)}$	$S_{9(2)}$	$\overline{CP}$	Q_3	Q_2	Q_1	Q_0
1	1	0	×	×	0	0	0	0
1	1	×	0	×	0	0	0	0
×	×	1	1	×	1	0	0	1
×	0	×	0	↓	计数			
0	×	0	×	↓	计数			
0	×	×	0	↓	计数			
×	0	0	×	↓	计数			

（1）异步置“9”。当 $S_{9(1)}=S_{9(2)}=1$ 时，计数器置“9”。即 $Q_3Q_2Q_1Q_0=1001$。此项是不需要 CP 配合的异步操作。

（2）异步清零。在 $S_{9(1)}\cdot S_{9(2)}=0$ 状态下，当 $R_{0(1)}=R_{0(2)}=1$ 时，计数器异步清零。

（3）计数。在 $S_{9(1)}\cdot S_{9(2)}=0$ 和 $R_{0(1)}\cdot R_{0(2)}=0$ 同时满足的前提下，在 CP 下降沿可进行计数。若在 $\overline{CP}_A$ 端输入脉冲，则 Q_1 实现二进制计数；若在 $\overline{CP}_B$ 端输入脉冲，则 $Q_3Q_2Q_1$ 从 000～100 构成五进制计数器；若将 Q_0 端与 $\overline{CP}_B$ 端相连，在 $\overline{CP}_A$ 端输入脉冲，则 $Q_3Q_2Q_1Q_0$

从 0000 到 1001 构成 8421BCD 十进制计数器。

三、集成同步计数器及芯片

集成计数器芯片

为了提高工作速度，可采用同步计数器，其特点是：计数脉冲作为时钟信号同时接在各触发器的 CP 端。为了同时翻转，需要用很多门来控制，所以同步计数器的电路复杂，但计数速度快，多用在计算机中；而异步计数电路简单，但计数速度慢，多用于仪器、仪表中。

集成同步计数器种类繁多，常见的集成同步计数器见表 5. 16。

表 5. 16　同步计数器芯片

型号	功能
74LS160	4 位十进制同步计数器（异步清零）
74LS161	4 位二进制同步计数器（异步清零）
74LS162	4 位十进制同步计数器（同步清零）
74LS163	4 位二进制同步计数器（同步清零）
74LS190	4 位十进制加/减同步计数器
74LS191	4 位二进制加/减同步计数器
74LS192	4 位十进制加/减同步计数器（双时钟）
74LS193	4 位二进制加/减同步计数器（双时钟）

1. 74LS161 集成二进制同步计数器

74LS161 的逻辑符号与外引脚图如图 5. 35 所示，它由 4 个 JK 触发器作 4 位计数单元，其中，$\overline{R_D}$是异步清零端，$\overline{LD}$是预置数控制端，CP 是计数脉冲输入端，A、B、C、D 是 4 个并行数据输入端，Q_A、Q_B、Q_C、Q_D 为输出端，EP 和 ET 是计数使能端，RCO 为进位输出端，供芯片扩展使用。

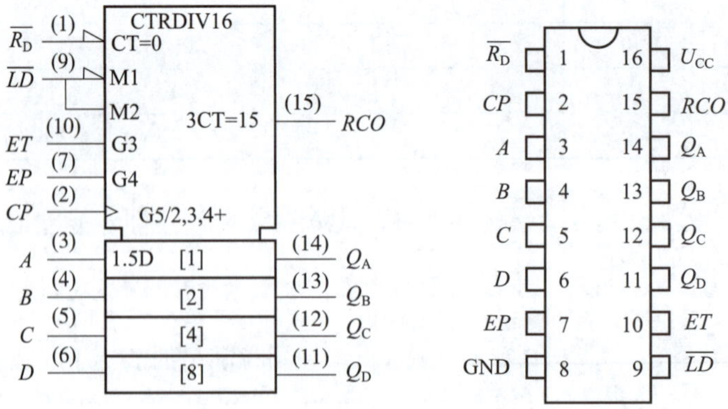

(a)　　　　(b)

图 5. 35　二进制同步计数器 74LS161 原理图

（a）逻辑符号；（b）外引脚图

74LS161 为 4 位二进制同步计数器，其功能见表 5.17。

表 5.17　74LS161 功能表

输入					输出
CP	$\overline{LD}$	$\overline{R_D}$	EP	ET	Q
×	×	0	×	×	全 0
↑	0	1	×	×	预置数据
↑	1	1	1	1	计数
×	1	1	0	×	保持
×	1	1	×	0	保持

（1）异步清零。当$\overline{R_D}=0$时，无论其他输入端如何，均可实现 4 个触发器全部清零。清零后，$\overline{R_D}$端应接高电平，以不妨碍计数器正常计数工作。

（2）同步并行置数。74LS161 具有并行输入数据功能，这项功能是由 $\overline{LD}$ 端控制的。当 $\overline{LD}=0$ 时，在 CP 上升沿的作用下，4 个触发器同时接收并行数据输入信号，使 $Q_DQ_CQ_BQ_A=DCBA$，计数器置入初始数值，此项操作必须有 CP 上升沿配合，并与 CP 上升沿同步，所以称为同步置数功能。

（3）同步二进制加法计数。在$\overline{R_D}=\overline{LD}=1$状态下，若计数控制端 $EP=ET=1$，则在 CP 上升沿的作用下，计数器实现同步 4 位二进制加法计数，若初始状态为 0000，则在此基础上加法计数到 1111 状态，若已置数 $DCBA$，则在置数基础上加法计数到 1111 状态。

（4）保持。在$\overline{R_D}=\overline{LD}=1$状态下，若 EP 与 ET 中有一个为 0，则计数器处于保持状态。此外，74LS161 有超前进位功能。其进位输出端 $RCO=ET\cdot Q_A\cdot Q_B\cdot Q_C\cdot Q_D$，即当计数器状态达到最高 1111 并且计数控制端 $ET=1$ 时，$RCO=1$，发出进位信号。

综上所述，74LS161 是有异步清零、同步置数的 4 位二进制同步计数器。

有些同步计数器（例如 74LS162、74LS163）是采用同步清零方式的，应注意与异步清零方式的区别。在同步清零的计数器电路中，$\overline{R_D}$出现低电平后要等 CP 信号到达时才能将触发器清零。而在异步清零的计数器电路中，只要$\overline{R_D}$出现低电平，触发器立即被清零，不受 CP 的控制。

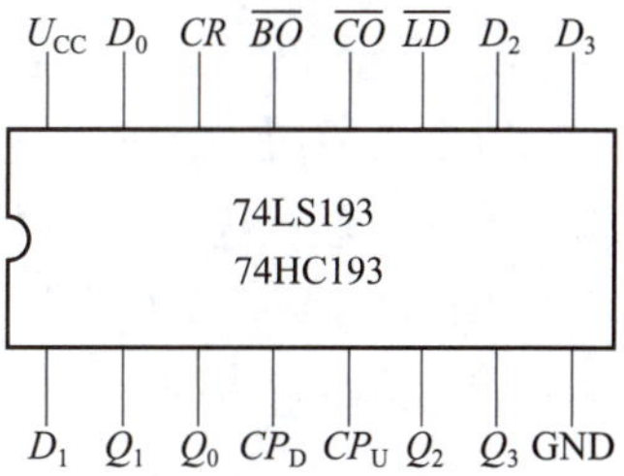

图 5.36　74HC193 外引脚图

2. 74HC193 集成二进制同步计数器

在集成二进制同步计数器中，还有一种**双时钟加/减计数器**应用广泛。下面以 4 位二进制加/减同步计数器 74HC193 为例介绍其功能，表 5.18 为其功能表，图 5.36 为其外引脚图。

表 5.18　74HC193 功能表

输入				输出
CR	$\overline{LD}$	$CP_U CP_D$	$D_3D_2D_1D_0$	$Q_3Q_2Q_1Q_0$
1	×	××	××××	0000
0	0	××	$d_3d_2d_1d_0$	$d_3d_2d_1d_0$
	1	↑ 1	××××	加计数
		1 ↑	××××	减计数

将其外引脚和功能表结合起来看，可得：

（1）清零控制。CR 是清零端，当 $CR = 1$ 时，输出 $Q_3Q_2Q_1Q_0 = 0000$；平时 CR 应接低电平，以不妨碍计数。

同步二进制计数器

（2）置数控制。$\overline{LD}$ 是置数控制端，当 $\overline{LD} = 0$ 时，输入数据 $d_3 \sim d_0$ 对应置入计数器，使 $Q_3Q_2Q_1Q_0 = d_3d_2d_1d_0$，此种工作方式又称为并行送数。

（3）加/减控制。CP_U 是串行加计数输入端，当 CP_U 端有计数脉冲输入时，计数器做加法计数；CP_D 是串行减计数输入端，当 CP_D 端有计数脉冲输入时，计数器做减法计数。加到 CP_U 和 CP_D 上的计数脉冲在时间上应该错开。

（4）进位/借位输出。$\overline{CO}$ 是进位输出端，$\overline{BO}$ 是借位输出端，它们可供级联使用。

四、任意进制计数器

任意进制计数器

在集成计数器中，只有二进制计数器和十进制计数器两大系列，但常要用到七进制、十二进制、二十四进制和六十进制计数等。一般将二进制和十进制以外的进制统称为任意进制。要实现任意进制计数，只有利用集成二进制计数器或十进制计数器，采用反馈归零或反馈置数法来实现所需的任意进制计数。

要实现任意进制计数器，必须选择使用一些集成二进制或十进制计数器的芯片。假设已有 N 进制计数器，而需要得到的是 M 进制计数器。这时有 $M < N$ 和 $M > N$ 两种可能的情况。下面分别讨论两种情况下构成任意一种进制计数器的方法。

1. $M<N$ 的情况

在 N 进制计数器的顺序计数过程中，设法跳跃 $N - M$ 个状态，就可以得到 M 进制计数器了。实现跳跃的方法有置零和置数法两种。

置零法适用于有异步置零输入端的计数器。它的工作原理为：设原有的计数器为 N 进制，当它从全零状态 S_0 开始计数并接收了 M 个计数脉冲后，电路进入 S_M 状态。如果将 S_M 状态译码产生一个置零信号加到计数器的异步置零输入端，则计数器将立刻返回 S_0 状态，这样就可以跳过 $N - M$ 个状态而得到 M 进制计数器。图 5.37 所示为获得任意进制计数器的两种方法。

由于电路一进入 S_M 状态后立即又被置成 S_0 状态，所以 S_M 状态仅在极短的瞬时出现，在稳定的状态循环中不包括 S_M 状态。

置数法和置零法不同，它通过给计数器重复置入某个数值的方法跳跃 $N - M$ 个状态，

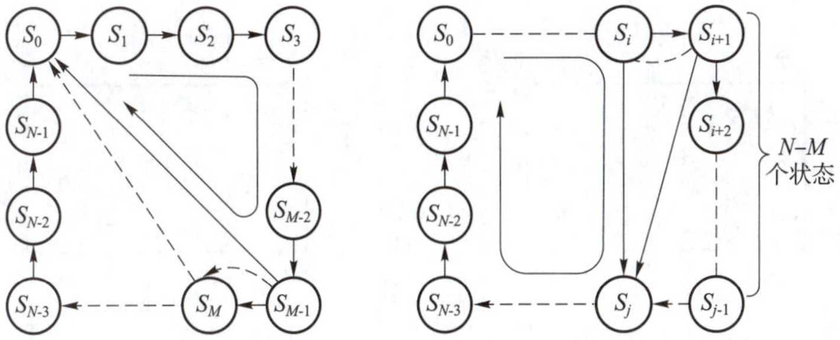

图 5.37　获得任意进制计数器的两种方法

从而获得 M 进制计数器。置数操作可以在电路的任何一个状态下进行。这种方法适用于有预置数功能的计数器电路。

例 5.6　试利用十进制同步计数器 74LS160 接成六进制同步计数器。

解　因为 74LS160 兼有异步置零和预置数功能，所以置零法和置数法均可采用。

图 5.38 所示电路是采用异步置零法接成的六进制计数器。当计数器记成 $Q_3Q_2Q_1Q_0=0110$ 状态时，担任译码器的门 G 输出低电平信号给 $\overline{R_D}$ 端，将计数器置零，回到 0000 状态。

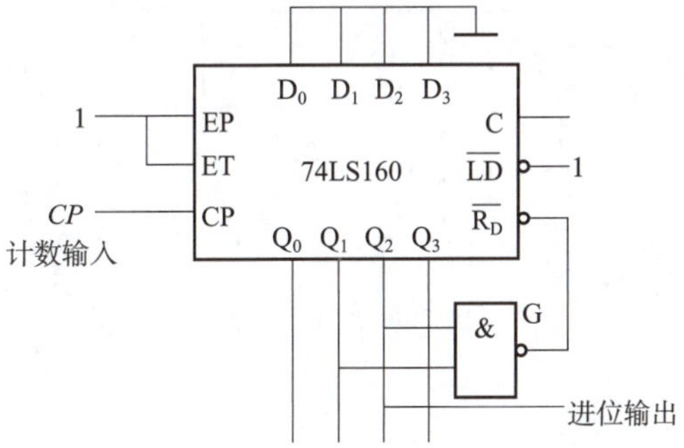

图 5.38　用置零法将 74LS160 接成六进制计数器

采用置数法时可以从循环中的任何一个状态置入适当的数值而跳越 $N-M$ 个状态，得到 M 进制计数器。图 5.39 所示电路给出了两个不同的方案。其中图 5.39（a）的接法是用 $Q_3Q_2Q_1Q_0=0101$ 状态译码器产生 $\overline{LD}=0$ 信号，下一个 CP 信号到达时置入 0000 状态，从而跳过 0110～1001 这 4 个状态，得到六进制计数器。图 5.39（b）是用 0100 状态译码产生 $\overline{LD}=0$ 信号，下个 CP 信号到来时置入 1001，从而跳过 0101～1000 这 4 个状态，得到六进制计数器。

例 5.7　试用 74LS161 构成十进制加法计数器。

解　利用 74LS161 的异步清零端 $\overline{R_D}$ 强行中止其计数趋势，如设初态为 0，则在前 9 个计数脉冲作用下，计数器按 4 位二进制规律正常计数，而当第 10 个计数脉冲到来后，计数器状态为 1010，这时，通过与非门强行将 $\overline{R_D}$ 变为 0，借助异步清零功能，使计数器变 0，从而实现十进制计数功能，连接方式如图 5.40 所示。在此电路工作中，1010 状态会瞬时出现，但并不属于有效循环。照此方法，可用 74LS161 方便地构成任何模小于 16 的计数器。

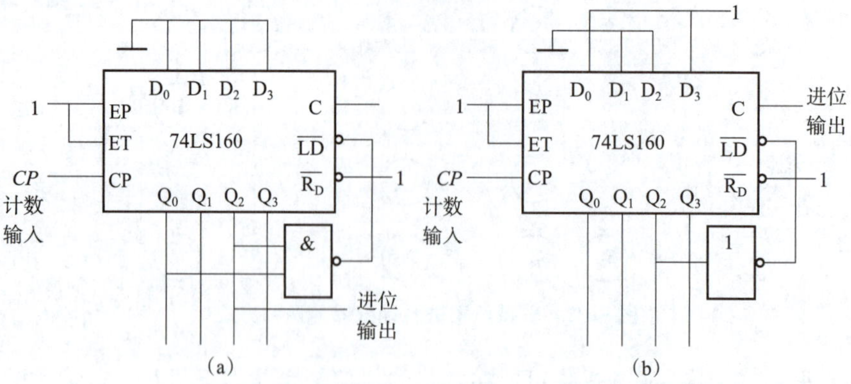

图 5.39　用置数法将 74LS160 接成六进制计数器

（a）置入 0000；（b）置入 1001

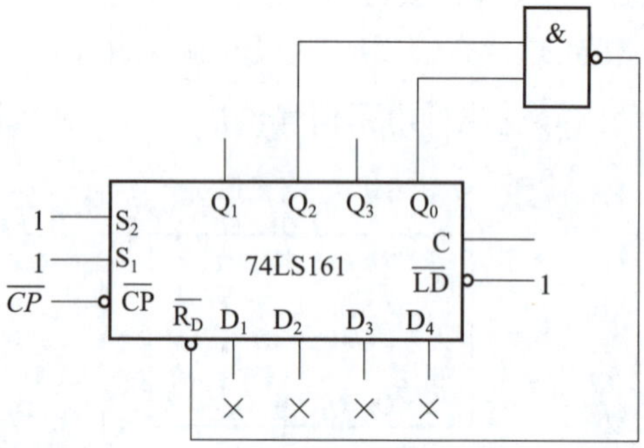

图 5.40　例 5.7 图

2. $M>N$ 的情况

这时必须用多片 N 进制计数器组合起来，才能构成 M 进制计数器。各片之间的连接方式可分为串行进位方式、并行进位方式、整体置零方式和整体置数方式几种。下面仅以两片之间的连接为例加以说明。

例 5.8　试用两片十进制同步计数器连成百进制计数器。

解　图 5.41 所示电路是并行进位方式的接法。以第一片的进位输出 C 作为第二片的 EP 和 ET 输入，每当第一片计到 9（1001）时 C 变为 1，下个 CP 信号到达时第二片为计数工作状态，计入 1，而第一片计成 0（0000），它的 C 端回到低电平。第一片的工作状态控制端 EP 和 ET 恒为 1 使计数器始终处在计数工作状态。

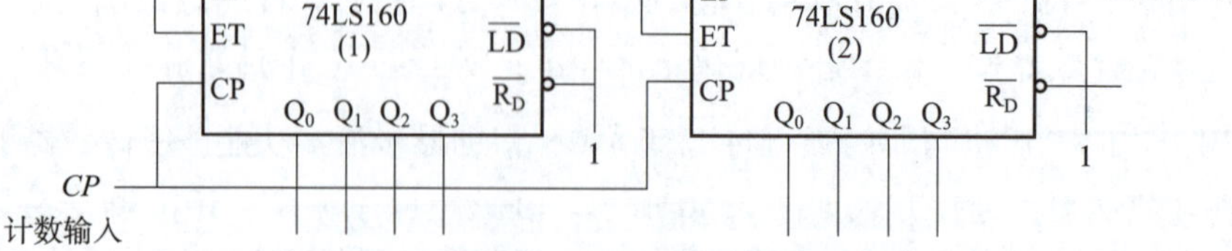

图 5.41　例 5.8 电路的并行进位方式

图 5.42 所示电路是串行进位方式的连接方式。两片 74LS160 的 EP 和 ET 恒为 1，都工作在计数状态。当第一片计到 9（1001）时 C 端输出变为高电平，经反相器后使第二片的 CP 端为低电平。下个计数输入脉冲到达后，第一片计成 0（0000）状态，C 端跳回低电平，经反相后使第二片的输入端产生一个正跳变，于是第二片计入 1。

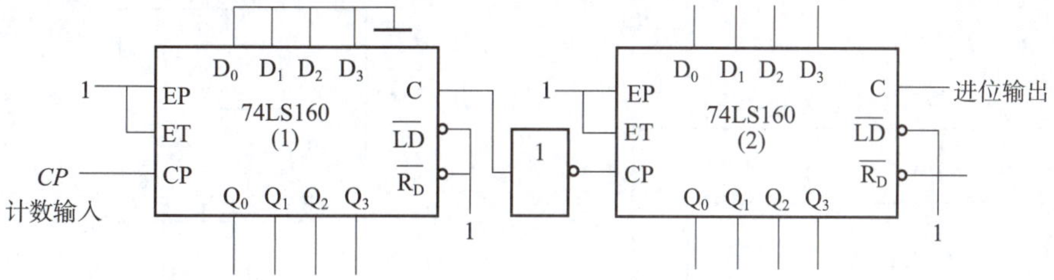

图 5.42　例 5.8 电路的串行进位方式

例 5.9　用集成计数器实现六十进制计数器。

解　六十进制计数要有两位数，其中个位是十进制计数器，十位是六进制计数器，合起来就构成六十进制计数电路。

图 5.43 所示为用 74HC390 接成六十进制计数器的原理接线图。图 5.43（a）为 74HC390 的引脚排列图，它是双十进制计数器，其内部每个十进制计数电路与前面讲过的 74LS290 相类似。$\overline{CP}_A$ 是第一个触发器的计数脉冲输入端，$\overline{CP}_B$ 是作五进制计数时脉冲输入端。通过将 $1Q_0$ 接 $1\ \overline{CP}_B$，$2Q_0$ 接 $2\ \overline{CP}_B$ 使它们首先接成十进制计数器。然后在第二个计数器出现 0110 状态时来控制清零信号，实现六进制计数，这样构成六十进制计数器。

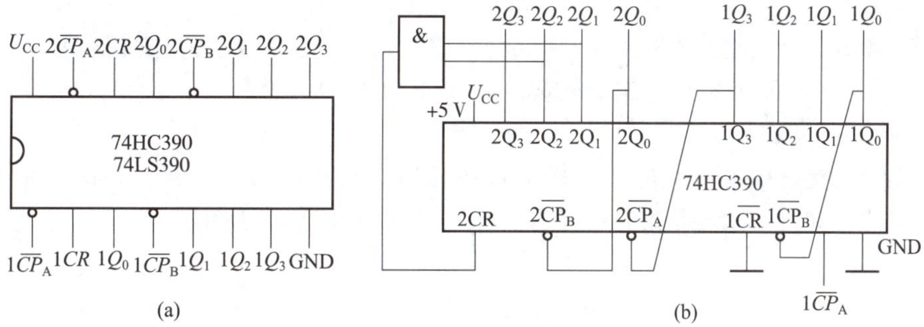

图 5.43　用 74HC390 接成六十进制接线图

（a）74HC390 外引脚图；（b）六十进制原理接线图

技能任务　计数显示电路的制作

任务描述

借助数字电路实验箱中的 74LS248 4 线－7 线译码器/驱动器驱动 LC5011－11，与 74LS90 计数器结合制作一个简易的十进制计数显示电路，在掌握各芯片的功能及使用方法基础上，完成计数显示电路的功能测试工作。

一、实验电路

实验电路如图 5.44 所示。

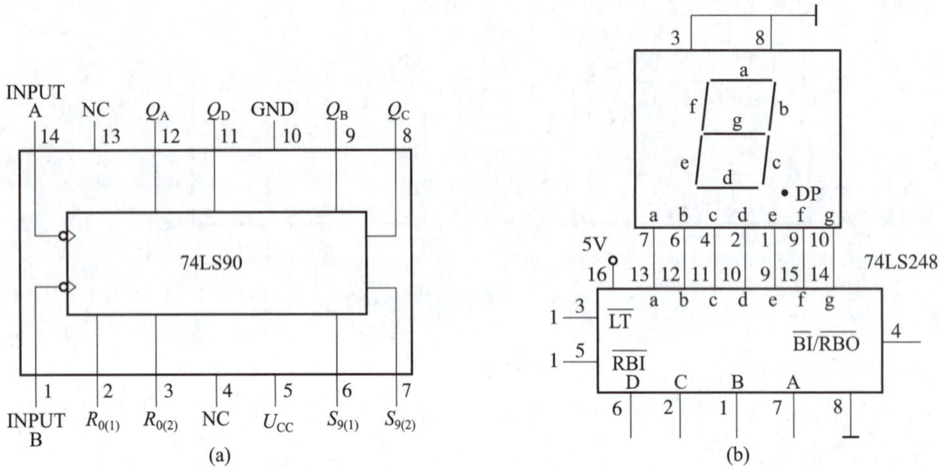

图 5.44　74LS90 外引脚图及 74LS248 驱动 LC5011-11 数码管电路

（a）74LS90 外引脚图；（b）74LS248 驱动 LC5011-11 数码管

二、实验仪器

数字电路实验箱。

三、实验步骤

1. 电路制作

用 74LS90 搭试十进制计数器电路，Q_D、Q_C、Q_B、Q_A 分别接实验箱中译码显示器。$R_{0(1)}$、$R_{0(2)}$、$S_{9(1)}$、$S_{9(2)}$ 全部接 0（GND）或按键 $K_1 \sim K_8$，CP_0 接单次脉冲，Q_A 接 CP_1。

2. 性能测试

接线完毕后接通电源，在控制面板上选择相应芯片接入实验电路，确认电路无误后，输入单次脉冲，观察显示器状态，并记录结果（画出计数器的波形图）。

项目 3　脉冲信号的产生与变换

任务 1　脉冲信号的产生

任务导入

在数字电路中，常常需要各种脉冲波形，如时序电路中的时钟脉冲、控制过程中的定时信号等。这些脉冲信号有的是依靠脉冲信号源直接产生的，有的是利用各种整形电路对已有的脉冲信号进行波形变换得来的。能够产生脉冲波形和对其进行整形、变换的电路称为脉冲电路，主要包括用于产生脉冲信号的多谐振荡器，用于波形整形、变换的单稳态触发器和施密特触发器。这些电路分别由分立元件、集成逻辑门电路和集成电路来实现。

多谐振荡器

多谐振荡器是一种矩形波发生器，它是一种自激振荡器，在接通电源后无须外加输入信号，便可自动产生一定频率的具有高、低电平的矩形波形，它内含丰富的高次谐波分量，故称为多谐振荡器。由于多谐振荡器产生的矩形脉冲一直在高、低电平间相互转换，没有稳定状态，所以也称为无稳态电路。

由于 CMOS 门电路输入阻抗高，无须大电容就能获得较大的时间常数，而且 CMOS 门电路的阈值电压稳定，所以常用来构成低频多谐振荡器。但是由于多谐振荡器频率稳定性较差，当电源电压波动、温度变化、*RC* 参数变化时，频率均要随其波动。在对频率稳定性要求比较高的设备中，则可采用由石英晶体组成的振荡器，即石英晶体振荡器。

石英晶体特殊的物质结构使其具有如图 5.45 所示的石英晶体阻抗频率特性。在石英晶体两端加不同频率的电压信号，它表现出不同的阻抗特性，f_s 为等效串联谐振频率（也称为固有频率），它只与晶体的几何尺寸有关。石英晶体对频率特别敏感，频率超过或小于 f_s 时，其阻抗会迅速增大，而在 f_s 处其等效阻抗近似为零。利用石英晶体组成的多谐振荡器如图 5.46 所示。

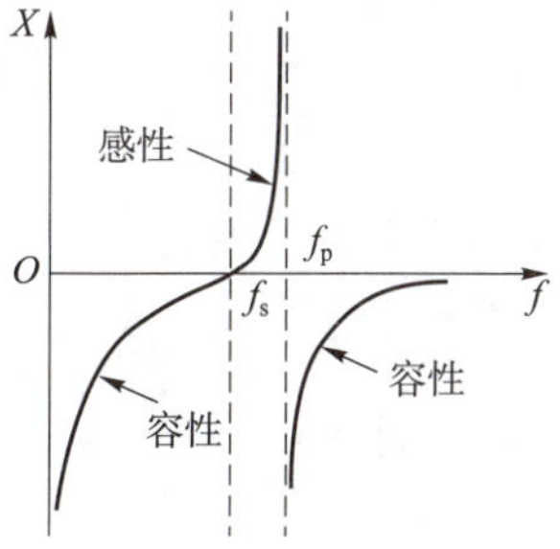

图 5.45　阻抗频率特性

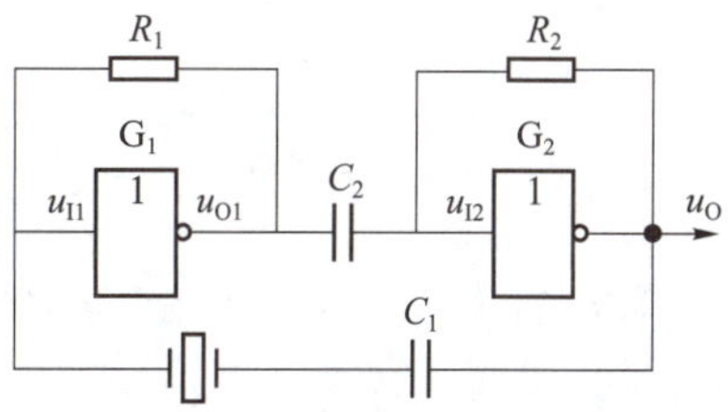

图 5.46　石英晶体多谐振荡器

在图 5.46 中，两个反相器 G_1 和 G_2 分别并接了电阻 R_1 和 R_2，用以确定反相器的工作状态，使其工作在传输特性的折线上，反相器工作在线性放大区。石英晶体组成反馈支路，当电路中的信号频率为石英晶体的谐振频率 f_s 时，整个电路形成正反馈，产生多谐振荡。电路中 C_1 及 C_2 为耦合电容，同时可通过 C_1 来微调振荡频率。

任务 2　脉冲信号的整形与变换

任务导入

脉冲整形与变换是改变传输脉冲波形的过程。数字系统中，矩形脉冲经传输后容易发生畸变，需要将畸变的波形变换为较为标准的矩形脉冲，或是将边沿缓慢变化的周期性信号转换为边沿很陡的矩形脉冲信号，而这些都离不开触发器的作用。

一、单稳态触发器

单稳态触发器是输出一个稳态和一个暂稳态的电路，它既不同于多谐振荡器的无稳态，也不同于触发器的双稳态。单稳态触发器在无外加触发信号时，电路处于稳态。在外加触发信号的作用下，电路从稳态进入暂稳态，经过一段时间后，电路又会自动返回到稳态。暂稳态维持时间的长短取决于电路本身的参数，与触发信号无关。单稳态触发器在触发信号的作用下能产生一定宽度的矩形脉冲，广泛用于数字系统中的整形、延时和定时。

1. 集成单稳态触发器

单稳态触发器应用较广，电路形式也较多。其中集成单稳态触发器由于外接元件少，工作稳定、使用灵活方便而更为实用。

集成单稳态触发器根据工作状态不同可分为不可重复触发和可重复触发两种。其主要区别在于：不可重复触发单稳态触发器在暂稳态期间不受触发脉冲影响，只有暂稳态结束触发脉冲才会再起作用。可重复触发单稳态触发器在暂稳态期间还可接收触发信号，电路被重新触发，当然，暂稳态时间也会顺延。图 5.47 所示是两种单稳态触发器的工作波形。

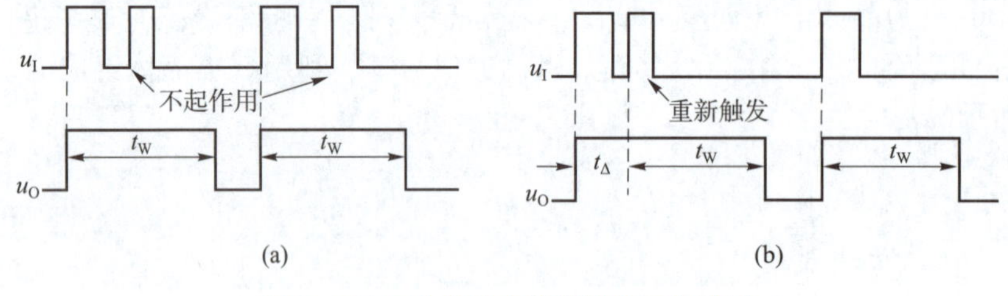

图 5.47　两种单稳态触发器的工作波形

（a）不可重复单稳态触发器；（b）可重复单稳态触发器

74LS121、74LS221 都是不可重复触发的单稳态触发器，而 74LS122、74LS123 等属于可重复触发的触发器。读者可以参考网站和有关资料。

2. 单稳态触发器的应用

（1）脉冲定时。

用较小宽度的脉冲去触发，可以获得确定宽度的脉冲输出，实现定时控制，如图 5.48

所示。

（2）脉冲延迟。

在某些电路中，要求输入信号出现后，电路不应立即工作，而是延迟一段时间后再工作。图 5.49 所示是单稳脉冲延迟波形，将输入信号 u_{I1} 加入第一级单稳电路，再用第一级单稳输出作第二级单稳的输入，从第二级单稳的输出就获得了延迟 t_W 时间的脉冲输出。

（3）脉冲整形。

将外形不规则的脉冲作触发脉冲，经单稳输出，可获得规则的脉冲波形输出，如图 5.50 所示。

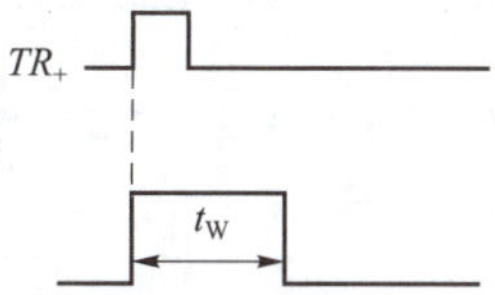

图 5.48　单稳脉冲定时（TR_+↑触发）

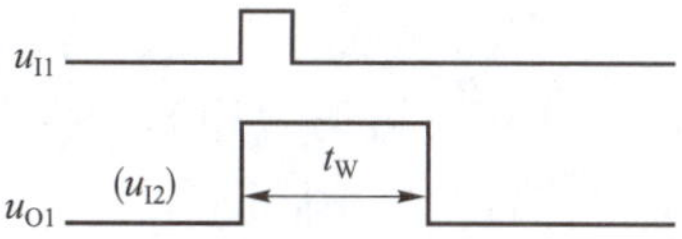

图 5.49　单稳脉冲延迟

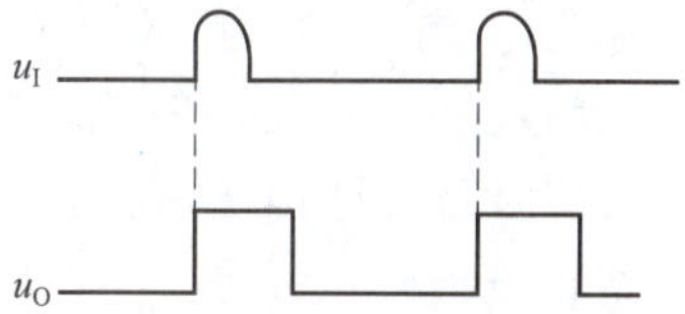

图 5.50　单稳脉冲整形

在前面的内容中，多次讲述过高速 CMOS 系列芯片，即 54HC/74HC 系列，在这里说明一下 54HC/74HC 系列的逻辑功能，引出端排列与 54LS/74LS 系列相一致；其工作速度与 54LS/74LS 相似，而功耗低于 CMOS 4000 系列。54HC/74HC 的所有输入和输出均有内部保护线路，以减小由于静电感应而损坏器件的可能性。54HC/74HC 具有高抗噪声度和驱动负载的能力。

二、施密特触发器

施密特触发器　施密特触发器（动画）

施密特触发器是输出具有两个相对稳态的电路，所谓相对是指输出的两个高低电平状态必须依靠输入信号来维持，这一点它更像是门电路，只不过它的输入阈值电压有两个不同值。

1. 施密特触发器的功能

施密特触发器可以看成是具有不同输入阈值电压的逻辑门电路，它既有门电路的逻辑功能，又有滞后电压传输特性。图 5.51 所示是施密特触发器的逻辑符号和电压传输特性。

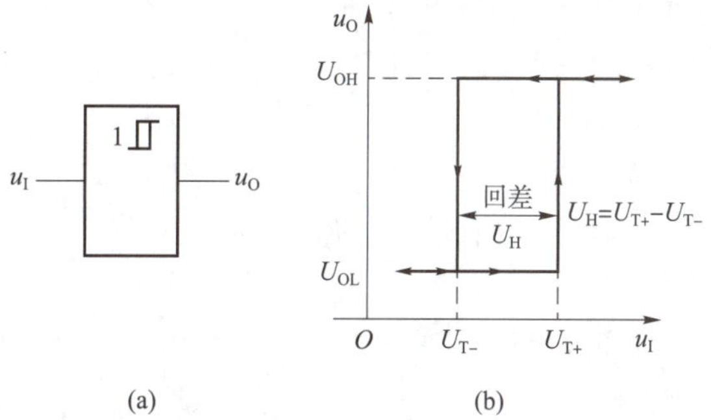

图 5.51　施密特触发器的逻辑符号和电压传输特性

（a）施密特触发器的逻辑符号；（b）电压传输特性

在图5.51中，U_{T+}为正向阈值电压，U_{T-}为负向阈值电压。作用为：当$u_I \geq U_{T+}$时电路处于开门状态，当$u_I \leq U_{T-}$时电路处于关门状态，当$U_{T-} \leq u_I \leq U_{T+}$时电路处于保持状态。$U_H$为滞后电压或回差电压，$U_H = U_{T+} - U_{T-}$。图5.52是施密特触发器的工作波形。

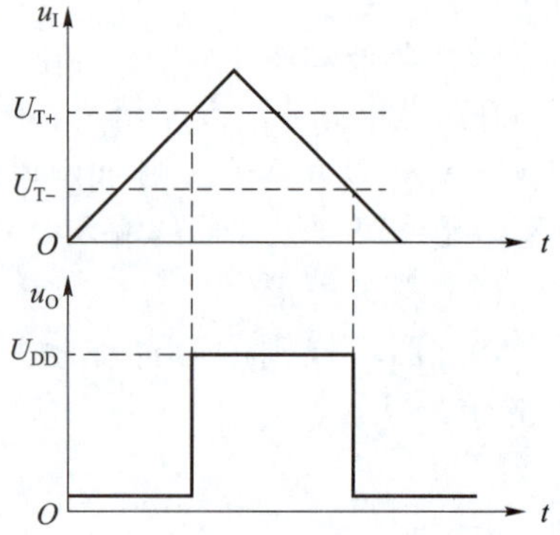

图5.52　施密特触发器的工作波形

2. 集成施密特触发器

施密特触发器的滞后特性具有非常重要的实用价值，所以在很多逻辑电路中都加入了施密特功能，组成施密特式集成电路，如74LS13是带有施密特触发的双四输入与非门，74LS14是带有施密特触发的六反相器，而前面介绍的74LS121是有施密特触发器的单稳态触发器。图5.53所示是74LS14逻辑符号及外引脚图。

74LS14片内有六个带施密特触发的反相器，正向阈值电压U_{T+}为1.6 V，负向阈值电压U_{T-}为0.8 V，回差电压U_H为0.8 V。电路的逻辑关系为

$$Y = \overline{A}$$

图5.54所示是74LS14的电压传输特性。

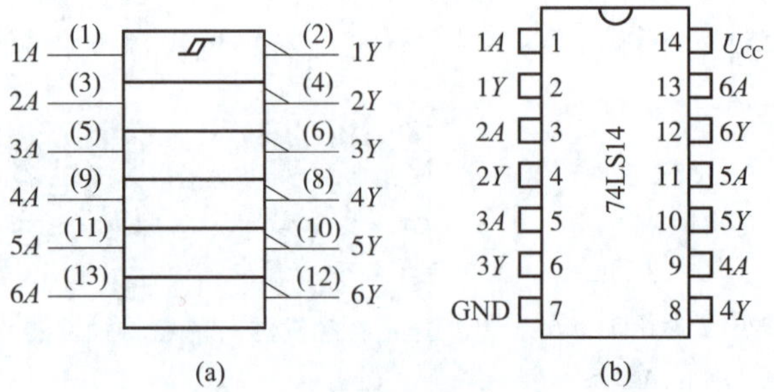

图5.53　集成施密特触发器74LS14

（a）逻辑符号；（b）外引脚图

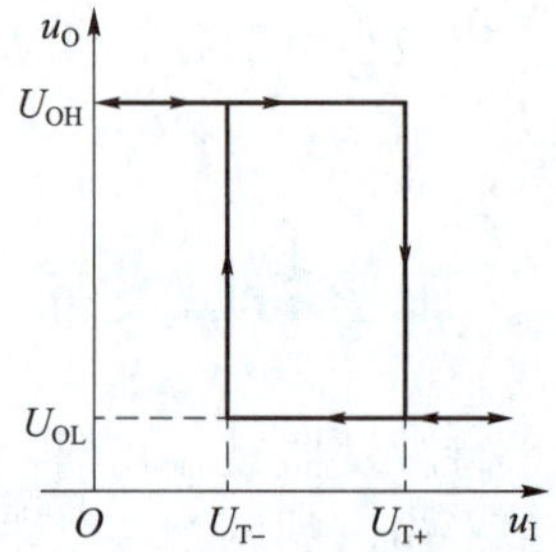

图5.54　74LS14电压传输特性

3. 施密特触发器的应用

施密特触发器应用非常广泛，可用于波形的变换、整形，幅度鉴别，构成多谐振荡器、单稳态触发器等。

（1）波形的变换与整形。

施密特触发器可将正弦波等其他波形变换成矩形波，如图5.55所示。

施密特触发器可将受干扰的脉冲波形整形成标准波形，如图5.56所示。

（2）幅度鉴别。

利用施密特触发器可对一串脉冲进行幅度鉴别，如图5.57所示，将幅度较小的去除，保

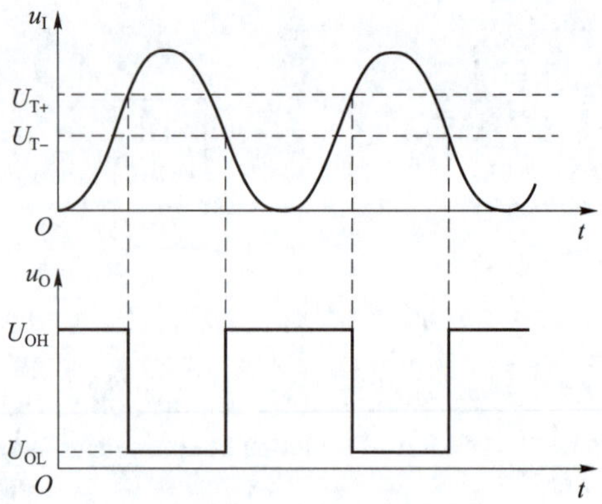

图5.55　波形变换

留幅度较大的脉冲。

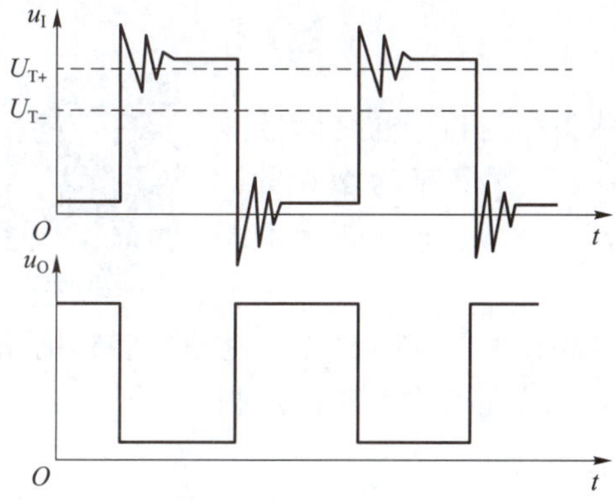

图 5.56　波形整形

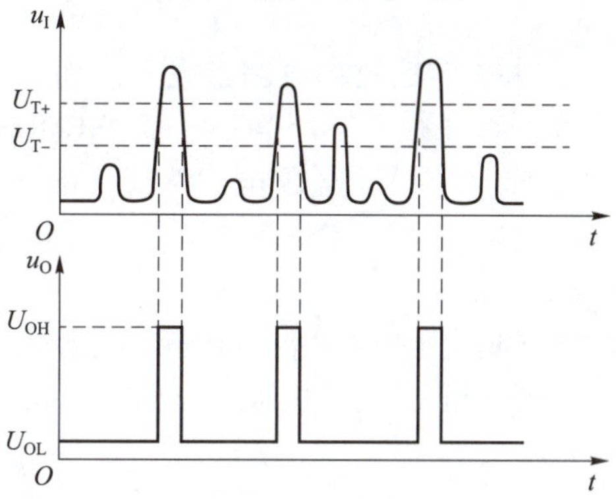

图 5.57　幅度鉴别

（3）构成多谐振荡器。

利用施密特触发器可构成多谐振荡器，图 5.58 是这种多谐振荡器的电路及波形图。它的原理是用电容端电压控制施密特触发器导通翻转，通过 u_0 电压的高低对电容进行充放电。

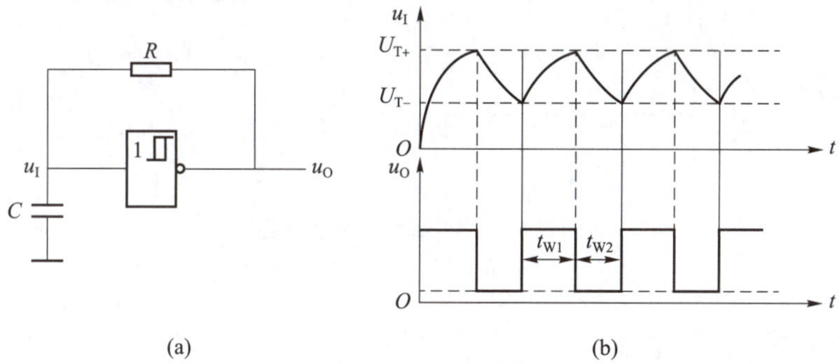

图 5.58　用施密特触发器构成多谐振荡器的电路及波形图

（a）电路图；（b）波形图

任务 3　用 555 定时器实现脉冲信号的产生与变换

任务导入

555 集成定时器，是一种模拟电路和数字电路相结合的集成电路，它可以用来产生脉冲、脉冲整形、脉冲展宽、脉冲调制等多种功能。它的应用十分广泛，基本应用有多谐振荡器、施密特触发器和单稳态触发器三种类型。

一、认识 555 定时器

1. 555 定时器的电路组成

555 定时器

555 定时器可分为 TTL 电路和 CMOS 电路两种类型，TTL 电路标号为 555 和 556（双），电源电压为 5～16 V，输出最大负载电流为 200 mA；CMOS 电路标号为 7555 和 7556（双），电源电压为 3～18 V，输出最大负载电流为 4 mA。

555 集成定时器电路如图 5.59 所示，它由分压器（由 3 个 5 kΩ 电阻组成，555 由此而得名）、A_1 和 A_2 两个电压比较器、基本 RS 触发器、放电管 VT 和输出缓冲门 G 等组成。

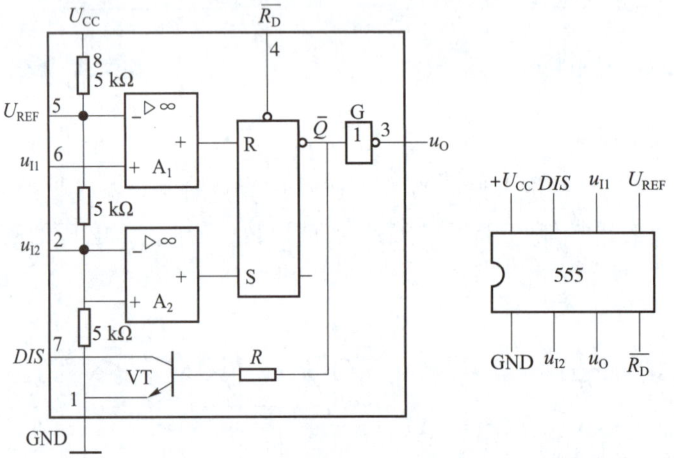

(a)　　(b)

图 5.59　555 集成定时器电路

（a）电路原理；（b）引脚排列

2. 555 定时器的工作原理

555 定时器的功能主要取决于电压比较器的工作情况。U_{CC} 电源电压经过 3 个 5 kΩ 电阻分压后，以 $\frac{1}{3}U_{CC}$ 作为 A_2 比较器同相输入端的参考电压，以 $\frac{2}{3}U_{CC}$ 作为 A_1 比较器反相输入端的参考电压。当 A_2 反相输入端的触发电压 $u_{I2}<\frac{1}{3}U_{CC}$ 时，A_2 输出为 1，给 RS 触发器一个置“1”信号，使 $\overline{Q}=0$、$Q=1$，输出端 3 为高电平，同时放电管 VT 截止；当 A_1 的同相输入端的电压 $u_{I1}>\frac{2}{3}U_{CC}$ 时，A_1 输出为 1，给 RS 触发器一个置“0”信号，使 $\overline{Q}=1$、$Q=0$，输出端 3 为低电平，同时放电管 VT 导通。

除上述基本控制关系外，在 RS 触发器上还有一个优先置零端 4，只要在该端加上低电平，则不管比较器输出状态如何，RS 触发器均被强迫置“0”，所以优先置零端平时应接高电平。5 端为控制电压输入端，此端外加控制电压（数值在 0～U_{CC} 之间），则比较器的参考电压也将随之而变化。根据图 5.59 所示电路及上述分析，可得 555 定时器的功能表，见表 5.19。

表 5.19　555 定时器功能表

$\overline{R_D}$	u_{I1}	u_{I2}	R	S	$\overline{Q}$	u_O	VT
0	×	×	×	×	1	0	导通
1	$<\frac{2}{3}U_{CC}$	$<\frac{1}{3}U_{CC}$	0	1	0	1	截止
	$>\frac{2}{3}U_{CC}$	$>\frac{1}{3}U_{CC}$	1	0	1	0	导通
	$<\frac{2}{3}U_{CC}$	$>\frac{1}{3}U_{CC}$	0	0	保持	保持	保持

二、555 定时器的典型应用

1. 多谐振荡器

多谐振荡器又称为方波振荡器。图 5.60 所示是用 555 构成多谐振荡器的电路及工作波形。图中，C 是外接定时电容，R_1、R_2 是充电电阻，R_2 又是放电电阻。5 端电容 C_1 用于防止干扰，可外接 0.01 μF 电容，大部分情况下可不接。

555 定时器的应用

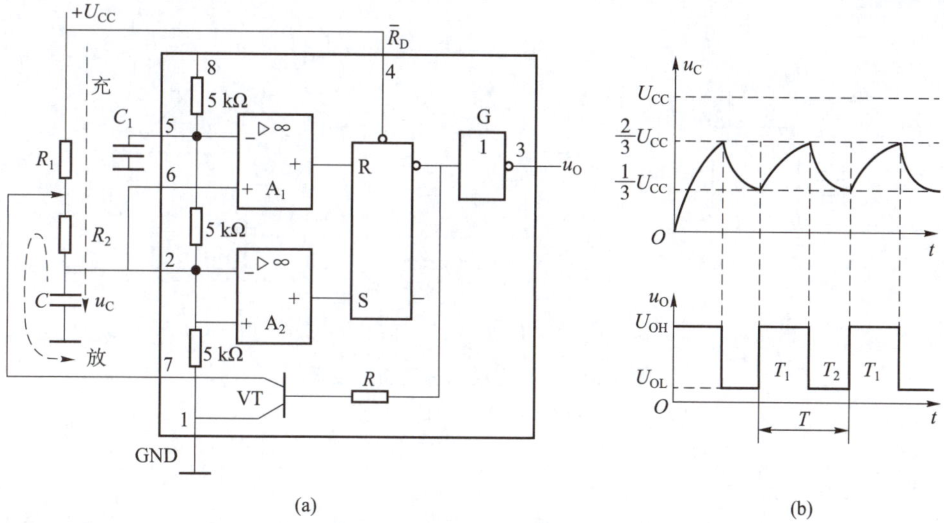

图 5.60　由 555 构成多谐振荡器电路图及工作波形图

（a）电路图；（b）工作波形图

当接通电源后，U_{CC} 要通过 R_1、R_2 对 C 充电，充至电容电压 $u_C=\frac{2}{3}U_{CC}$ 时，A_1 输出为 1，RS 触发器被置“0”，使输出端 u_O 为低电平，同时放电管 VT 导通，电容 C 又要通过 R_2、VT 放电，u_C 下降，当 u_C 下降至 $\frac{1}{3}U_{CC}$ 时，A_2 输出为 1，RS 触发器被置“1”，u_O 为高电平，VT 截止，C 又重新充电，以后重复以上过程，获得图 5.60（b）所示方波输出，其振荡周期为

$$T=T_1+T_2\approx0.7(R_1+R_2)C+0.7R_2C=0.7(R_1+2R_2)C$$

2. 施密特触发器

施密特触发器具有两个稳定的工作状态。当输入信号很小时，处于第Ⅰ稳定状态；当输入信号电压增至一定数值时，触发器翻转到第Ⅱ稳定状态，但输入电压必须减小至比刚才发生翻转时更小，才能返回到第Ⅰ稳定状态。

图5.61（a）所示是用555组成的施密特触发器，其工作原理如下：

当 u_I 很小，在 $u_I < U_{CC}/3$ 时，A_2 输出为1，RS触发器被置“1”，输出端为高电平，电路处于第Ⅰ稳定状态，在 $U_{CC}/3 < u_I < 2U_{CC}/3$ 时，A_1、A_2 输出均为0，电路保持第Ⅰ稳定状态。

当 u_I 增加至 $u_I > 2U_{CC}/3$ 时，A_1 输出为1，RS触发器被置“0”，输出端为低电平，触发器处于第Ⅱ稳定状态，在 $U_{CC}/3 < u_I < 2U_{CC}/3$ 时，电路保持第Ⅱ稳定状态。

当 u_I 减小至 $u_I < U_{CC}/3$ 时，A_2 输出为1，RS触发器被置“1”，输出端为高电平，电路恢复到第Ⅰ稳定状态。

将以上叙述用曲线描绘出来，就得到施密特触发器的电压传输特性，如图5.61（b）所示。

若在电路的输入端加上三角波（或正弦波），则可得此电路的工作波形如图5.61（c）所示，图中，U_{T+} 称为上限阈值电压，U_{T-} 称为下限阈值电压，$\Delta U_T = U_{T+} - U_{T-}$ 称为回差电压，显然，这种电路的回差电压 $\Delta U_T = \frac{2}{3}U_{CC} - \frac{1}{3}U_{CC}$。

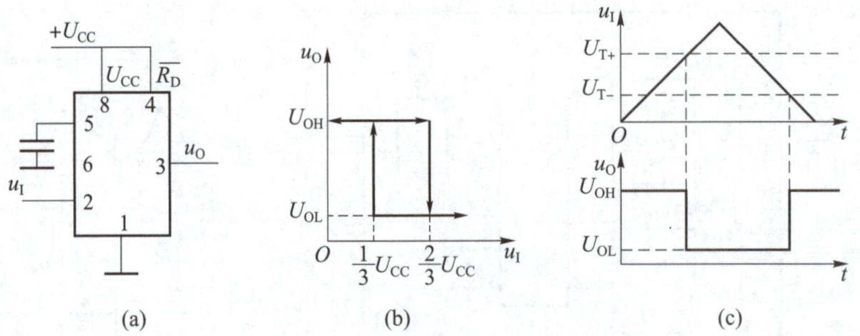

图5.61　555组成的施密特触发器

（a）电路；（b）电压传输特性；（c）工作波形

3. 单稳态触发器

单稳态触发器具有一个稳态、一个暂稳态。在 u_I 的触发下电路由稳态进入暂稳态，然后由暂稳态自动返回稳态。图5.62（a）所示是用555定时器组成的单稳态触发器。图中 R、C 是外接的定时元件，C_1 是旁路电容器。

稳态时，u_I 为高电平，A_1 输出为1，RS触发器被置“0”，放电管VT导通，输出端 u_O 为低电平。当输入 u_I 为低电平时，A_2 输出为1，RS触发器被置“1”，VT截止，输出 u_O 为高电平，电路处于暂稳态，此时电源 U_{CC} 通过 R 对 C 充电，充至电容电压 $u_I \geq 2U_{CC}/3$ 时，A_1 输出为1，RS触发器被置“0”，VT导通，C 放电，输出为低电平，电路返回到稳态，其工作波形如图5.62（b）所示，其输出脉冲宽度（即暂稳维持时间）为

$$t_W \approx RC\ln 3 \approx 1.1RC$$

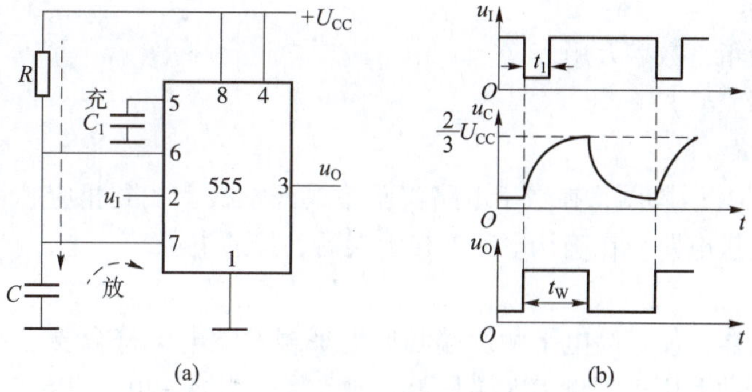

图 5.62　555 定时器组成的单稳态触发器

（a）电路原理；（b）工作波形

由上分析可知，电路要求 u_I 脉冲宽度一定要小于 t_W，触发时应使 $u_I<\frac{1}{3}U_{CC}$，否则电路无法工作。

555 定时器成本低，功能强，使用灵活方便，是非常重要的集成电路器件。由它组成的各种应用电路变化无穷。

技能任务　555 时基电路的制作

任务描述

借助数字电路实验箱或开发板按照实验电路搭接 555 定时器测试电路，在掌握 NE555 各引脚功能的前提下，正确调节电位触发信号，并完成 555 定时器输出状态测试工作。

一、实验电路

实验电路如图 5.63 所示。

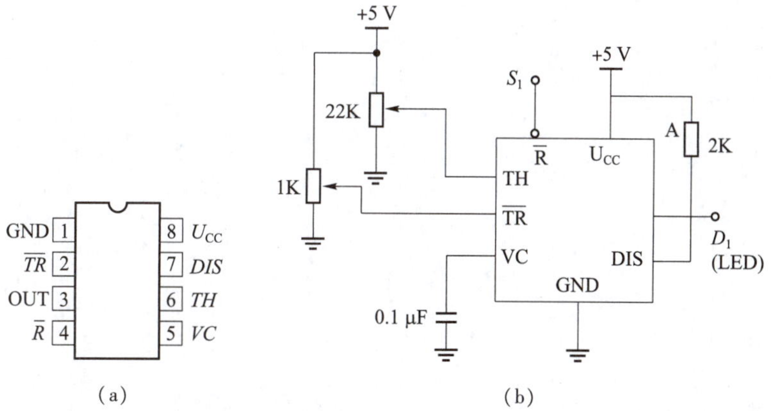

图 5.63　555 定时器测试电路

（a）NE555 引脚图；（b）555 定时器测试电路

二、实验仪器

数字电路实验箱、数字万用表。

三、实验步骤

1. 电路连接

观察 NE555 芯片引脚图，在数字电路实验箱或开发板上找到相应芯片，并按照 555 定时器测试电路图连接电路。在确认电路连接无误后，接通电源。

2. 功能测试

调节 2 个电位器，使其高电平触发端和低电平触发端电位符合要求，观察对应输出信号是否变化，并借助万用表测量 *DIS* 端是否导通。将检测结果填入表 5. 20。

表 5. 20　测试结果

$\overline{R}$	TH	$\overline{TR}$	u_O	VT
0	×	×		
1	$<\frac{2}{3}U_{CC}$	$<\frac{1}{3}U_{CC}$		
	$>\frac{2}{3}U_{CC}$	$>\frac{1}{3}U_{CC}$		
	$<\frac{2}{3}U_{CC}$	$>\frac{1}{3}U_{CC}$		

项目 4　红外倒车雷达的设计与制作

技能任务　设计与制作红外倒车雷达系统

任务描述

借助 NE555 定时器可以制成多谐振荡器的功能，制作一款可以用于倒车雷达的红外测距系统，通过 LED 发光进行距离报警，障碍物距离越近，发光的 LED 越多。

一、实验电路

实验电路如图 5.64 所示。

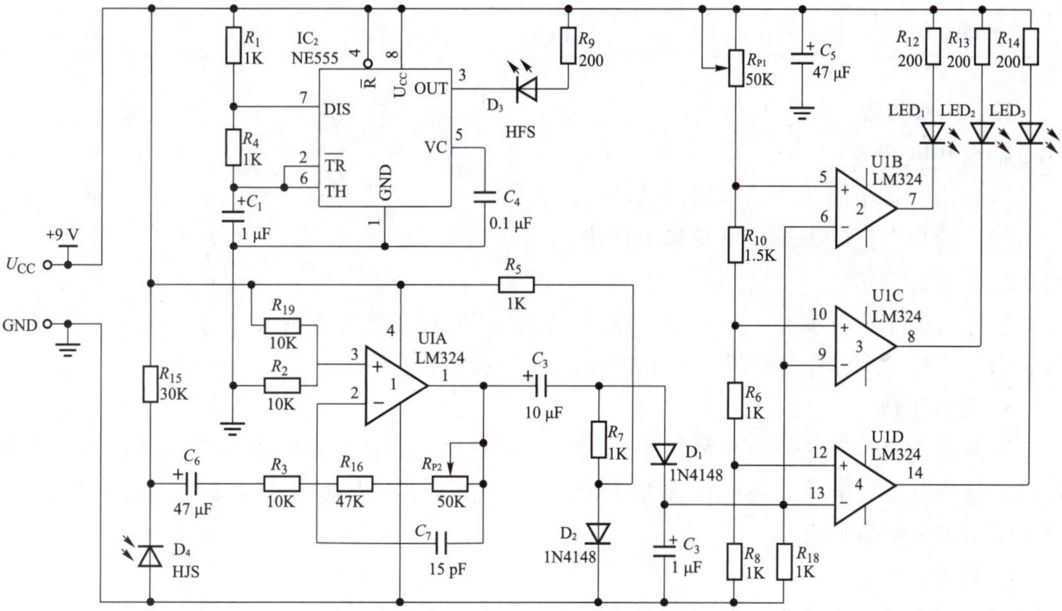

图 5.64　红外倒车雷达系统电路

二、实验设备与器件

实验设备与器件见表 5.21。

表 5.21　实验设备与器件

元件名称	规格	数量	元件名称	规格	数量
R_9，R_{12}，R_{13}，R_{14}	电阻 200 Ω 色环：红黑黑黑棕	3	R_1，R_4~R_8，R_{18}	电阻 1K 色环：棕黑黑棕棕	8
R_{10}	电阻 1.5K 色环：棕绿黑棕棕	1	R_2，R_3，R_{19}	电租 10K 色环：棕黑黑红棕	3

续表

元件名称	规格	数量	元件名称	规格	数量
R_{15}	电阻 30K 色环：橙黑黑红棕	1	R_{16}	电阻 47K 色环：黄紫黑红棕	1
R_{P2}	3296W 电位器 50K	1	R_{PI}	3 296W 电位器 50K	1
C_4	独石电容 104	1	C_7	独石电容 15 pF	1
C_1，C_2	电解电容 1 μF	2	C_3	电解电容 10 μF	1
C_5，C_6	电解电容 47 μF	2	D_1，D_2	1N4148 二极管	2
LED_1	绿 LED	1	LED_2	黄 LED	1
LED_3	红 LED	1	D_4	940 红外发射管（透明）	1
D_3	940 红外接收管（黑色）	1	OP_1	LM324 直插芯片	1
IC_2	NE555 直插芯片	1	LM324	14P IC 座	1
NE555	8P IC 座	1	J_1	9 V 电池扣	1
PCB 板		1	9 V 电池（选购）		1

三、实验步骤

1. 分析电路

（1）说明各组成部分的作用及其所用元器件。

（2）分析电路的工作条件及输出现象。

2. 元器件检测

进行元器件外观检查。凡元器件外观有破裂、变形、烧坏痕迹以及引脚松动等均需调换。用万用表检测芯片、电阻、电解电容器的性能是否完好。

3. 连接制作

先在多功能印制电路板上固定好 NE555 和 LM324 芯片，然后进行其他电路元器件的布置与焊装。组装完毕后，还应认真检查电路中各元器件有无接错、漏接和接触不良之处，输出端不应有短路现象。

4. 通电测试

（1）通电前应再检查一遍安装电路，确认无误后接通 9 V 直流电。

（2）将障碍物放置在距离红外接收管不同距离处，观察实验现象，测量输出端电位并记录。

拓展阅读

1. 数字电子时钟

数字电子时钟（见图 5.65）是一种用数字显示时间、日期等信息的计时装置，属于典型的计数显示电路，与传统的机械钟相比，它具有走时更准、显示直观、无机械传动装置等优点，因而得到了广泛应用。数字钟的设计方法有许多种，例如可用中小规模集成电路组成电子钟，也可以利用专用的电子钟芯片配以显示电路及其所需要的外围电路组成电子钟，还可以利用单片机来实现电子钟等。

图 5.65　数字电子时钟显示屏

数字电子时钟的基本功能要求是完成准确的计时、正确显示并能够进行校时。而随着人们需求的增加，数字电路的功能又附加了定时控制、整点报时等拓展功能，而其电路也根据实际情况分为主体电路和扩展电路两大部分。其中主体电路完成数字电子时钟的基本功能，扩展电路则必须在主体电路正常运行的情况下才能实现相应功能。

数字电子时钟主电路组成框图如图 5.66 所示，按功能不同主要分为以下几个部分。

(1) 秒脉冲发生器：由石英晶体振荡器产生的高脉冲信号作为数字钟的振源，再经分频器输出标准秒脉冲。

(2) 秒、分、时计时计数器：其中，秒计数器计满 60 后向分计数器个位进位，分计数器计满 60 后向小时计数器个位进位并且小时计数器按照“24 翻 1”的规律计数。

(3) 译码显示电路：用于显示时间。

(4) 校时电路：计时出现误差时电路进行校时、校分、校秒。

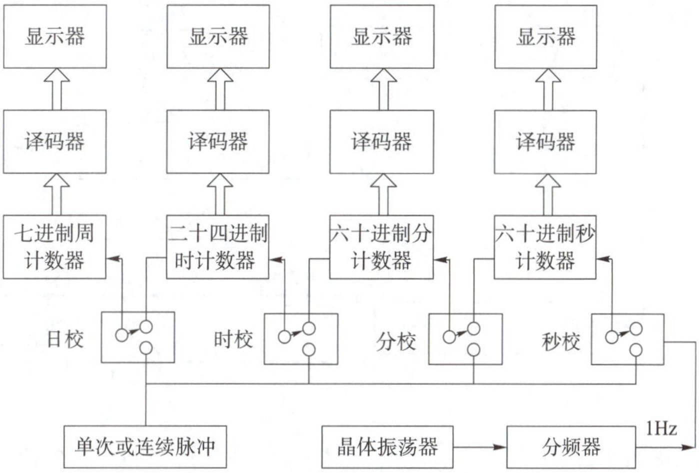

图 5.66　数字电子时钟组成框图

2. 车载雷达

车载雷达的原理主要是通过信号发生器发出超声波或电磁波信号，在遇到障碍物时信号会返回至接收器，通过计算发出信号与接收信号的时间差来进行距离测算。目前最常用的是超声波信号测距，此外还可以采用激光、毫米波、红外线等信号。超声波测距成本低、应用广，但其传播速度相对电磁波来说慢很多，可以用在倒车检测，但不能用在汽车高速行驶时的车距保持等应用中。红外线具有比超声波传播速度更快、传播方向更好、发射功率可控性更强等突出优点，因此，在汽车智驾系统全场景感知覆盖的发展趋势下，红外传感技术将大有可为。“雷达+摄像头+红外技术”将是实现智能驾驶的最优解决方案。

情境小结

知识框图

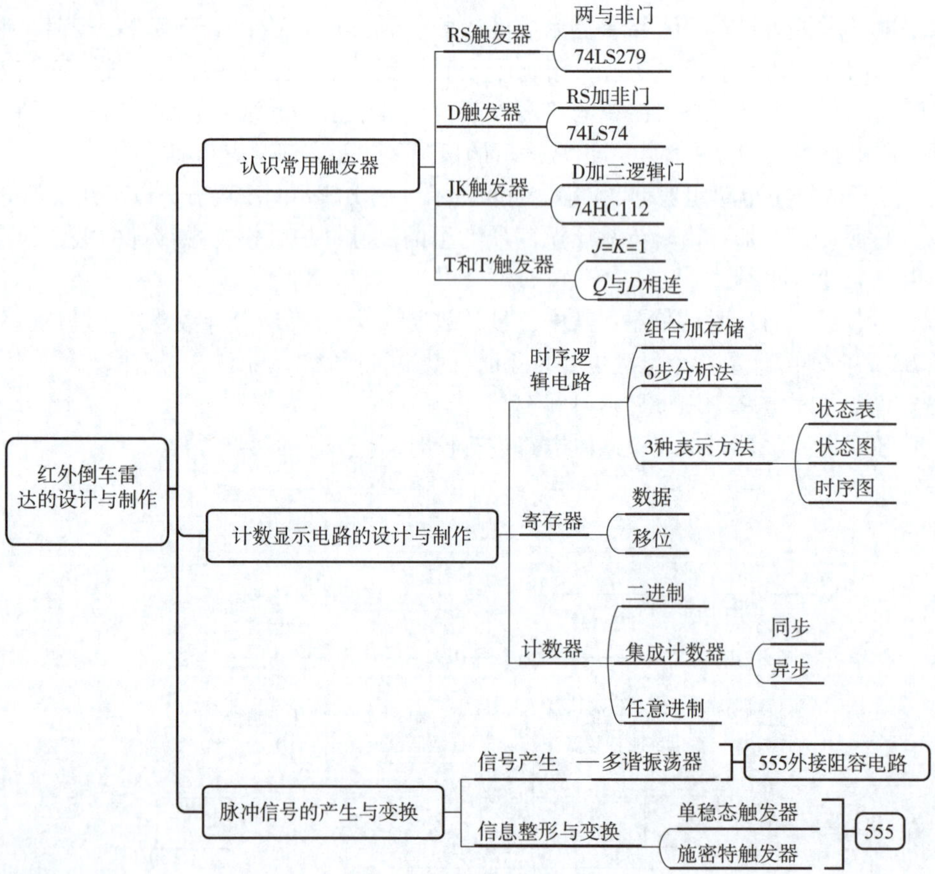

1. 触发器

触发器是时序逻辑电路的基本单元，它有两个稳态输出，具有记忆功能。

2. 寄存器

由触发器组成的重要数字部件，具有接收、存放及传送数码的功能。用于暂存中间运算结果，存储时间短，存储容量小，一般只有几位。

3. 计数器

由触发器组成的具有计数功能的逻辑器件，可用于计数分频、定时、产生节拍脉冲以及其他时序信号。不同分类条件下可包括二进制、十进制和任意进制计数器，加计数、减计数和可加可减可逆计数器，同步和异步计数器，以及 TTL 和 CMOS 计数器等。

4. 多谐振荡器

多谐振荡器是一种矩形波发生器，自激振荡无须外加输入信号，便可自动产生一定频率的具有高、低电平的矩形波形，它内含丰富的高次谐波分量，无稳定状态。

5. 单稳态触发器

单稳态触发器在触发信号的作用下能产生一定宽度的矩形脉冲，广泛用于数字系统中的整形、延时和定时。它可输出一个稳态和一个暂稳态，无外加触发信号时，电路处于稳态；有外加触发信号时进入暂稳态，之后再自动返回到稳态。暂稳态维持时间的长短取决于电路本身的参数，与触发信号无关。

6. 施密特触发器

施密特触发器可将正弦波等其他波形变换成矩形波，或将受干扰的脉冲波形整形成标准波形，应用非常广泛，还可用于幅度鉴别或构成多谐振荡器、单稳态触发器等。

练习与提高

一、填空题

1. 功率放大电路一般设置在多级放大电路的________。

2. 低频功率放大电路需要满足输出________足够大、________和非线性失真要________的基本要求。

3. 甲类功率放大器的导通角为________。

4. 目前音频放大电路常采用________种功率放大器。

5. 采用________方法可以消除功率放大电路中的交越失真。

二、判断题

1. 触发器是时序逻辑电路的基本单元。（　）

2. 触发器一般有两个稳态输出，且具有记忆功能。（　）

3. 基本 RS 触发器中，若 $Q=1$，$\overline{Q}=0$，则触发器被置为 1 态。（　）

4. 可控 RS 触发器是在基本 RS 触发器的基础上增加两个控制门和一个时钟脉冲输入端。（　）

5. 基本 RS 触发器能够有效克服开关抖动问题。（　）

三、选择题

1. D 触发器是在同步 RS 触发器前加一个（　）。

A. 与门　B. 非门　C. 或门　D. 与非门

2. 根据电路结构不同，可将触发器分为（　）。

A. 基本触发器　B. 主触发器　C. 同步触发器　D. 边沿触发器

3. JK 触发器主要分为（　）两大类型。

A. 电触发型　B. 主从型　C. 钟控型　D. 边沿型

4. T′触发器也称为（　）。

A. 主从触发器　B. 翻转触发器　C. JK 触发器　D. D 触发器

5. 时序逻辑电路的基本功能电路是（　　）。

A. 触发器与计数器　　B. 触发器与寄存器

C. 计数器与寄存器　　D. 以上都是

四、综合题

1. 画出图 5.67 所示由与非门组成的基本 RS 触发器输出端 Q、$\overline{Q}$的电压波形，输入端 $\overline{S}_D$、$\overline{R}_D$ 的电压波形如图 5.67（b）所示。

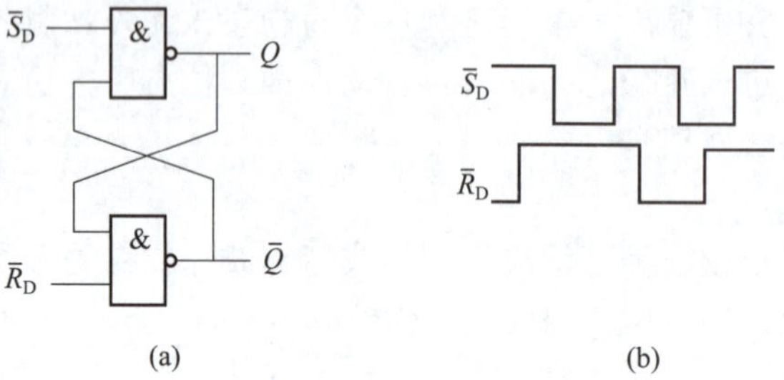

图 5.67　综合题 1 图

2. 图 5.68 所示为一个防抖动输出的开关电路。当拨动开关 S 时，由于开关触点接触瞬间发生震颤，$\overline{S}_D$、$\overline{R}_D$ 的电压波形如图 5.68（b）所示，试画出 Q、$\overline{Q}$ 端对应的电压波形。

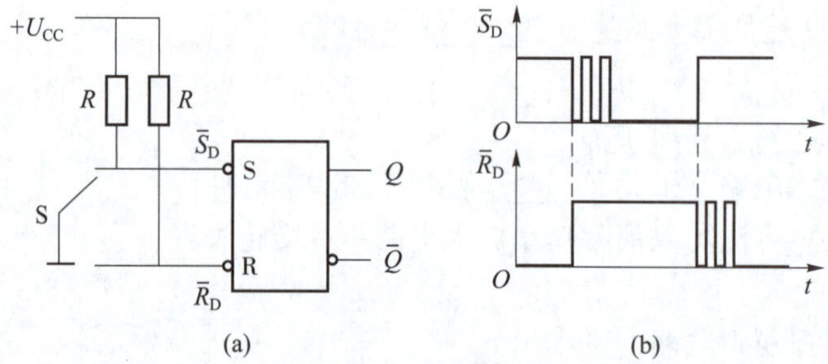

图 5.68　综合题 2 图

3. 某一音频振荡电路如图 5.69 所示，试定性分析其工作原理。

4. 试分析图 5.70 所示时序电路的逻辑功能，写出电路的驱动方程、状态方程和输出方程，画出电路的状态转换图。其中 A 为输入逻辑变量。

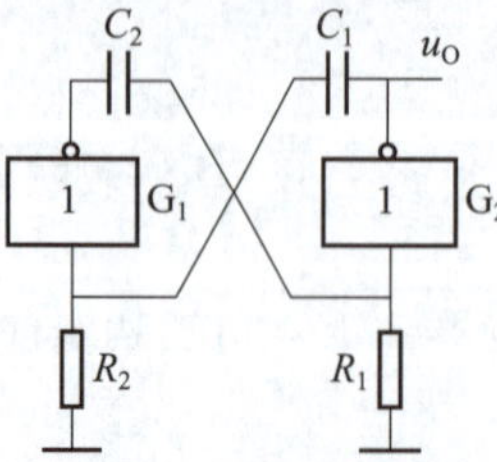

图 5.69　综合题 3 图

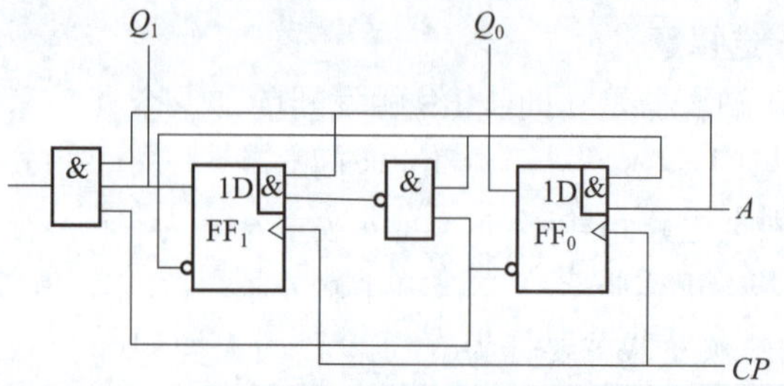

图 5.70　综合题 4 图

情境六

数字信号与模拟信号的转换

情境引入

随着数字电子技术的迅速发展，尤其是数字电子计算机的日益普及，用数字电路处理模拟信号的情况越来越多。模拟量是连续变化的量，而数字量是非连续变化的离散量，为了能够用数字系统处理模拟信号，必须把这些模拟信号转换成相应的数字信号形式，才能为计算机或数字系统所识别和处理；同时，处理结果的数字信号也常常需要转换成模拟信号，才能够直接操纵生产过程中的各种装置，完成自动控制任务，因此，模拟量和数字量的相互转换是很重要的。例如，在数据测量与自动控制系统中，就依靠传感器收集模拟信号信息，经计算机数字运算后，还需将其以模拟信号的形式发送给执行机构，如图 6.1 所示。两种信号的转换器是数字系统中不可缺少的部件，是计算机用于工业控制、数字测量中重要的接口电路。

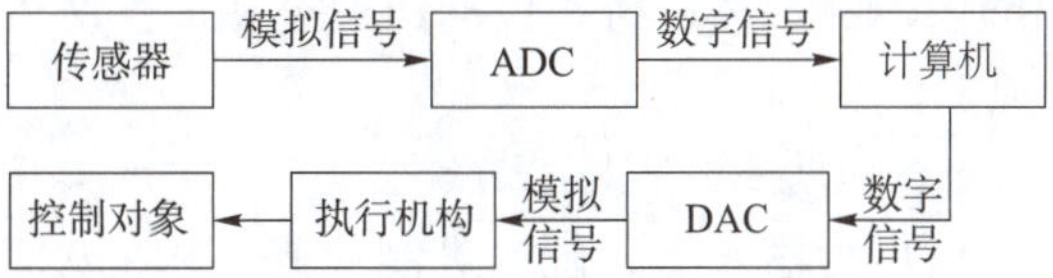

图 6.1　在数据测量与自动控制系统中的模/数和数/模转换

通过完成本次任务，我们将了解数字信号与模拟信号互相转化的过程及原理，并认识几种可用于数/模转换或模/数转换的集成芯片，从而具备将整个系统的工作过程进行综合分析的能力。

情境目标

知识目标：

1. 了解常用的数/模转换的原理及过程；
2. 熟悉集成数/模转换芯片的功能及特性；
3. 了解模/数转换的基本原理与计数指标；
4. 掌握集成模/数转换器的功能及使用方法。

技能目标：

1. 能够分析数/模及模/数转换的基本过程；
2. 会选择正确的集成芯片进行数/模或模/数转换；
3. 会分析常用的集成数/模或模/数转换芯片的性能优劣。

素质目标：

1. 培养良好的分析能力与综合运用能力；
2. 培养良好的工程意识与职业素养；
3. 培养科技创新的意识与能力。

项目 1　将数字信号转换为模拟信号

能够将数字信号转换为模拟信号的装置称为数/模转换器，简称 D/A 转换器或 DAC。

任务 1　认识数/模转换

任务导入

D/A 转换

D/A 转换的作用是把数字量转换成模拟量，数字系统是按二进制表示数字的，借助二进制与十进制之间的转换关系，即可完成变换过程。

一、理论基础

二进制数的每一位都具有一定的“权”，为了把数字量转化为模拟量，应当把每一位按“权”的大小转换成相应的模拟量，然后将各位的模拟量相加，所得的总和就是与数字量成正比的模拟量。

一般 D/A 转换器用如图 6.2 所示的框图表示。

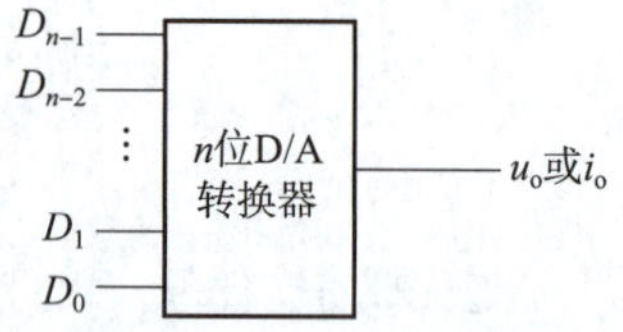

图 6.2　D/A 转换器框图

图 6.2 中，$D_{n-1}D_{n-2}\cdots D_1D_0$ 为输入的 n 位二进制代码，构成一个输入数字量，u_o 或 i_o 为输出模拟量。其输入与输出的关系为

$$u_o \text{ 或 } i_o = K\sum_{i=0}^{n-1} D_i 2^i$$

任意一个二进制数 $D_{n-1}D_{n-2}\cdots D_1D_0$ 均可通过表达式

$$DATA = D_{n-1}\times 2^{n-1} + D_{n-2}\times 2^{n-2} + \cdots + D_1\times 2^1 + D_0\times 2^0$$

来转换为十进制数。式中，$D_i = 0$ 或 $1(i=0,\ 1,\ 2,\ \cdots,\ n-1)$。$2^{n-1}$、$2^{n-2}$、…、$2^1$、$2^0$ 分别为对应数位的权。

二、倒 T 形数/模转换器的基本原理

在单片集成 D/A 转换器中，使用最多的是倒 T 形电阻网络 D/A 转换器。下面以 4 位倒 T 形 D/A 转换器为例说明其工作原理。

4 位倒 T 形电阻网络 D/A 转换器的原理图如图 6.3 所示。

图 6.3 中 $S_0 \sim S_3$ 为模拟电子开关，$R-2R$ 电阻网络呈倒 T 形，运算放大器组成求和电路。模拟电子开关 S_i 由输入数码 D_i 控制，当 $D_i=1$ 时，S_i 接运算放大器的反相输入端，电流流入求和电路；当 $D_i=0$ 时，S_i 则将电阻 $2R$ 接地。根据运算放大器线性运用时“虚地”

的概念可知，无论模拟开关 S_i 处于何种位置，与 S_i 相连的 $2R$ 电阻均将接“地”（地或虚地），其等效电路如图 6.4 所示。

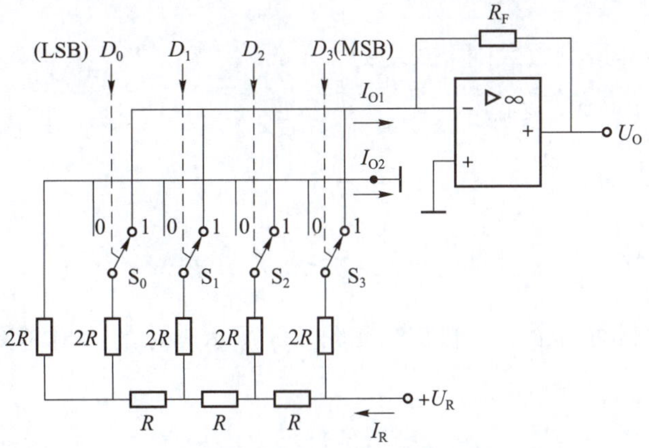

图 6.3　4 位倒 T 形电阻网络 D/A 转换器的原理图

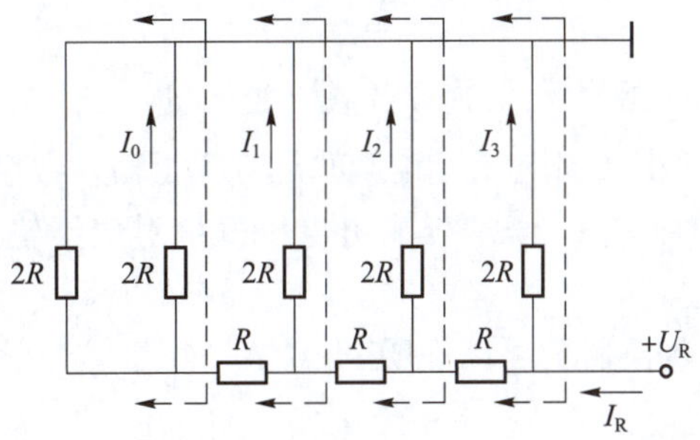

图 6.4　倒 T 形电阻网络各点电压和输出电流计算

分析 R-$2R$ 电阻网络可以发现，从每个节点向左看的二端网络等效电阻均为 R，因此

$$I_R = \frac{U_R}{R}$$

根据分流公式可得各支路电流为

$$I_3 = \frac{1}{2}I_R = \frac{U_R}{2^1 R}$$

$$I_2 = \frac{1}{4}I_R = \frac{U_R}{2^2 R}$$

$$I_1 = \frac{1}{8}I_R = \frac{U_R}{2^3 R}$$

$$I_0 = \frac{1}{16}I_R = \frac{U_R}{2^4 R}$$

在图 6.3 中可得电阻网络的输出电流为

$$I_{O1} = \frac{U_R}{2^4 R}(D_3 \times 2^3 + D_2 \times 2^2 + D_1 \times 2^1 + D_0 \times 2^0)$$

输出电压 U_O 为

$$U_O = -R_F I_{O1} = -\frac{R_F U_R}{2^4 R}(D_3 \times 2^3 + D_2 \times 2^2 + D_1 \times 2^1 + D_0 \times 2^0)$$

若输入的是 n 位二进制数，则上式变为

$$U_O = -R_F I_{O1} = -\frac{R_F U_R}{2^n R}(D_{n-1} \times 2^{n-1} + D_{n-2} \times 2^{n-2} + \cdots + D_1 \times 2^1 + D_0 \times 2^0)$$

当 $R_F = R$ 时，则

$$U_O = -R_F I_{O1} = -\frac{U_R}{2^n}(D_{n-1} \times 2^{n-1} + D_{n-2} \times 2^{n-2} + \cdots + D_1 \times 2^1 + D_0 \times 2^0) = -\frac{U_R}{2^n}\sum_{i=0}^{n-1} D_i 2^i$$

结果表明，对应任意一个二进制数，在图 6.3 所示电路的输出端都能得到与之成正比的模拟电压。

三、数/模转换器的主要技术指标

1. 分辨率

分辨率是指 D/A 转换器能分辨最小输出电压变化量（U_{LSE}）与最大输出电压（U_{MAX}）即满量程输出电压之比。最小输出电压变化量就是对应于输入数字信号最低位为 1，其余各位为 0 时的输出电压，记为 U_{LSE}；满量程输出电压就是对应于输入数字信号的各位全是 1 时的输出电压，记为 U_{MAX}。

对于一个 n 位的 D/A 转换器，可以证明

$$\frac{U_{LSE}}{U_{MAX}} = \frac{1}{2^n - 1} \approx \frac{1}{2^n}$$

例如，对于一个 10 位的 D/A 转换器，其分辨率是

$$\frac{U_{LSE}}{U_{MAX}} = \frac{1}{2^{10} - 1} \approx \frac{1}{2^{10}} = \frac{1}{1\,024}$$

由上式可见，分辨率与 D/A 转换器的位数有关，所以分辨率有时直接用位数表示，如 8 位、10 位等。位数越多，能够分辨的最小输出电压变化量就越小。U_{LSE} 的值越小，分辨率就越高。

2. 精度

D/A 转换器的精度是指实际输出电压与理论输出电压之间的偏离程度。通常用最大误差与满量程输出电压之比的百分数表示。例如，D/A 转换器满量程输出电压是 7.5 V，如果精度为 1%，就意味着输出电压的最大误差为±0.075 V（75 mV），百分数越小，精度越高。

在一个系统中，分辨率和精度要求应当协调一致，否则会造成浪费或不合理。例如，系统采用分辨率为 1 V、满量程输出电压 7 V 的 D/A 转换器，显然要把该系统做成精度 1%（最大误差 70 mV）是不可能的。同样，把一个满量程输出电压为 10 V，输入数字信号为 10 位的系统做成精度只有 1%也是一种浪费，因为输出电压允许的最大误差为 100 mV，但分辨能力却精确到 5 mV，表明输入数字 10 位是没有必要的。

转换精度是一个综合指标，它不仅与 D/A 转换器中元件参数的精度有关，而且还与环

境温度、求和运算放大器的温度漂移以及转换器的位数有关。所以要获得较高的 D/A 转换结果，除了正确选用 D/A 转换器的位数外，还要选用低零漂的运算放大器。

3. 转换时间

D/A 转换器的转换时间是指从输入数字信号开始转换到输出电压（或电流）达到稳定时所需要的时间。它是一个反应 D/A 转换器工作速度的指标。转换时间的数值越小，表示 D/A 转换器工作速度越高。

转换时间也称为输出建立时间，有时手册上规定输出上升到满刻度的某一百分数所需要的时间作为转换时间。转换时间一般为几纳秒到几微秒。目前，在不包含参考电压源和运算放大器的单片集成 D/A 转换器中，转换时间一般不超过 1 μs。

4. 输出极性及范围

输出信号的极性有单极性和双极性两种。

输出信号的形式有电流输出和电压输出。对电流输出的 DAC，常常需外接运算放大器将电流转换成电压。下面介绍两种电路作为参考。图 6.5（a）是反相电压输出电路，$U_{OUT} = -iR_f$；图 6.5（b）是同相电压输出电路，$U_{OUT} = iR_3(1 + R_2/R_1)$。

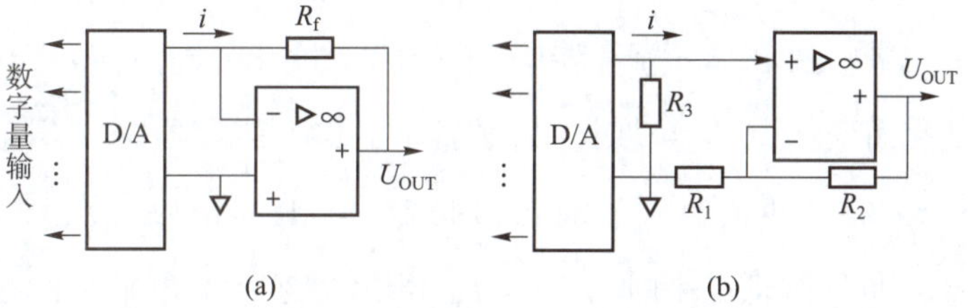

图 6.5　D/A 转换输出电路

（a）反相输出；（b）同相输出

任务 2　集成数/模转换器芯片

任务导入

集成数/模转换器芯片拥有集成芯片处理速度快、电路性能稳定、方便维护、成本低等优点，因而在实际电路中得到广泛应用，能够实现数/模转换功能。

一、DAC0832 集成数/模转换芯片

DAC0832 是 CMOS 工艺的 8 位 D/A 转换器芯片，其功能示意图和外引脚图如图 6.6 所示。

DAC0832 主要由两个 8 位寄存器（输入寄存器、DAC 寄存器）和一个 8 位 D/A 转换器组成。输入数据 $DI_0 \sim DI_7$ 经输入寄存器和 DAC 寄存器缓冲，进入 D/A 转换器进行 D/A 转换。使用两个寄存器的优点是可以简化某些应用中的电路设计。DAC0832 是电流输出型器件，输出端为 I_{OUT1} 和 I_{OUT2}。

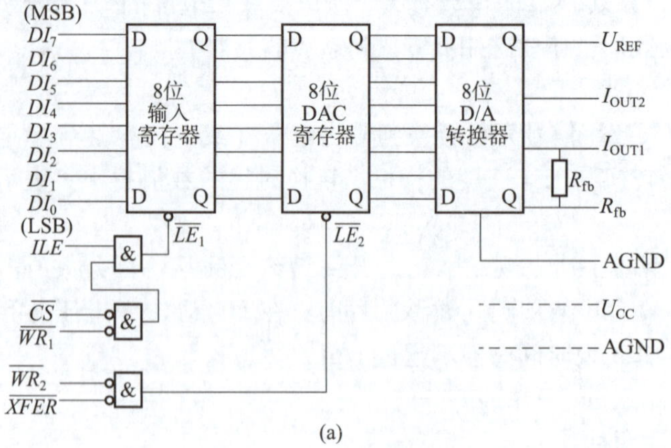

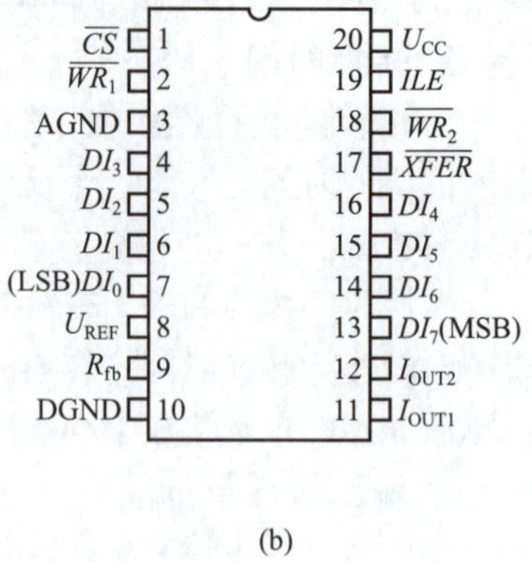

图 6.6　DAC0832 原理图及引脚图

（a）功能示意图；（b）外引脚排列图

图 6.6 中，$\overline{LE_1}$ 和 $\overline{LE_2}$ 为寄存器锁存命令。当 $\overline{LE_1}=1$ 时，输入寄存器输出随输入变化而变化；$\overline{LE_1}=0$ 时，数据锁存在输入寄存器中，不随输入变化。同样，$\overline{LE_2}=1$ 时，DAC 寄存器输出随其输入变化而变化；$\overline{LE_2}=0$ 时，数据锁存在 DAC 寄存器中，不随输入变化。

当 ILE 为高电压，$\overline{CS}$ 与 $\overline{WR_1}$ 同时为低电平时，$\overline{LE_1}=1$，当 $\overline{WR_1}$ 变为高电平时，$\overline{LE_1}=0$。

当 $\overline{XFER}$ 与 $\overline{WR_2}$ 同时为低电平时，$\overline{LE_2}=1$，当 $\overline{WR_2}$ 变为高电平时，$\overline{LE_2}=0$。

要将数字量 $DI_0 \sim DI_7$ 转换为模拟量，只要使 $\overline{WR_2}=0$、$\overline{XFER}=0$（即 DAC 寄存器为不锁存状态）、$ILE=1$，然后在 $\overline{CS}$ 与 $\overline{WR_1}$ 端接负脉冲信号即可完成一次转换；或者使 $\overline{WR_1}=0$、$\overline{CS}=0$、$ILE=1$（即输入寄存器为不锁存状态），然后在 $\overline{WR_2}$ 和 $\overline{XFER}$ 接负脉冲信号，也可达到同样目的。

二、DAC0832 的引脚功能

DAC0832 为 20 脚双列直插式封装，各引脚含义如下：

$DI_0 \sim DI_7$：数字量输入端。

ILE：数据锁存允许端，高电平有效。

$\overline{CS}$：输入寄存器选择信号，低电平有效。

$\overline{WR_1}$：输入寄存器“写”选通信号，低电平有效。由控制逻辑图可知，当 $\overline{WR_1}=0$、$\overline{CS}=0$ 且 $ILE=1$ 时，$\overline{LE_1}=0$，锁存输入数据。当 $\overline{LE_1}=1$ 时，输入寄存器输出随输入变化而变化。

$\overline{XFER}$：数据转移控制信号，低电平有效。

$\overline{WR_2}$：DAC 寄存器“写”选通信号，低电平有效。当 $\overline{WR_2}=0$，$\overline{XFER}=0$ 时，$\overline{LE_2}=0$，

数据锁存在 DAC 寄存器中。$\overline{LE_2}=1$ 时，DAC 寄存器输出随其输入变化而变化。

I_{OUT1} 和 I_{OUT2}：电流输出端。DAC0832 是电流输出型 D/A 转换器，I_{OUT1} 与 I_{OUT2} 之和为常数，I_{OUT1} 随 DAC 寄存器内容线性变化。

R_{fb}：反馈信号输入端。当需要电压输出时，要外接运算放大器将电流转换为电压，R_{fb} 是片内电阻，为运算放大器提供反馈电阻，以保证输出电压在合适范围。

U_{REF}：基准电源，允许的参考电压为-10~+10 V。

U_{CC}：工作电源，允许范围为+5~+15 V。

AGND：模拟地。

DGND：数字地。

D/A 转换器输入为数字信号，输出为模拟信号。输出模拟信号很容易受到电源和数字量等干扰引起波动，为提高输出稳定性和减少误差，模拟信号部分必须采用高精度基准电源 U_{REF} 和独立地线，一般把模拟地和数字地分开。模拟地是模拟信号和基准电源的参考地，其余信号地包括工作电源地、数据、地址、控制等数字逻辑地都是数字地。

三、DAC0832 技术特性

由图 6.6 可见，DAC0832 采用二次缓冲方式，这样可以在输出的同时，采集下一个数据，从而提高转换速度。更重要的是能够在多个转换器同时工作时，实现多通道 D/A 的同步输出。

主要特性参数如下：

（1）分辨率为 8 位。

（2）只需在满量程下调整其线性度。

（3）可与单片机或微处理器直接接口，也可单独使用。

（4）电流稳定时间为 1 μs。

（5）可双缓冲、单缓冲或直通输入。

（6）低功耗，200 mW。

（7）逻辑电平输入与 TTL 兼容。

（8）单电源供电（+5~+15 V）。

四、DAC0832 的工作方式

1. 直通方式

图 6.7 为直通方式的连接方法。$\overline{XFER}$、$\overline{WR_2}$、$\overline{WR_1}$ 接地，ILE 接高电平。若系统中只有一个 DAC0832，可将 $\overline{CS}$ 直接接地（如图 6.7 所示）；若系统中有几个 DCA0832，

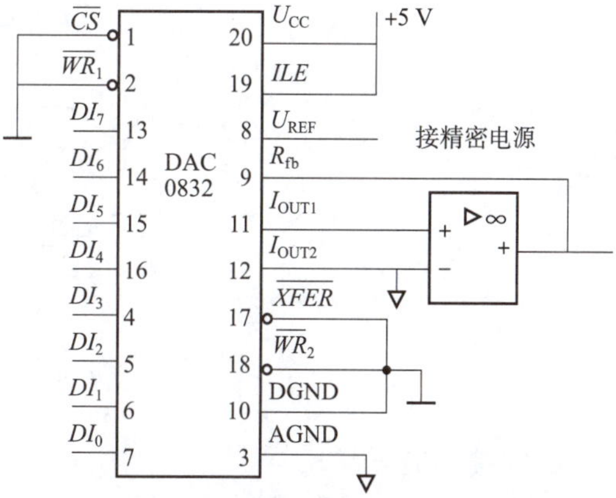

图 6.7　DAC0832 工作在直通方式

可用控制线或地址线与 $\overline{CS}$ 相接，需要哪个 DAC0832 输出时，使其 $\overline{CS}$ 有效，输入数据直接通入 D/A 转换级转换并输出。输入寄存器和 DAC 寄存器工作于不锁存状态。此方式适用于输入数字量变化速度缓慢的场合。

2. 单缓冲方式

当输入数据变化速度较快，或系统中有多个设备共用数据线时，为保证 D/A 转换器工作正常，需要对输入数据进行锁存，单缓冲方式和双缓冲方式都是利用输入寄存器和 DAC 寄存器对输入数据进行锁存。

单缓冲方式适用于只有一路模拟量输出、或几路模拟量不需要同时输出的场合。这种方式下，两级寄存器的控制信号并接，如图 6.8 所示，$\overline{XFER}$ 和 $\overline{CS}$ 相接，$\overline{WR}_2$ 和 $\overline{WR}_1$ 相接，ILE 接高电平。若系统中只有一路模拟量输出，可直接将 $\overline{XFER}$ 和 $\overline{CS}$ 接地；若系统中不止一路模拟量输出，可将 $\overline{XFER}$ 和 $\overline{CS}$ 接某一控制信号或地址线。需要输出时，控制 $\overline{XFER}$ 和 $\overline{CS}$ 为低电平，然后在 $\overline{WR}_2$ 和 $\overline{WR}_1$ 端输入一个负脉冲，如图 6.9 所示。在 $\overline{WR}_2$ 和 $\overline{WR}_1$ 的下降沿将数据打入两级寄存器和 D/A 转换器，$\overline{WR}_2$ 和 $\overline{WR}_1$ 的上升沿使两级寄存器处于锁存状态，保证 8 位 D/A 转换级输入稳定，转换正常。

图 6.8 中，U_{REF} 由稳压电路提供。

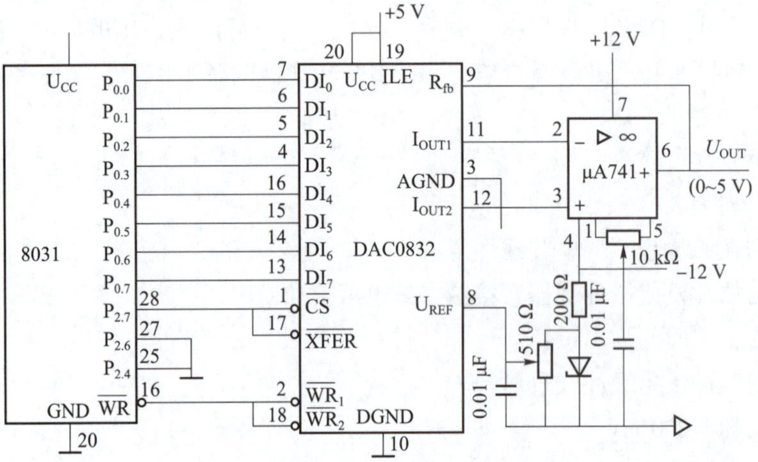

图 6.8　单缓冲方式的连接示意

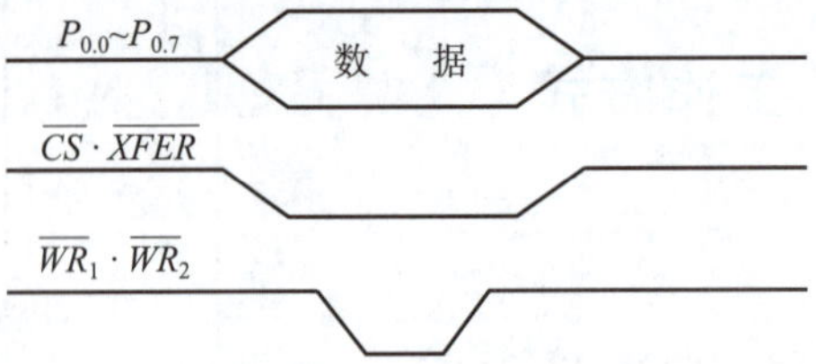

图 6.9　DAC0832 时序

3. 双缓冲方式

双缓冲方式用于系统同时使用几个 DAC0832，它们共用数据线，并要求几个 DAC0832

同时输出的场合。

图 6.10 为两路模拟信号同时输出的 DAC8031 系统。

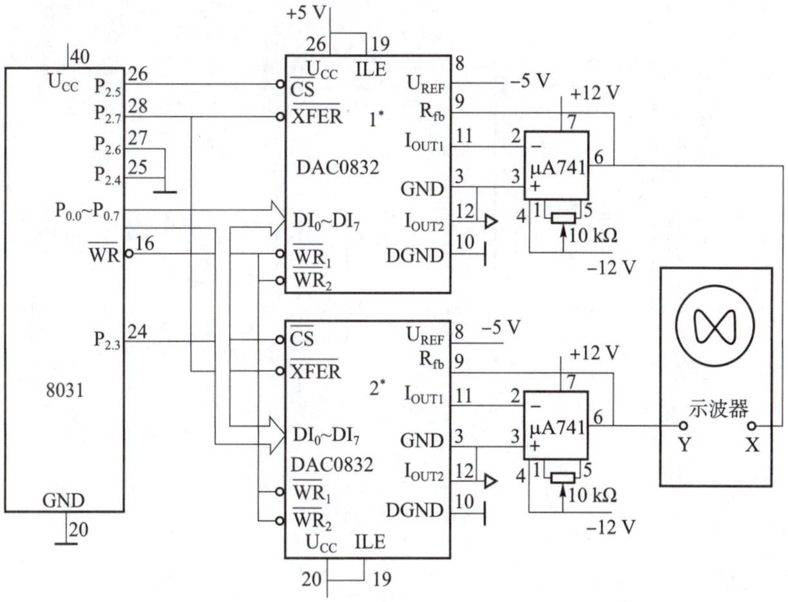

图 6.10 双路模拟量输出连线图

两个 DAC0832 的 $\overline{CS}$ 分别接 8031 的 $P_{2.5}$ 和 $P_{2.3}$； 它们的 $\overline{XFER}$ 接在一起，与 8031 的 $P_{2.7}$ 相连；$\overline{WR_2}$ 和 $\overline{WR_1}$ 也接在一起，与 8031 的写控制信号 $\overline{WR}$ 相连接；待输出数据 X、Y 经 $P_{0.0}$~$P_{0.7}$送入 DAC0832 的 DI_0 ~ DI_7， 两个 DAC0832 共用数据线。系统工作过程如下：

（1） 8031 先使 $P_{2.5}$ 为低电平，然后使 $\overline{WR}$ 输出负脉冲，将数据 X 输出到 1* DAC0832 的输入寄存器并锁存起来。

（2） 8031 先使 $P_{2.3}$ 为低电平，然后使 $\overline{WR}$ 输出负脉冲，将数据 Y 输出到 2* DAC0832 的输入寄存器并锁存起来。

（3） 8031 先使 $P_{2.7}$ 为低电平，然后使 $\overline{WR}$ 输出负脉冲，将锁存在两个输入寄存器的数据 X、Y 同时输出到两个 DAC0832 的 DAC 寄存器并锁存，与此同时数据进入 D/A 转换器进行转换，实现了两路模拟信号同步输出。

技能任务 DAC0832 的使用

任务描述

借助数字电路实验箱搭接 D/A 转换回路，熟悉 D/A 转换器基本性能与使用方法。

一、实验电路

实验电路如图 6.11 所示。

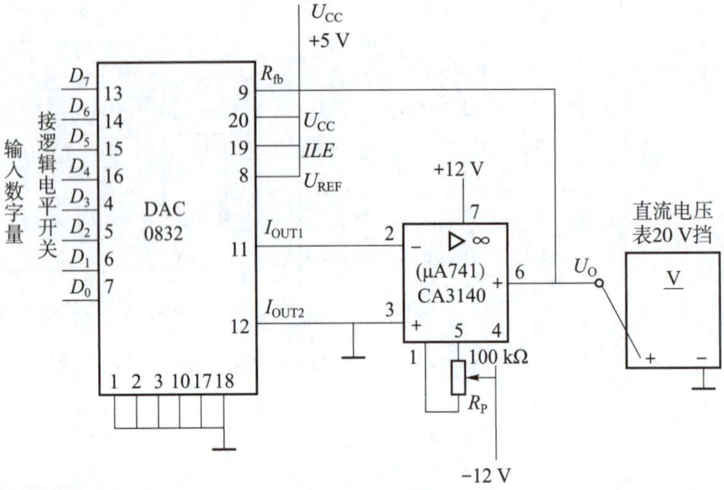

图 6.11　实验电路

二、实验仪器

数字电路实验箱、数字万用表、示波器、直流电源。

三、实验步骤

（1）熟悉 DAC0832 引线定义。

（2）连接电路。DAC0832 的基准电压 $U_{REF(+)}$ 接高精度基准电压源（+5 V）。若条件不具备，也可直接与电源 U_{CC} 一起接+5 V，但要注意测试 U_{REF} 电压大小，记下该值。

集成运算放大器可采用 CA3140 或 μA741，图 6.12 所示为集成运算放大器 CA3104 引脚图。

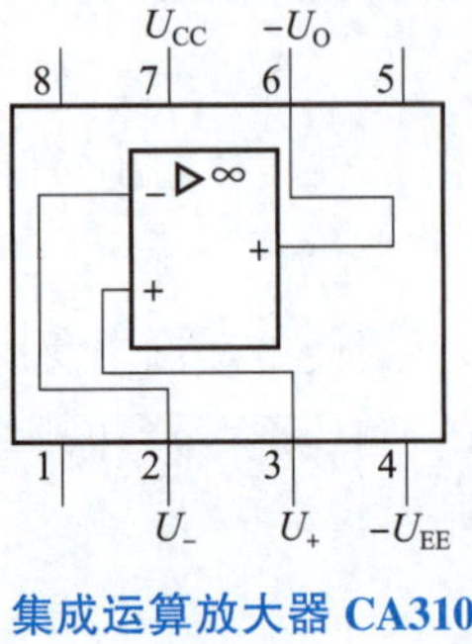

图 6.12　集成运算放大器 CA3104 引脚图

（3）调零。令输入数字量 $D_7D_6D_5D_4D_3D_2D_1D_0 = 00000000$，调节 R_P，使 $U_O = 0$ V。

（4）调量程。令输入数字量 $D_7D_6D_5D_4D_3D_2D_1D_0 = 11111111$，由于 $\frac{U_{REF}}{255} = \frac{U_O}{D}$，调节 R_P，使 U_O 等于基准电压 U_{REF}，若达不到，则应在 DAC0832 的 9 脚 R_{fb} 与运算放大器的输出端 6 脚间串个 100~200 Ω 的电位器，这相当于增大了内部反馈电阻 R_{fb}。

（5）改变数字量的大小，测试模拟量输出电压的大小，验证是否符合规律：$\frac{U_{REF}}{255} = \frac{U_O}{D}$。

项目 2　将模拟信号转换为数字信号

能够将模拟信号转换为数字信号的装置称为模/数转换器，简称 A/D 转换器或 ADC。

任务 1　认识模/数转换

任务导入

一、模/数转换的基本原理

A/D 转换

A/D 转换器的作用是将时间连续、幅值也连续的模拟量转换为时间离散、幅值也离散的数字信号。

在 A/D 转换器中，将模拟量转换为数字量分四个步骤，即取样、保持、量化、编码。前两个步骤在取样-保持电路中完成，后两个步骤在 A/D 转换电路中完成。图 6.13 所示的是 A/D 转换器的工作原理图，下面简要介绍 A/D 转换器的工作原理。由图 6.13 可以看出，A/D 转换器主要由取样-保持电路和 A/D 转换电路（数字化编码电路）组成。

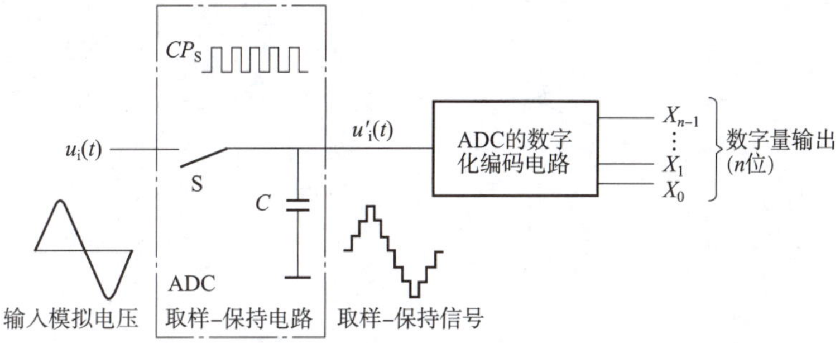

图 6.13　A/D 转换器的工作原理

1. 采样和保持

采样是将随时间连续变化的模拟量转换为时间离散的模拟量。采样过程如图 6.14 所示。图 6.14（a）为采样电路结构，其中，传输门受采样信号 $S(t)$ 控制。在 $S(t)$ 的脉宽 τ 期间，传输门导通，输出信号 $u_o(t)$ 为输入信号 $u_i(t)$；而在（$T-\tau$）期间，传输门关闭，输出信号 $u_o(t)=0$。电路中各信号波形如图 6.14（b）所示。

通过分析可以看到，采样信号 $S(t)$ 的频率越高，所取得信号经低通滤波器后越能真实地复现输入信号，但带来的问题是数据量增大。为保证有合适的采样频率，它必须满足采样定理。

采样定理：设采样信号 $S(t)$ 的频率为 f_s，输入模拟信号 $u_i(t)$ 的最高频率分量的频率

为 f_{imax}，则 f_s 与 f_{imax} 必须满足这种关系：$f_s \geqslant 2f_{\text{imax}}$。工程上一般取 $f_s>(3\sim5)f_{\text{imax}}$。

将采样电路每次取得的模拟信号转换为数字信号都需要一定时间，为了给后续的量化编码过程提供一个稳定值，每次取得的模拟信号必须通过保持电路保持一段时间。

采样与保持过程往往是通过采样-保持电路同时完成的。采样-保持电路的原理图及波形图如图 6.15 所示。

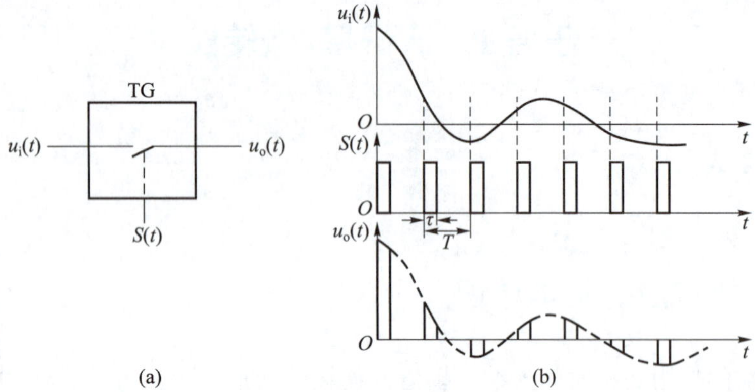

图 6.14　采样过程示意图

（a）采样电路；（b）采样电路中的信号波形

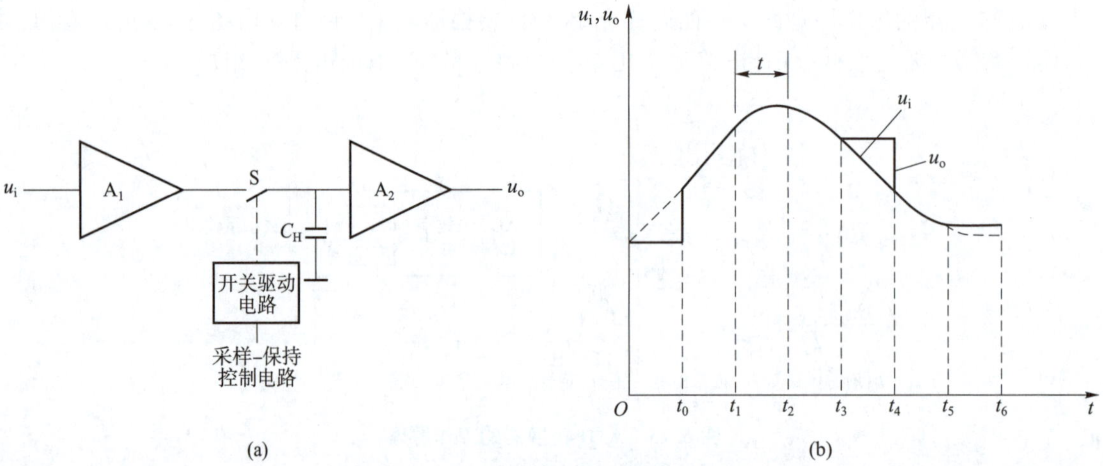

图 6.15　采样-保持电路的原理及波形图

（a）原理图；（b）波形图

采样-保持电路由输入放大器 A_1、输出放大器 A_2、保持电容 C_H 和开关驱动电路组成。电路中要求 A_1 具有很高的输入阻抗，以减少对输入信号源的影响。为使保持阶段 C_H 上所存电荷不易泄放，A_2 应具有较高的输入阻抗，同时为提高电路的带负载能力，A_2 还应具有较低的输出阻抗。一般还要求电路中 $A_{u1}A_{u2}=1$。

在图 6.15（a）中，当 $t=t_0$ 时，开关 S 闭合，电容被迅速充电，由于 $A_{u1}A_{u2}=1$，因此 $u_o=u_i$；在 $t_0\sim t_1$ 时间间隔内是采样阶段。在 $t=t_1$ 时刻 S 断开。若 A_2 的输入阻抗为无穷大，S 为理想开关，这样可以认为电容 C_H 没有放电回路，其两端电压保持为 u_o 不变，图 6.15（b）

中 $t_1 \sim t_2$ 时间，是保持阶段。

目前，采样-保持电路已有多种型号的单片集成电路产品，可根据需要选择集成的采样-保持电路。

2. 量化与编码

数字信号不仅在时间上是离散的，而且在幅值上也是不连续的。任何一个数字量的大小只能是某个规定的最小数量单位的整数倍。为将模拟量转换为数字量，在 A/D 转换过程中，还必须将采样-保持电路的输出电压按某种近似方式转化到相应的离散电平上，这一转化过程称为数值量化，简称量化。量化后的数值最后还需通过编码过程用一个代码表示出来，经编码后得到的代码就是 A/D 转换器输出的数字量。

量化过程中所取的最小数量单位称为量化单位，用 Δ 表示。它是数字信号最低位为 1 时所对应的模拟量，即 1LSB 。

在量化过程中，由于采样电压不一定能被 Δ 整除，所以量化前后不可避免地存在误差，该误差称为量化误差，用 ε 表示。量化误差属于原理误差，是无法消除的。A/D 转换器的位数越多，各离散电平之间的差值越小，量化误差也越小。

量化过程常采用两种近似量化方式：只舍不入量化方式和四舍五入量化方式。

（1）只舍不入量化方式。以 3 位 A/D 转换器为例，设输入信号 u_i 的变化范围为 0~8 V，采用只舍不入量化方式时，取 $\Delta = 1$ V，量化中不足量化单位的部分舍弃，如数值在 0~1 V 之间的模拟电压都当作 0Δ，用二进制数 000 表示，而数值在 1~2 V 之间的模拟电压都当作 1Δ，用二进制数 001 表示……，这种量化方式的最大误差为 Δ。

（2）四舍五入量化方式。如采用四舍五入量化方式，则取量化单位 $\Delta = 8/15$ V，量化过程将不足半个量化单位的部分舍弃，对于等于或大于半个量化单位的部分按一个量化单位处理。它将数值在 0~8/15 V 之间的模拟电压都当作 0Δ 对待，用二进制 000 表示，而数值在 8/15 V ~ 24 V/15 之间的模拟电压均当作 1Δ，用二进制数 001 表示等。

采用只舍不入量化方式的最大量化误差 $|\varepsilon_{max}| = 1$LSB，而采用四舍五入量化方式时 $|\varepsilon_{max}| = 1$LSB/2，后者量化误差比前者小，所以多数 A/D 转换器都采用四舍五入量化方式。

A/D 转换器的种类很多，按其工作原理不同分为直接 A/D 转换器和间接 A/D 转换器两类。直接 A/D 转换器可将模拟信号直接转换为数字信号，这类 A/D 转换器具有较快的转换速度，其典型电路有并行比较型 A/D 转换器、逐次比较型 A/D 转换器；而间接 A/D 转换器则是先将模拟信号转换成某一中间电量（如时间或频率），然后再将中间电量转换为数字量输出。此类 A/D 转换器的速度较慢，典型电路是双积分型 A/D 转换器、电压频率转换型 A/D 转换器。下面将着重介绍直接 A/D 转换器中的逐次比较型 A/D 转换器。

二、逐次比较型 A/D 转换器

逐次比较型 A/D 转换器是一种比较常见的 A/D 转换电路。逐次比较转换过程和用天平称物重非常相似。天平称重过程是从最重的砝码开始试放，与被称物体进行比较，若物体重于砝码，则该砝码保留，否则移去。再加上第二个次重砝码，由物体的质量是否大于砝码的质量决定第二个砝码是留下还是移去。照此一直加到最小一个砝码为止。将所有留下的砝码质量相加，就得此物体的质量。仿照这一思路，逐次比较型 A/D 转换器，就是将输入模拟信号与不同的参考电压做多次比较，使转换所得的数字量在数值上逐次逼近输入模拟量对应值。

4 位逐次比较型 A/D 转换器的逻辑电路如图 6.16 所示。图中 5 位移位寄存器可进行并入/并出或串入/串出操作，其输入端 F 为并行置数使能端，高电平有效。其输入端 S 为高位串行数据输入。数据寄存器由边沿触发器 D 组成，数字量从 $Q_1 \sim Q_4$ 输出。

电路工作过程如下：当启动脉冲上升沿到达后，FF_0、FF_4 被清零，Q_5 置"1"，Q_5 的高电平开启与门 G_2，时钟脉冲 CP 进入移位寄存器。在第一个 CP 脉冲作用下，由于移位寄存器的置数使能端 F 已由 0 变为 1，并行输入数据 $ABCDE$ 置入，$Q_AQ_BQ_CQ_DQ_E = 01111$，Q_A 的低电平使数据寄存器的最高位（Q_4）置"1"，即 $Q_4Q_3Q_2Q_1 = 1000$。A/D 转换器将数字量 1000 转换为模拟电压 U_O，送入电压比较器 C 与输入模拟电压 U_I 进行比较，若 $U_I > U_O$，则比较器 C 输出为 1，否则为 0。

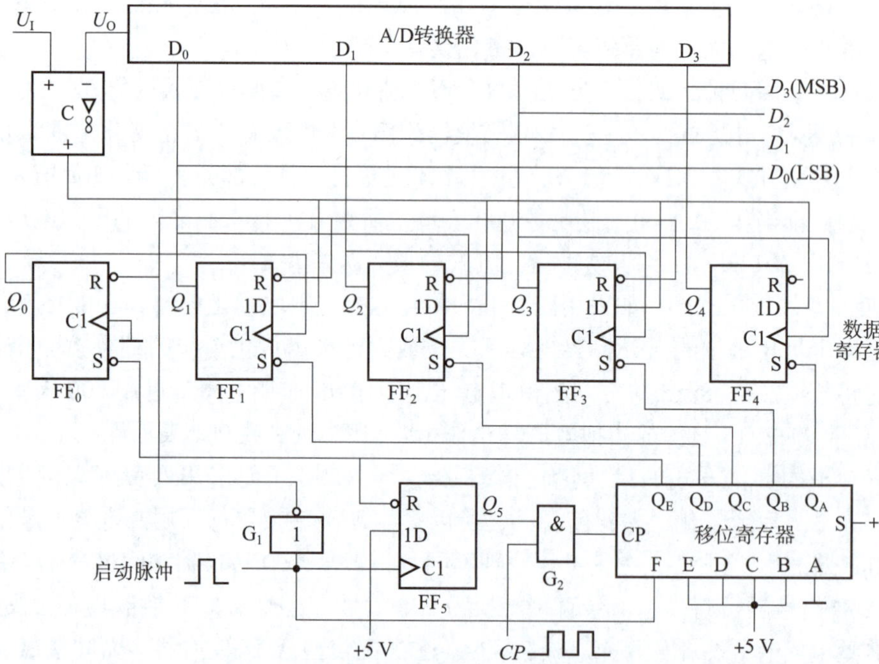

图 6.16　4 位逐次比较型 A/D 转换器的逻辑电路

第二个 CP 脉冲到来后，移位寄存器的串行输入端 S 为高电平，Q_A 由 0 变为 1，同时最高位 Q_A 的 0 移至次高位 Q_B。于是数据寄存器的 Q_3 由 0 变为 1，这个正跳变作为有效触发信号加到 FF_4 的 C_1 端，使电压比较器的输出电平得以在 Q_4 保存下来。此时，由于其他触发器无正跳变触发脉冲，电压比较器的输出电平信号对它们不起作用。Q_3 变为 1 后，建立了新的 A/D 转换器的数据，输入电压再与其输出电压 U_O 进行比较，比较结果在第三个时钟脉冲作用下存于 Q_3……。如此进行，直到 Q_E 由 1 变为 0 时，使触发器 FF_0 的输出端 Q_0 产生由 0 到 1 的正跳变，这个正跳变作为有效触发信号加到 FF_1 的 C_1 端，使上一次 A/D 转换后的电压比较器的输出电平保存于 Q_1。同时使 Q_5 由 1 变为 0 后将 G_2 封锁，至此一次 A/D 转换过程结束。于是电路的输出端 $D_3D_2D_1D_0$ 得到与输入电压 U_I 成正比的数字量。

由以上分析可见，逐次比较型 A/D 转换器完成一次转换所需时间与其位数和时钟脉冲的频率有关，位数越少，时钟频率越高，转换所需时间越短。这种 A/D 转换器具有转换速度快、精度高的特点。

任务 2　集成模/数转换器芯片

任务导入

与集成数/模转换器一样，实际电路中模/数转换同样采用集成芯片来实现功能。常用的集成逐次比较型 A/D 转换器有 ADC0808/0809 系列（8 位）、AD575（10 位）、AD574A（12 位）等。下面以 ADC0809 为例，简单介绍集成 A/D 转换器的结构和使用。

一、ADC0809 集成模/数转换芯片

ADC0809 的内部逻辑结构图如图 6.17 所示。图中 8 位模拟开关可选通 8 个模拟通道，允许 8 路模拟量分时输入，共用一个 A/D 转换器进行转换，这是一种经济的多路数据采集方法。地址锁存与译码电路完成对 A、B、C 3 个地址位的锁存和译码，其译码输出用于通道选择，其转换结果通过三态输出锁存器存放、输出，因此可以直接与系统数据总线相连，表 6.1 为通道选择表。

ADC0809 芯片为 28 引脚、双列直插式封装，其引脚图如图 6.18 所示。

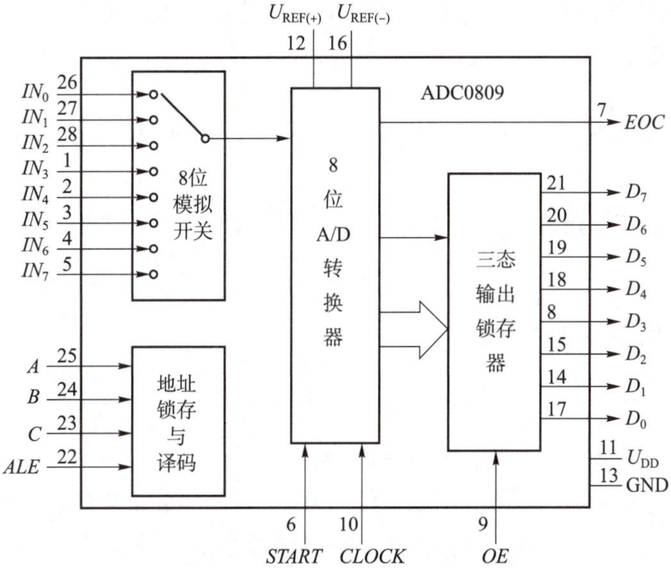

图 6.17　ADC0809 内部逻辑结构图

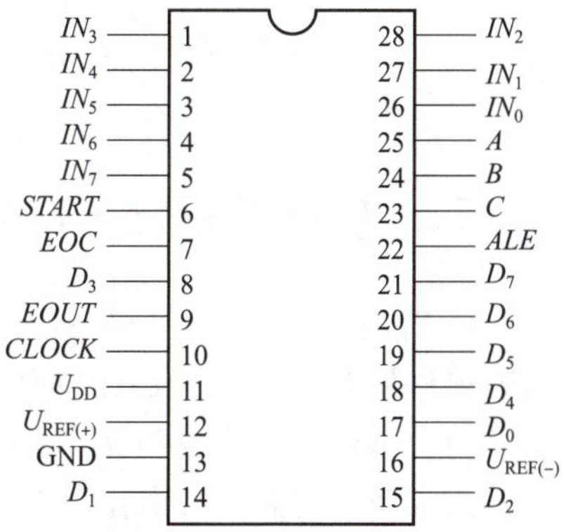

图 6.18　ADC0809 引脚图

表 6.1　通道选择表

C	B	A	被选择的通道
0	0	0	IN_0
0	0	1	IN_1
0	1	0	IN_2
0	1	1	IN_3
1	0	0	IN_4
1	0	1	IN_5
1	1	0	IN_6
1	1	1	IN_7

ADC0809 各引脚的功能说明如下：

$IN_0 \sim IN_7$：模拟量输入通道，由 8 位模拟开关选择其中某一通道送往 A/D 转换器的电压比较器进行转换。

START：转换启动信号。*START* 上升沿时，复位 ADC0809；*START* 下降沿时启动芯片，开始进行 A/D 转换。在 A/D 转换期间，*START* 应保持低电平。

EOC：转换结束信号。$EOC=0$ 时，正在进行转换；$EOC=1$ 时，转换结束。使用中该状态信号既可作为查询的状态标志，又可作为中断请求信号使用。

$D_0 \sim D_7$：数据输出线。可以和单片机的数据线直接相连，其中 D_0 为最低位，D_7 为最高位。

OE：输出允许端，高电平有效。用于控制三态输出锁存器向单片机输出转换得到的数据。$OE=0$ 时，输出数据线呈高阻；$OE=1$ 时，输出转换得到的数据。

CLOCK：外部时钟脉冲输入端，典型频率为 640 kHz。

U_{DD}：+5 V 电源。

$U_{REF(+)}$ 和 $U_{REF(-)}$：正、负参考电压输入端。该电压决定了输入模拟量的电压范围。一般 $U_{REF(+)}$ 接 U_{DD} 端，$U_{REF(-)}$ 接 GND 端。

GND：接地端。

ALE：地址锁存允许信号，高电平有效。在 *ALE* 上升沿，*A*、*B*、*C* 地址状态被送入地址锁存器中锁存，8 位模拟开关开始工作。

A、*B*、*C*：8 位模拟开关的地址选择线输入端。*A* 为低地址，*C* 为高地址，其地址状态与通道对应关系见表 6.1。

二、A/D 转换器的主要技术指标

1. 转换精度

单片集成 A/D 转换器的转换精度是用分辨率和转换误差来描述的。

（1）分辨率：它说明 A/D 转换器对输入信号的分辨能力。A/D 转换器的分辨率以输出二进制（或十进制）数的位数表示。从理论上讲，n 位输出的 A/D 转换器能区分 2^n 个不同等级的输入模拟电压，能区分输入电压的最小值为满量程输入的 $1/2^n$。在最大输入电压一定时，输出位数越多，分辨率越高。例如 A/D 转换器输出为 8 位二进制数，输入信号最大值为 10 V，那么这个转换器应能区分输入信号的最小电压为 39.06 mV。

（2）转换误差：表示 A/D 转换器实际输出数字量和理论输出数字量之间的差别。常用最低有效位的倍数表示。例如给出相对误差≤±LSB/2，这就表明实际输出的数字量和理论上应得到的输出数字量之间的误差小于最低位的半个字。

2. 转换时间

转换时间是指 A/D 转换器从转换控制信号到来开始，到输出端得到稳定的数字信号所经过的时间。逐次比较型 A/D 转换器的转换时间大都在 10~50 μs，也有达几百纳秒的。

技能任务　ADC0809 转换器的使用

任务描述

借助数字电路实验箱搭接 A/D 转换回路，熟悉 A/D 转换器的基本性能与使用方法。

一、实验电路

实验电路如图 6.19 所示。

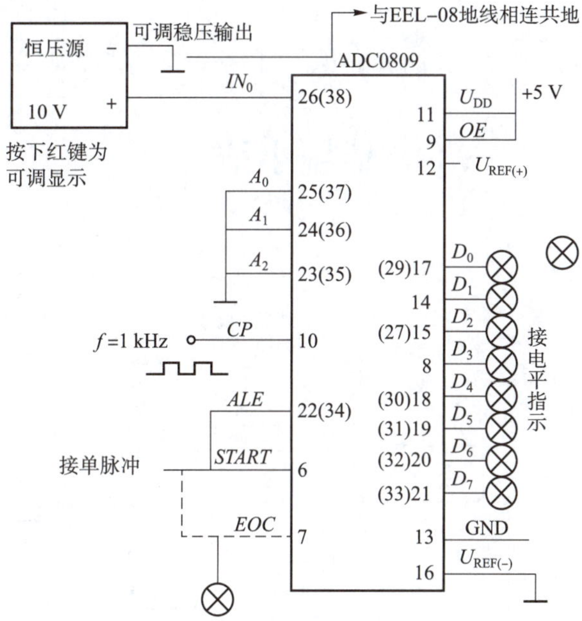

图 6.19　实验电路

二、实验仪器

数字电路实验箱、数字万用表、示波器、直流电源。

三、实验步骤

（1）熟悉 ADC0809 引脚的定义。

（2）连接电路。其中模拟量输入由 IN_0 接入。由于只有一路模拟量输入，地址信号 C、B、A 都接地。输出接发光二极管，用以表示输入电平的高低。

基准电压 $U_{REF(+)}$ 接高精度基准电压源（+5 V）。输出允许端 OE 和电源 U_{DD} 接+5 V。

时钟 CP 接脉冲振荡源。

（3）单次转换。

由于 ADC0809 的 $START$ 端每来一个正脉冲，启动一次 A/D 转换。因此若将 $START$ 端接单脉冲发生器，每按下单脉冲发生器按钮一次，启动一次转换，故称单次转换。一般将地址锁存允许端 ALE 与 $START$ 接在一起。具体测试方法如下。

①地址锁存允许信号 ALE 和启动信号 $START$ 接单脉冲发生器。

②输入端 IN_0 接地。

③按下单脉冲发生器按钮，启动一次 A/D 转换，测试输出，检验输出是否为 00000000。

④ IN_0 接可调电压源，调节可调电压源输出电压为+5 V。

⑤按下单脉冲发生器按钮，再次启动 A/D 转换，测试输出，检验输出是否为 11111111。

⑥调节可调电压源输出电压大小，重复步骤⑤，测试输出数字量大小，检验输出数字量，与输入电压 U_I 是否符合 $\frac{U_{REF}}{255}=\frac{U_I}{D}$ 规律。

（4）自动转换方式。

若将 $START$ 和 ALE 端与转换完成信号 EOC 接在一起，由于 ADC0809 每完成一次转换，EOC 输出一个正脉冲，这样 ADC0809 就可以工作在连续转换状态，随输入模拟量的变化，输出数字量相应变化。

重复调节输入模拟量的大小，测试输出，检验是否符合特性规律。

情境小结

知识框图

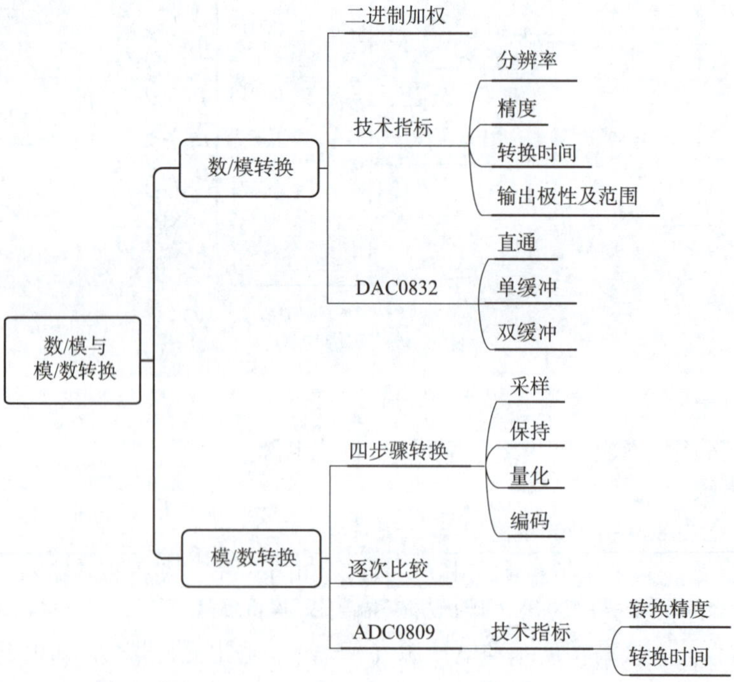

1. 数/模转换

采用二进制加权的方法即可将数字信号转换成模拟信号，数/模转换器简称 DAC，常用芯片是 DAC0832。

2. 模/数转换

将模拟信号转换成数字信号需要经过采样—保持—量化—编码四个步骤，主要采用逐次比较型模/数转换器，常用的集成芯片是 ADC0809。

练习与提高

一、填空题

1. 功率放大电路一般设置在多级放大电路的________。

2. 低频功率放大电路需要满足输出________足够大、________和非线性失真要________的基本要求。

3. 甲类功率放大器的导通角为________。

4. 目前音频放大电路常采用________种功率放大器。

5. 采用________方法可以消除功率放大电路中的交越失真。

二、判断题

1. 模拟量是连续变化的量，而数字量是非连续变化的离散量。（　　）

2. 能将模拟信号转换为数字信号的电路称为 A/D 转换器。（　　）

3. D/A 转换器能分辨的最小输出电压变化量越小，分辨率越低。（　　）

4. 分辨率为 1 V、满量程输出电压为 7 V 的 D/A 转换器，能够将系统精度做成 1%。（　　）

5. 转换时间越小，D/A 转换器工作速度越高。（　　）

6. A/D 转换器的作用是将时间连续、幅值也连续的模拟量转换为时间离散、幅值也离散的数字信号。（　　）

三、选择题

1. 将随时间连续变化的模拟量转换为时间离散的模拟量的过程称为（　　）。

A. 保持　　B. 采样　　C. 量化　　D. 编码

2. A/D 转换器中，将模拟量转换为数字量分为（　　）步骤。

A. 取样　　B. 保持　　C. 量化　　D. 编码

3. A/D 转换器的量化过程常采用（　　）近似量化方式。

A. 不舍只入　　B. 只舍不入　　C. 不舍不入　　D. 四舍五入

4. 采样信号频率越（　　），越能真实复现输入信号。

A. 低　　B. 高　　C. 稳定　　D. 没影响

四、综合题

在图 6.3 中，$D_3D_2D_1D_0=1100$，试计算输出电压 U_O。其中 $U_R=80$ V，$R_F=R$。

参 考 文 献

[1] 曾令琴. 电工电子技术 [M]. 北京：人民邮电出版社，2012.

[2] 刘全忠. 电子技术 [M]. 北京：高等教育出版社，1999.

[3] 张湘洁，武漫漫. 电子线路分析与实践 [M]. 北京：机械工业出版社，2011.

[4] 康华光. 电子技术基础 [M]. 4 版. 北京：高等教育出版社，1999.

[5] 付植桐. 电子技术 [M]. 北京：高等教育出版社，2016.

[6] 张友汉. 数字电子技术基础 [M]. 北京：高等教育出版社，2004.

[7] 张文生. 电工学（下册）[M]. 北京：中国电力出版社，2010.

[8] 张忠全. 电子技术基础实验与课程设计 [M]. 北京：中国电路出版社，1999.